基于超声导波的
大型储罐腐蚀检测技术

刘文才 等编著

石油工业出版社

内 容 提 要

本书针对大型储罐腐蚀产生的原因和危害，系统介绍了超声导波理论、超声导波信号处理方法、超声导波长距离激励方式、超声导波与腐蚀缺陷的调制机理，对标当前在线监测与离线检测方法和手段，提出了基于超声导波的腐蚀检测技术以及基于幅值比系数法的储罐底板腐蚀缺陷损伤程度评估的新方法。

本书可供从事原油和成品油储罐腐蚀防护的研究人员、技术人员及高等院校相关专业师生阅读和参考。

图书在版编目（CIP）数据

基于超声导波的大型储罐腐蚀检测技术／刘文才等编著．— 北京：石油工业出版社，2022.2

ISBN 978-7-5183-5234-0

Ⅰ．①基… Ⅱ．①刘… Ⅲ．①储罐–腐蚀–超声检测 Ⅳ．①TE988

中国版本图书馆 CIP 数据核字（2022）第 021390 号

出版发行：石油工业出版社
（北京安定门外安华里 2 区 1 号楼　100011）
网　　址：www.petropub.com
编辑部：（010）64523546　图书营销中心：（010）64523633
经　销：全国新华书店
印　刷：北京晨旭印刷厂

2022 年 2 月第 1 版　2022 年 2 月第 1 次印刷
787×1092 毫米　开本：1/16　印张：14.75
字数：330 千字

定价：90.00 元
（如出现印装质量问题，我社图书营销中心负责调换）
版权所有，翻印必究

《基于超声导波的大型储罐腐蚀检测技术》
编 委 会

主　编：刘文才

副主编：樊建春　孙文勇　赵　斌　杨　进

委　员：韩忍之　罗方伟　胡乙川　彭其勇

　　　　高俊峰　刘智恒　苗海滨　李自荣

　　　　赵永涛　李迎丽　罗广辉　高志杰

　　　　高明超　任新广　章珉辉　吴祚祥

　　　　郑会勇　马士宝　袁志明　隋　意

前 言

石油储罐腐蚀问题一直是罐区建设工程安全质量管理的重点和难点，超声导波无损检测技术作为腐蚀缺陷定量化检测的主要手段，在工程应用中越来越显现出其不可替代的核心作用。为提高罐区建设工程人员的综合素质，完善储罐检测技术框架，保证储罐设备长期有效运行，提升罐区本质安全管理水平，组织编写了《基于超声导波的大型储罐腐蚀检测技术》一书。

本书共八章，第1章石油储罐无损检测技术与应用概述，第2章超声导波理论，第3章超声导波信号处理方法，第4章超声导波长距离激励方法研究，第5章超声导波与腐蚀缺陷的调制机理，第6章基于幅值比系数法的储罐底板腐蚀缺陷损伤程度评估，第7章导波检测系统，第8章实际储罐底板检测验证。

在本书的编写过程中，得到了中国石油工程与物资装备部、炼油与化工分公司、大港石化公司等单位相关同志的大力支持与配合，樊恩东、孙臣臣、王瀚、陈丽麟、晏榕、沈子莹、林应钢、易山、易永耀等同志参与了修改，在此表示感谢！

由于编者水平有限，书中内容难免有不妥之处，谨请各位同仁与广大读者批评指正。

刘文才
2022年2月

目 录

第1章 石油储罐无损检测技术与应用概述 ········· 1
- 1.1 石油储罐检测的应用背景与意义 ········· 1
- 1.2 石油储罐底板检测技术发展及现状 ········· 7
- 1.3 导波传感器现状 ········· 20
- 参考文献 ········· 40

第2章 超声导波理论 ········· 46
- 2.1 超声导波的特性 ········· 46
- 2.2 板结构弹性应力波基本理论 ········· 49
- 2.3 导波频散曲线 ········· 53
- 2.4 激励信号选择 ········· 56
- 2.5 压电超声传感器基本理论 ········· 58
- 2.6 模态转换理论 ········· 62
- 参考文献 ········· 63

第3章 超声导波信号处理方法 ········· 65
- 3.1 时域分析 ········· 65
- 3.2 频率域分析 ········· 67
- 3.3 时频域分析 ········· 71
- 3.4 入反射波场分离技术 ········· 75
- 3.5 基于能量的损伤识别技术 ········· 78
- 3.6 成像定位技术 ········· 82
- 参考文献 ········· 85

第4章 超声导波长距离激励方法研究 ········· 88
- 4.1 储罐底板导波单点激励方式 ········· 89
- 4.2 储罐底板导波组合激励方式 ········· 103
- 4.3 单点/组合导波激励方式传播特性研究 ········· 111
- 参考文献 ········· 124

第 5 章　超声导波与腐蚀缺陷的调制机理 ······ 125
5.1　腐蚀板中导波特性仿真分析 ······ 125
5.2　有限元仿真结果分析 ······ 127

第 6 章　基于幅值比系数法的储罐底板腐蚀缺陷损伤程度评估 ······ 138
6.1　导波反射系数和透射系数法 ······ 139
6.2　导波层析成像法 ······ 142
6.3　反射/透射波幅值比系数法 ······ 145
6.4　幅值比系数法检测腐蚀深度仿真分析 ······ 147
参考文献 ······ 156

第 7 章　导波检测系统 ······ 158
7.1　导波激励系统 ······ 163
7.2　导波接收系统 ······ 172
参考文献 ······ 196

第 8 章　实际储罐底板检测验证 ······ 197
8.1　室内实验：腐蚀缺陷定位检测实验 ······ 197
8.2　室内实验：腐蚀缺陷深度定量检测实验 ······ 205
8.3　室外试验：现场储罐腐蚀缺陷检测 ······ 212
参考文献 ······ 216

附录　基于信号幅值比系数的腐蚀定量评价软件使用说明书 ······ 217

第1章 石油储罐无损检测技术与应用概述

储罐作为储存和运输油品的重要设施，广泛应用于石油化工行业，储罐的正常运行与否对石化工艺流程的安全尤为重要。随着储罐在役时间的不断增长，储罐底板易发生不同程度的腐蚀缺陷，传统的无损检测方法常采用超声检测或漏磁检测等逐点扫查的方法，这种方法需要复杂的预处理过程，整个检测过程耗费大量的人力、物力。与传统的无损检测技术相比，超声导波技术具有传播距离远、衰减小、探测面积大、检测周期短等优点，适用于大型储罐底板的缺陷检测。

1.1 石油储罐检测的应用背景与意义

1.1.1 储罐在石油战略储备中的应用

能源是人类生产生活赖以生存的基础，也是现代经济发展的重要支柱，同时也是国家经济发展的重要战略物资。开发和利用能源，将会极大地推动人类社会和世界经济的发展和进步。石油化学工业是以石油和天然气为原料，既生产石油产品，又生产石油化学品的石油加工业。石油化学工业以其低成本、高产出、高效益的绝对优势，从诞生开始，就结束了仅以煤和农产品为化学工业原料的历史，石油已成为当今世界上举足轻重的战略物资。根据国家统计局2019年数据初步测算，我国能源生产结构中原油占比6.9%，我国能源消费结构中石油占比18.9%。欧洲联合研究中心(JRC)根据各种能源技术的发展前景及其能源蕴藏量，对未来能源需求总量和结构变化做出预测，尽管新能源的比重会不断增长，但未来几十年传统化石能源依旧会保持稳定的消费占比。大到国家的工业、农业、交通、国防，小到每个人的衣食住行，全都离不开石油。

所谓战略石油储备是指国家为应对战争及和平时期的突发意外情况，保障国民经济正常运转和国防需求而在平时有计划地建立的一定数量的石油储备。国际上，战略石油储备诞生于第二次世界大战后第一次石油危机。在欧佩克(OPEC)组织通过控制产量，使原油价格从3美元/bbl上升至11美元/bbl，沉重打击了严重依赖石油进口的西方经济的情况下，经合组织国家联手成立了国际能源机构(IEA)，要求成员国至少要储备60天进口量的石油，以应对石油危机，被称为应急石油储备。我国的石油储备工作从1993年开始酝酿，到2003年中央正式批准实施，前后花了10年时间。我国的石油化学工业是在十分薄弱的基础上起步的，经过40多年的发展有了很大的进步，技术和装备水平有了很大提高。随着我国经济的发展，对能源的需求急剧增长，我国目前已经成为世界石油消费量增长最快的国家，是仅次于美国的世界第二大石油消费国。

中国作为世界上第二大石油消费国家，石油进口量在2016年便已超过美国成为世界第一大石油进口国。根据中国能源统计年鉴(1998—2016)，1950—2015年我国石油生产量与消费量都在不断增长，但20世纪80年代后，我国石油消费速率远高于其生产速率，这就导致石油产品的供需比不断增长，为了满足国内市场对于石油消费的需求，我国石油进口量同期扩大，直到目前我国石油的对外依存度仍然在不断增大，如图1.1所示。据统计，2020年我国原油净进口量达$5.42×10^8 t$，同比增长7.4%；原油对外依存度进一步升至73.5%，较2019年提高1.0个百分点，2021年原油对外依存度将升至74.0%，同比小幅增长0.5个百分点[1]。据国际能源机构预测，到2030年，我国将有80%的石油消耗量依赖进口。虽然国际石油市场日趋成熟，但仍存在石油供应中断的危险，据统计，第二次世界大战后，国际石油市场发生不同程度的中断多达15次，而我国石油主要供应地区——中东和里海沿岸是世界最不稳定的地区之一。因此，如果缺乏国家战略石油储备体系，中国难以保证石油的不间断供应。

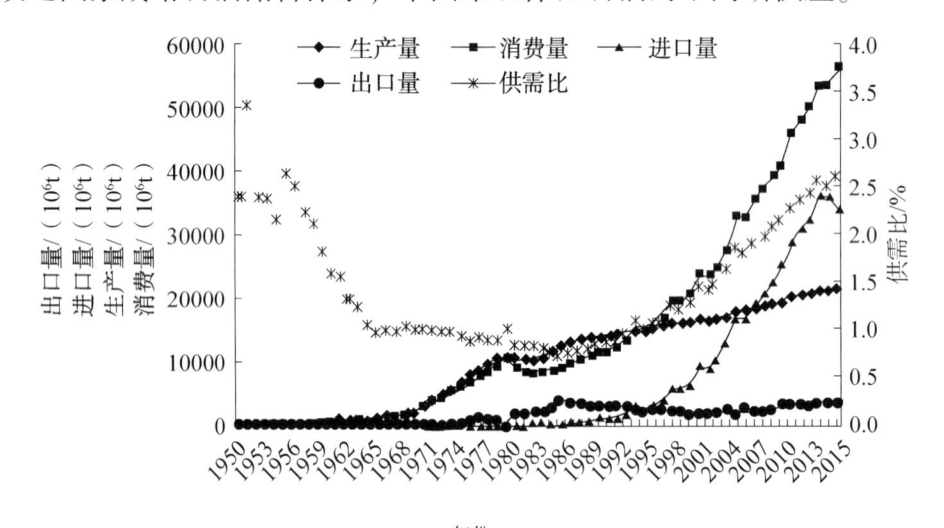

图1.1 1950—2015年我国石油生产量和消费量变化规律

面对越来越高的石油对外依存现状，为了满足国内石油需求，保障国家能源安全，健全国家石油储备体系，我国的石油战略储备以国家和民间企业相结合的方式进行，同时国家储备作为主体。国家统计局公开的数据表明，2017年年中，我国共筹建了9个国家石油储备基地，利用以上储备库及部分企业储存设施,储备原油3773×10⁴t,约占我国2016年石油净进口量的1/10。根据国务院批准的《国家石油储备中长期规划(2008—2020年)》,2020年国家石油储备项目第三期完工后,我国石油储备量可以实现相当于100天石油净进口量的储备总规模,目前我国石油储备量约为8500×10⁴t,相当于90天的石油净进口量,还未达到预期目标。因此可以预见,未来很长一段时间,国家仍然会大力建设石油储备基地。世界主要石油进口国石油储备情况对比见表1.1。

表1.1 世界主要石油进口国石油储备情况对比[2]

国家	政府储备	商业储备	储备天数/d	储备形式	储备品种	相关法律
中国	11.5×10⁸bbl		100	地下储罐	地下和海上原油为主	《中华人民共和国能源法》《国家石油储备条例》
美国	7×10⁸bbl		165	地下盐洞	原油为主	《能源政策与保护法》
日本	5099×10⁴m³	4554×10⁴m³	176	地上、半地上、地下和海上	原油、LPG	《石油储备法》
德国	5350×10⁴bbl	2.61×10⁸bbl	117	地上储罐、地下盐洞	原油、成品油	《石油及石油制品储备法》
法国	2226×10⁴bbl	6678×10⁴bbl	96	地上储罐、地下盐洞	原油、成品油、LPG	《关于工业石油储备库存结构的第58-1106号法》
韩国	7465×10⁴bbl		63	地上储罐、地下盐洞	原油为主	《石油事业法》

石油化工技术的发展主要表现为大型化、综合化,与此同时,储罐单罐容积不断增大、储存方式越来越多。作为石油储备最重要的储存设备,储罐用于收集、储备石油并保证后续供给输油量的稳定,储备基地多采用大容积的油罐,国内最大单罐容量达到15×10⁴m³,多个已建成和在建油库的单库储存量可达到数百万立方米,相比于中小型油罐,大型油罐单位容积的钢材耗用指标低,相同储量的油罐建设成本降低,同时罐区总占地面积也减小,方便维护管理,可以降低总成本,同时大型油罐能够有效地降低工程量和施工人员数量[3]。因此,战略石油储备库一般采用大型石油储罐。我国石油储备基地(库)多为单罐容量10×10⁴m³的外浮顶罐[4],其中最大浮顶储罐已达20×10⁴m³,同时我国常见的拱顶油罐容积从100m³、1000m³到50000m³、100000m³不等。随着石油储罐容量的增加,储罐底板的面积也越来越大,其中,常见储罐底板的直径可达6m、10m,甚至60m以上,图1.2为拱顶储罐、内浮顶储罐和外浮顶储罐示意图。

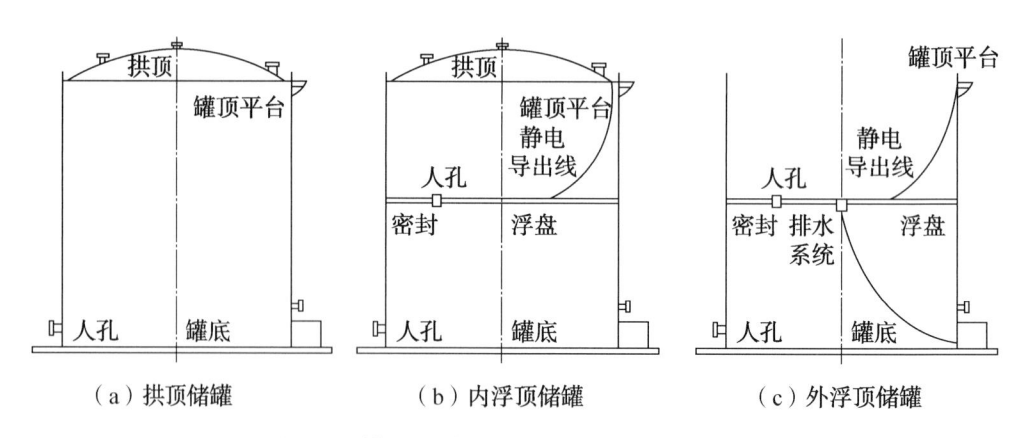

（a）拱顶储罐　　　（b）内浮顶储罐　　　（c）外浮顶储罐

图 1.2　拱顶、内浮顶和外浮顶储罐示意图

1.1.2　石油储罐底板检测的重要性

面对数量越来越多的在役石油储罐，保证大型石油储罐安全可靠运行尤为关键，这是因为石油储罐中储存的石油及其附属产品具有易燃、易爆、易蒸发、易产生静电、受热易膨胀、易流动扩散、能在水上漂浮等特点，是火灾爆炸的多发区域。此外，若储罐发生破裂或泄漏，在适当条件下也常常在器外发生燃烧爆炸。

储罐一旦着火，蔓延很快，并且对于邻近罐的威胁很大，其辐射热常常引起邻近罐的损坏、坍塌，进而燃烧、爆炸，使得火势扩大，难于扑救。石油储罐易燃物的火灾及其辐射、爆炸物产生的空气冲击波等还会对人员、财产、建筑物及大气环境造成危害，同时导致巨大的经济损失。仅在近几年就有"3·20"新加坡燃油储罐火灾事故、"4·22"江苏泰州汽油储罐火灾事故以及"5·12"上海石油储罐火灾事故等储罐安全事故。蒋晓武等[5]对1962年至2013年期间，国内54起和国外29起共83起石油储罐火灾爆炸事故进行分析，发现火灾事故的主要原因除雷击外，储罐溢油或泄漏导致的火灾占19.3%，位于第二，因此石油储罐结构健康监测（SHM）必须引起重视，火灾事故原因统计如图1.3所示。

目前我国超过 $5000m^3$ 的大型储油罐数量庞大，大型储罐底板一般由众多大小不一的中幅板和边缘板焊接而成，由于中幅板和边缘板数量较多，因此产生的焊缝很多，焊接应力大，不可避免地出现波浪变形或角变形，同时焊接过程中产生的高温，会对焊缝周边的防腐材料造成损伤。

储罐主要泄漏形式有三种情况：

（1）储罐罐底在制造过程中，有些相对较大的砂眼裂纹和气孔等缺陷可能在水压试验过程中发生泄漏；

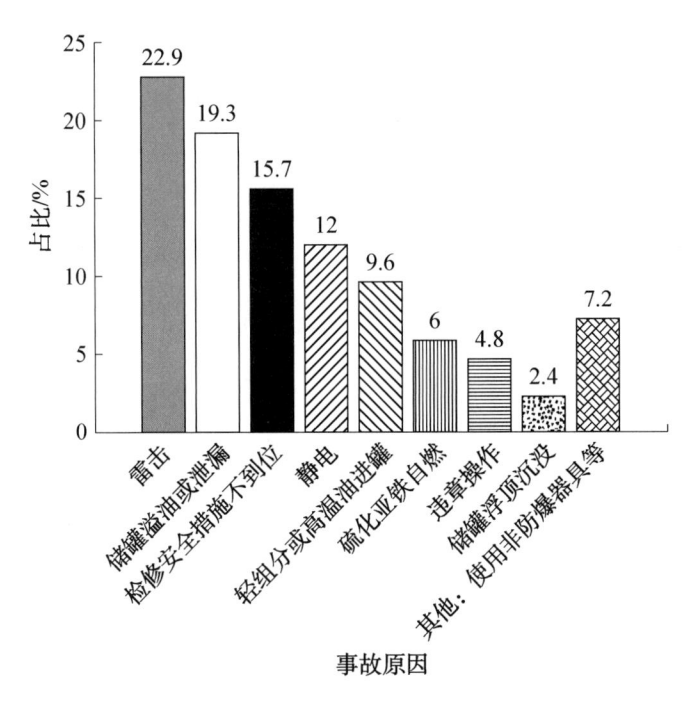

图 1.3 火灾事故原因统计

（2）在储罐使用过程中，裂纹等缺陷可能会扩展，这种情况下就很可能发生泄漏；

（3）储罐罐底有时可能因为严重的局部腐蚀造成穿孔，这时会发生罐底泄漏。

金属腐蚀是材料受环境介质的化学作用或电化学作用而变质和破坏的现象，这是一个自发的过程[6]。据金属腐蚀机理可分为电化学腐蚀和化学腐蚀两种，绝大多数腐蚀均是电化学腐蚀。电化学腐蚀指的是金属在环境中与电解质溶液接触，同金属中的杂质或不同金属之间形成电位差，构成腐蚀原电池而引起金属腐蚀的现象，其腐蚀历程可分为两个独立的并同时进行的阳极（发生氧化反应）和阴极（发生还原反应）过程，反应过程中有电流产生。化学腐蚀指的是金属材料在干燥气体和非电解质溶液中发生纯化学作用而引起的腐蚀损伤，其反应历程是材料表面原子与非电解质中的氧化剂直接发生氧化还原反应，反应过程无电流产生。

沿海地区储存的原油，很多来自中东地区，原油中硫化氢、硫醇等硫化物含量较高，且原油在开采运输中可能会掺杂进海水，在储罐底部会形成沉积水。沉积水水质一般呈中性到弱碱性，含有氯离子、硫酸根离子等，氯离子和硫酸根离子是腐蚀过程中强烈的催化剂，会对底板造成严重腐蚀，同时石油储罐在投入使用后，原油中的腐蚀介质很容易在焊缝处发生腐蚀，严重时可能造成穿孔，储罐内外壁腐蚀机理见表1.2。

表1.2 储罐内外壁腐蚀机理总结

腐蚀位置	腐蚀类型	发生部位	原因
储罐内部腐蚀	化学腐蚀	干燥环境下的罐体内壁	化学反应，腐蚀较轻
	浓度差腐蚀	罐内壁液面以下	氧的浓度差造成的腐蚀，属于电化学腐蚀
	原电池腐蚀	罐顶、罐底、罐壁	Cl^-、SO_4^{2-}、HCO_3^-、CO_3^{2-}等造成的腐蚀，属于电化学腐蚀，是油罐腐蚀的最主要形式
	细菌腐蚀	罐底	硫酸盐还原菌等细菌造成的腐蚀
	摩擦腐蚀	浮顶罐的浮动伸缩部分	
储罐外部腐蚀	大气腐蚀	罐顶、罐壁	油罐外表面有一层水膜，水中溶解了氧，可发生浓度差腐蚀，大气中的SO_2、H_2S、HCl、Cl_2等也溶于水，构成电解液，发生电化学腐蚀
	土壤腐蚀	罐底	氧浓度差腐蚀、杂散电流腐蚀、细菌腐蚀

因此，长期服役过程中储罐底板由于其使用条件以及环境条件中不利因素的影响，容易发生腐蚀穿孔，裂纹扩展甚至局部破裂、变形等较为严重的损伤，而腐蚀造成的损伤占比最大。据有关资料统计，底板腐蚀约占油罐腐蚀的80%，其中，罐底边缘板腐蚀约占60%[7]，底板腐蚀至穿孔会造成存储介质泄露，导致环境污染、经济财产损失，严重的甚至引发严重事故，造成人员伤亡。储罐底板腐蚀状态检测是确保储罐下一个周期平稳运行的关键，例如日本水岛炼厂50000m^3储罐底板破裂导致原油泄漏$4.3×10^4 m^3$的事故，美国西弗吉尼亚州一公司储罐底板穿孔导致原料泄漏汇入河流的事故，均是由于石油储罐底板腐蚀穿孔造成的安全事故，因此，石油储罐底板腐蚀缺陷检测十分必要。

在全球化的视角下，储罐设施安全问题已成为国际政治、经济、环保等诸多领域的一个核心问题，甚至成为国际政治的焦点，国内外都非常重视大型储罐的设计建设和安全维护，制定了大量相关法规和标准，如美国的API 650、

API 653，我国的 GB 50341、GB/T 30578、SY/T 6620 等，对储罐的设计、施工、验收、检测、维修等进行规范，其中检验检测是保障储罐安全的重要环节。由于储罐体积庞大，维修费用较高，一般情况下，对大型储罐进行常规无损检测的方法，都需要在停产条件下对储罐进行清罐、除垢、除锈，有时甚至要开罐检测。这些检测方法需停产检测，会造成检测时间长、检测费用高、劳动强度大、停产损失大，并且不可能同时对所有待检储罐进行检测。某些特殊情况下，如有些设备无法停产又到了检测期或某些储罐，存在缺陷又正在运行，就不可能进行常规的无损检测，因此，需要对石油储罐底板进行健康结构监测，实现缺陷定位及定量，解决基于导波的石油储罐底板结构健康监测技术中的种种难题。

1.2 石油储罐底板检测技术发展及现状

API 575—2014《常压和低压储罐的检测》指出，腐蚀是钢制储罐及其辅助设备失效、破坏的主要损伤机理，储罐检测的主要目的是查找腐蚀位置，罐体腐蚀减薄导致的失稳和穿孔渗漏是常压储罐的主要损伤模式。传统的无损检测（NDT）包括超声、射线、涡流、电磁和渗透检测，五大常规检测在石油储罐检测方面都颇有建树，其中对石油储罐底板进行无损检测的技术包括涡流检测、漏磁检测、射线检测、超声测厚法、主动声发射检测和导波检测等。

1.2.1 离线式石油储罐底板检测技术

（1）平板远场涡流检测技术。

涡流检测技术[8]是利用电磁感应原理，通过测定被检工件内感生涡流的变化来无损评定导电材料及其工件的某些性能或发现缺陷。远场涡流（REFC）检测技术是一种能穿透金属管壁的低频涡流检测技术，当激励线圈与接收线圈相距 2~3 倍管径时，检测线圈可以检测到管外的缺陷信息。它最早是在检测油井传输管道中被发现的，理论基础为电磁感应原理，遵循电磁场扩散方程。激励线圈通入低频交流电时会产生远场涡流现象，其中电磁场能量共有两条传播路径传至接收线圈，包括管壁内沿着管道径向传播的直接耦合路径与穿出管道沿着管壁传播的间接耦合路径。间接耦合路径在远场区时会再次穿过管壁，相当于穿过两次管壁，同时携带着内外管壁的信息。然而激励线圈因法拉第电磁感应导致附近管壁对于直接耦合传播路径磁通的屏蔽作用，最终接收线圈接收到的信号为带有内外管壁信息的电磁场能量，管道远场涡流检测原理示意图如图 1.4 所示。

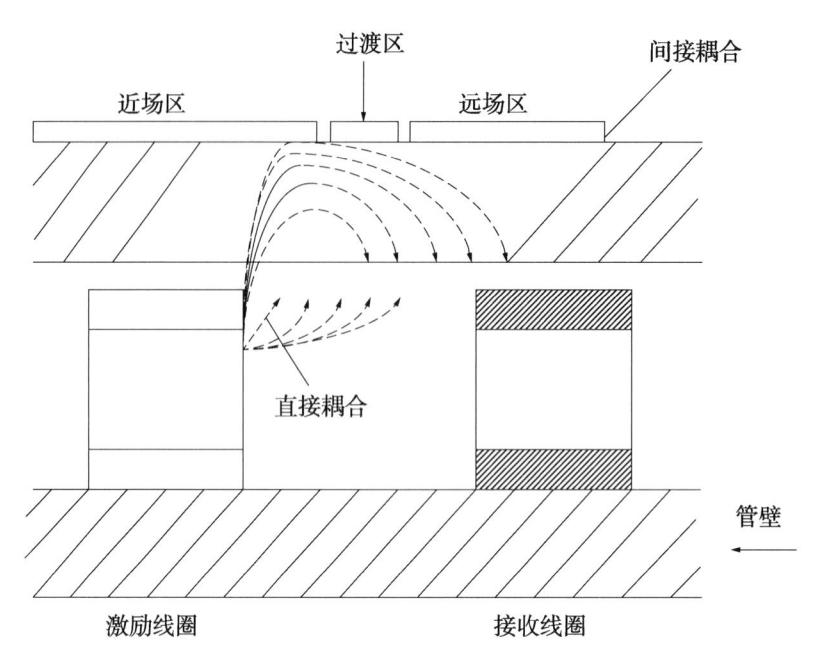

图1.4 管道远场涡流检测原理示意图

与常规涡流不同的是，远场涡流并不是检测在感应线圈中阻抗的变化，而是检测激励线圈和检测线圈两者的交流相角差。管壁无缺陷时，接收线圈的感应电压和激励电流间的相位滞后正比于壁厚与集肤深度倒数的乘积；管壁存在裂纹、凹坑及腐蚀等缺陷时，管壁厚度减小，导致检测信号相位差减小，幅值增大，因而可以检测管道的缺陷。

平板远场涡流检测机理和管道远场涡流检测类似，同样是在激励线圈通入低频交流电时产生远场涡流从而形成直接耦合传播路径和间接耦合传播路径。在平板上放置激励线圈所产生的能量是发散的，无法看到远场涡流现象，若要将管道远场涡流技术应用到平板远场涡流技术中，必须保证接收线圈能够接收到仅包含内外板信息的间接耦合能量。因此，直接在激励线圈与接收线圈之间的直接耦合通道中设计电磁屏蔽装置或使用UTC结构，使得接收线圈接收到的仅为间接耦合传播能量，平板远场涡流检测原理示意图如图1.5所示。

日本横滨国立大学研究团队[9]在平板远场涡流的基础上使用UTC结构，同时将检测线圈绕制在U形铁芯支脚上，并针对油气储存罐底部的缺陷进行评估，发现此装置可以有效增强接收线圈的信号强度并减少直接耦合路径的干扰，从而获得铁磁性材料的缺陷图像；美国IMTT公司成功研发出可适用于检测金属及复合材料的远场涡流检测仪，穿透力强，最高可以检测25mm厚的复合材料下金属材料的损伤信息。南京航空航天大学在20世纪90年代就对远场涡流进

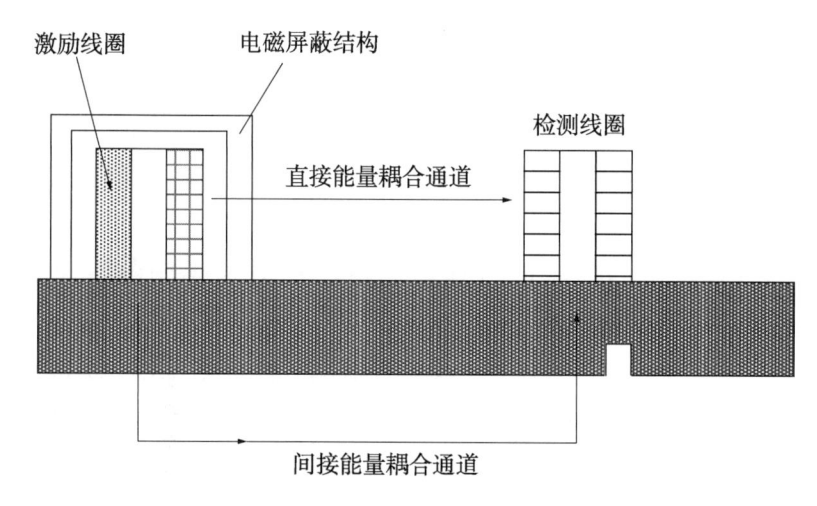

图 1.5 平板远场涡流检测原理示意图

行了理论研究，随后研究了平板远场涡流技术，与爱荷华州立大学[10]合作实现了将远场涡流应用到金属平板检测中。南昌航空大学刘平政等[11]研制的新型远场涡流检测传感器使激励线圈和检测线圈同轴来减小传感器尺寸，可以获得更大的检测信号，增大检测距离并提高缺陷检测率。

（2）漏磁检测。

漏磁检测指的是磁铁材料被磁化后因试件表面或近表面的缺陷而在其表面形成漏磁场，通过检测漏磁场的变化进而发现缺陷的技术。漏磁检测在对大型常压储罐底板的检测中被广泛使用，相较于其他无损检测方法具有灵敏度高、容易实现自动化，且检测方法存在较大的直观性等优点。漏磁场就是当材料存在切割磁力线的缺陷时，材料表面的缺陷或组织状态变化会使磁导率发生变化，由于缺陷的磁导率很小，磁阻很大，使磁路中的磁通发生畸变，磁感应线流向会发生变化，除了部分磁通会直接通过缺陷或材料内部来绕过缺陷，还有部分磁通会泄漏到材料表面上空，通过空气绕过缺陷再进入材料，于是在材料表面形成了漏磁场。因此，漏磁检测的理论研究实际上就是针对缺陷漏磁场的研究，漏磁检测原理示意图如图 1.6 所示。

漏磁检测对储罐底板内表面、内部和外表面缺陷均有良好的检出效果，检测速

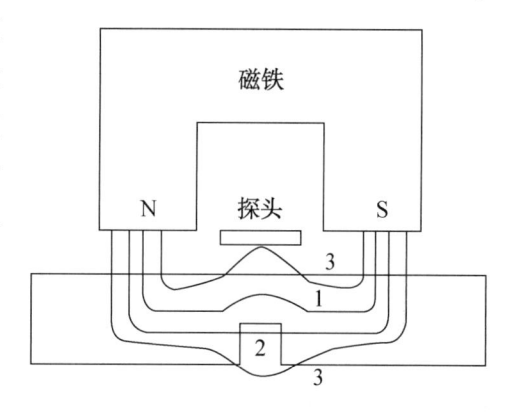

图 1.6 漏磁检测原理示意图
1—材料内部；2—材料外表面缺陷；3—材料表面

度快，对表面粗糙度要求不高，但只能检测铁磁性材料。常压储罐底板的大部分区域均能采用自动化的漏磁扫查仪，但对于某些自动扫查仪无法到达的边角区域，通常采用手持式漏磁扫查器进行扫查，对于二者皆不能进行扫查的部位，如搭接焊缝或者各种角焊缝等，采用磁粉检测的方法或者超声波A型斜探头进行辅助检测。

漏磁检测方式获得的漏磁信号处理通常包括对采集的漏磁信号进行降噪、滤波、异常点剔除等处理，即进行信号预处理，其次要消除一些对信号产生不利影响的因素。通常这些影响存在一定的规律性，因此可以采用相应的补偿措施进行处理，减轻或消除这些不利因素对漏磁信号的影响，最后得到含有丰富缺陷信息的漏磁信号，这样有利于实现对缺陷的定性和定量描述。在信号预处理阶段，国内外学者已提出了大量的软硬件处理方法和相应的预处理算法，并取得了良好的效果。英国斯旺西大学 Robin 等[12]提出用有限元法重建钢中任意缺陷轮廓的快速漏磁信号反演方法，他通过非线性正演模型与高斯—牛顿优化方法快速重构缺陷轮廓，能够实现在钢板上的缺陷快速定位及定性；东北石油大学崔巍等[13]提出了一种基于伪彩色的焊缝漏磁检测的可视化方法，它能够更加直观且准确地显示缺陷信息，具有更好的视觉效果。

针对漏磁检测设备，国内外不少学者取得了相关研究进展，在漏磁扫查仪方面，英国银翼公司研发的 Floormap 相关型号漏磁检测仪器可以自动扫查并定量化表征缺陷，提供缺陷外形信息的同时可以存储对比检测结果；清华大学王坤等[14]开发了一套针对石油储罐底板上下表面缺陷的能够自动检测并且确定缺陷位置、提供缺陷尺寸信息的基于漏磁检测原理的检测设备；中国石化王安泉等开发了一套适用于钢板缺陷检测的漏磁检测设备，利用低频交流快速恒流源设计方案，有效保证了激励磁场的稳定，提高了低频交流漏磁检测的精度和稳定性。

（3）射线检测。

射线检测作为五大常规检测之一，通过向被测物体发射X射线、γ射线或中子射线源等射线穿透工件发生强度衰减，其衰减的程度与射线波长、物质的密度与厚度有关，透过的射线经过不同程度的衰减后会在胶片上感光，当物体中存在缺陷时，则该缺陷会吸收部分射线，胶片显影后的检测结果非常直观地显示出材料及其构件缺陷和不连续性的大小、分布和性质。如被测工件内有裂纹，底片上则会出现轮廓分明的黑线或细线且带有微小的锯齿，黑度相对于其他位置更大且有变化，如图1.7所示。

射线检测相对于其他检测方法来说更加直观且便于保存，应用面广，在某些行业具有不可替代的地位，每年我国工业生产过程中无损检测行业胶片消耗近亿元[15]。X射线检测以其结果直观、易于发现体积型缺陷等优点，在焊接、连接及增材制造等加工领域得到广泛应用。目前，X射线缺陷评定普遍采用人工观测的方式，存在检测人员工作量大、检测结果受主观影响大及检测结果可靠性差等问题。因此，尽管射线检测的灵敏度高、直观可靠且重复性好，但针对大型石油储罐[16]，工作人员必须进入悬臂小挂车危险作业，同时被测工件必须用合适的夹具固定住被测工件的两端，检测结果还需有经验的人员进行分析判定，同时存在检测效率低、成本高和对人体有一定伤害的缺点。以上不足限制了许多大型设备的射线检测条件。

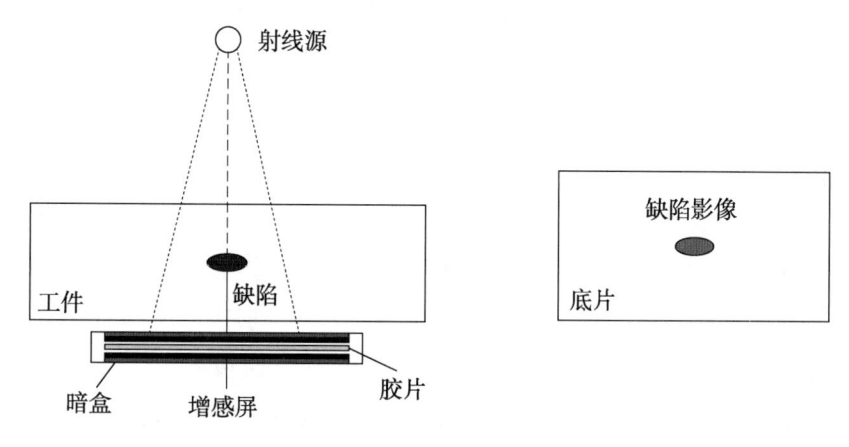

图 1.7　射线检测原理示意图

随着计算机技术的发展以及图像处理技术的日渐成熟，计算机辅助评片技术在射线检测领域也得到了极大的发展和进步，从而减轻了评片人员的工作量，如 X 射线实时成像检测技术具有检测速度快、检测结果可靠、检测成本低且环保、对人体辐射小等优点，在一定程度上提高了检测工作的效率。尽管计算机辅助评片持续受到了广泛的关注和追捧，并且也取得了一些成果，然而由于射线照相检测的固有特性，被检测的对象差异性以及不同图像处理算法的复杂性及其局限性，使得计算机辅助评片技术在实际的缺陷识别应用当中仍然困难重重，图 1.8 为 X 射线检测数字成像系统。

在数字图像处理方面，Gayer[17]于 1990 年提出了用两步法实现对 X 射线实时焊缝图像缺陷的提取：首先依据缺陷灰度分布的不规则性，通过简单的快速搜索确定存在缺陷的大致位置，然后运用阈值分割技术完成对缺陷的准确定位和提取；日本的 Lashkia[18]利用模糊推理的方法设置分类器实现了焊缝射线检测图像的计算机智能分析和缺陷的识别，其识别效果和专业评片人员的水平相当，但存在处理过程复杂，系统运算速度不足等瑕疵；哈尔滨理工大学的王慧玲[19]

开展了基于机器视觉的焊缝缺陷检测技术的研究,提高了系统的运算速度;张晓光等[20]使用边缘平滑度、端部尖锐度、走向变化率、缺陷对称性、缺陷灰度相对变化率以及长宽比等缺陷作为特征参数,建立了神经网络模型用于焊缝缺陷识别,该方法识别率较好,可信度取决于系统预设的阈值。

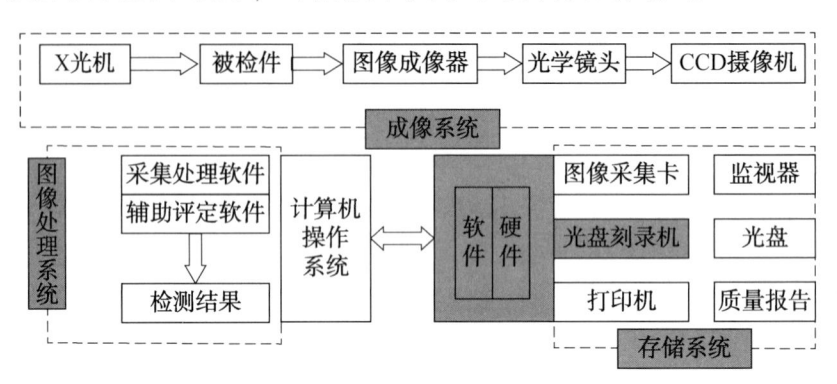

图1.8 X射线检测数字成像系统

射线检测数字成像技术在国内外均得到了应用和推广,美国GE公司推出了DP453 Vario(P)型的实时成像系统和GE数字化系统。这两个系统的采集器并不相同,前者利用的是高分辨率的增强器,后者利用的是高性能的GE平板。这种平板能接收低能射线信号,且具有优良的摄影速度和动态范围。清华大学核能与新能源技术研究院[21]研制了大型构件的检测系统,能实现对集装箱的快速和高效检测。该系统采用钴60,穿透力不少于240mm,检测速度高于30个/h,辐射剂量低于5mSv/次。中北大学针对构件安装的合理性检测,设计了一款检测系统,目前系统已用于汽车兵工的产品检验。该系统的工作过程由计算机自动控制来实现,单个识别速度不到5s,系统的透射灵敏度超过1.2%,空间分辨率不低于21p/mm。

(4)超声测厚法。

电磁超声是以电磁耦合方式产生超声波进行工作,根据超声波产生的方式不同,可分为电磁超声传感器(EMAT)和压电超声传感器进行的超声测厚检测。在偏置磁场中,当EMAT靠近被检测的金属工件时会使工件表面产生与激励电流相同频率的涡流场,该涡流在偏置磁场的作用下会产生相同频率的磁致伸缩力和洛伦兹力,从而激发出超声波。因此,电磁超声测量不受工件表面油污和灰尘的影响,并具有适应速度快、非接触等优点。然而,EMAT测厚也具有激励功率大、换能效率低、设备成本高,信号微弱容易受干扰等缺点。目前,无损检测领域中较为成熟的超声测厚方法是压电式超声测量[22],其超声压电探头(PZT)分别利用压电晶体或压电陶瓷的压电效应和逆压电效应来接收和产生超声波，使用这种方法激发超声波的效率更高，指向性好，易于实现，超声信号的信噪比也更高，图1.9为超声测厚法的基本原理图。

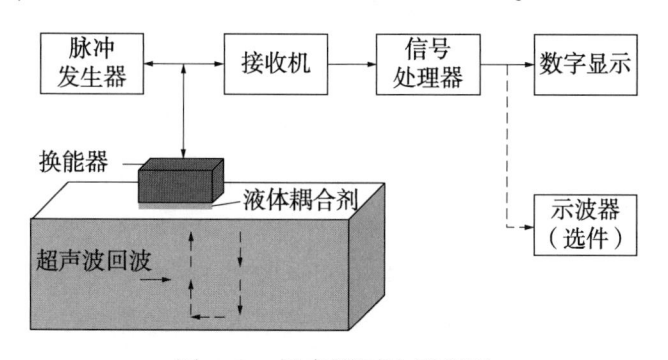

图1.9 超声测厚法原理图

按照工作原理的不同，可以将超声测厚分为脉冲反射法、共振法和兰姆波法（Lamb Wave）等。脉冲反射法通过测量脉冲回波在工件中的声时（TOF）和超声波在工件中的传播速度来计算工件的厚度，因此超声测厚的精度依赖于TOF计算的准确性。共振法是声波在工件中传播时，当工件厚度为声波半波长整数倍时形成驻波产生共振，确定工件中声波的共振频率即可以确定工件厚度。Lamb波法同样可以用来测量较薄的材料，但Lamb波的产生条件较为复杂，当超声波的入射角、工件厚度和频率满足一定条件时，在薄板工件中会产生Lamb波，因此该方法对待测工件表面的探头放置角度要求较高，部分技术问题尚未解决。

超声测厚法由于其方法简单、成本低和操作简单的特性，已广泛应用于石油储罐底板检测，一般首先对罐底整体进行抽查来判断储罐整体减薄情况，然后根据宏观检查所发现的局部腐蚀区对储罐各个部位进行失效分析，重点检测某些区域，由此获得的罐底减薄数据用来表征储罐的安全程度。东北石油大学周元培[23]提出的电磁超声结合信号反射及透射系数的储罐底板表面缺陷深度量化方法减少了储罐底板腐蚀缺陷检测误差；沈阳工业大学孙文斌[24]研制了一款储油罐底腐蚀检测机器人，利用人机交互控制软件进行控制，同时结合小波分析理论、超声波测厚原理和三维定位算法对罐底腐蚀缺陷进行检测，实现信息交互且提高缺陷检测率；华中科技大学罗垚研制的一种四通道测厚探头的电磁超声横波测厚系统能够有效地扫查到石油储罐底板缺陷，并且测量的厚度值与该缺陷的平均厚度换算结果基本吻合。

综上所述，离线式石油储罐底板缺陷检测技术均存在优劣势，但利用上述方法不可避免地要对储罐进行开罐检查。尽管进行开罐检查结果直观准确，但仍存在由于各种原因无法定期开罐检查带来的安全隐患以及开罐费用高、检测周期较长等问题。因此，近年来开展了许多关于在线式石油储罐底板检测技术的研究。

1.2.2 在线式石油储罐底板检测技术

基于上述背景,一系列在线式石油储罐底板检测技术应运而生,目前常见的有光纤传感技术、声发射检测技术和导波检测技术,它们克服了储罐检测时开罐、清罐和检测周期长等难题,长期有效地对储罐进行健康结构监测。

(1) 光纤传感技术。

光纤传感技术源于20世纪70年代初,是伴着光纤通信技术的发展而发展起来的一项新的传感技术。光纤工作频带宽、动态范围大,在一定条件下光纤可以感应诸如温度、应变等很多物理量的变化,是一种优良的敏感元件,它以光波作为载体,以光纤作为传输的媒介,在周围环境因素的影响下,光纤中传输的光波相关特征参量(光强、频率、相位、偏振态等)会发生相应变化,通过各种光电器件对光信号的解调和处理,可实现电压、电流、温度、应变、湿度、加速度、位移等众多参量的感测。目前研制成功的光纤传感器已达百余种,应用于航空航天、国防军事、土木、水利、电力、能源、环保、智能结构、自动控制和生物医学等众多领域,引起人们的广泛关注。光纤传感器由光源、一定长度的传感或传输用光纤、光电检测器或解调器及信号处理电路等部分组成。常见的光纤传感器有三种类型,包括光纤温度传感器、光纤液位传感器和光线压力传感器。光纤传感器具有传统传感器不具备的特点,它不仅能够通过光信号直接进行感知,同时能够通过半导体二极管进行光电转换,不同类型的光纤传感器应用在不同的研究领域,为光纤传感技术提供了技术支持,图1.10为光纤传感技术工作原理图。

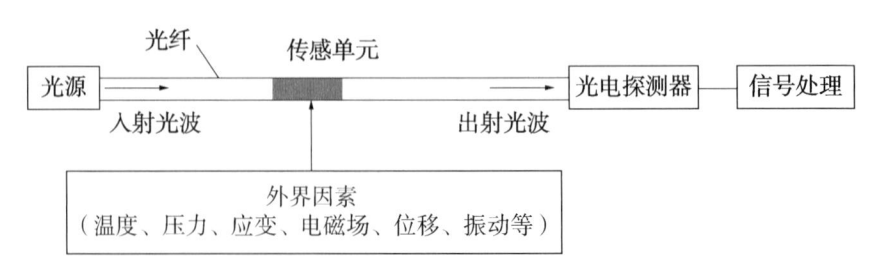

图1.10 光纤传感技术工作原理图

相比于传统传感器,光纤传感器具有许多优点,如可靠性高、耐久性长、本质安全、防水防潮、抗电磁干扰和抗腐蚀等,非常适合应用于环境恶劣的各类地质体监测。此外,由于传感器体积小、质量轻,易于铺设安装,能有效解决和工程结构的匹配问题,其对力学参数的影响相对较小,可实现无损检测和评价。

早期光纤传感技术由于价格昂贵、技术不成熟等问题而难以推广，伴随着光纤传感器技术的不断发展，许多国家大力开展光纤技术的研究，近年来，光纤传感技术在许多领域都得到了实际应用，其中就包括石油储罐在线健康监测。

分布式光纤传感技术除具有普通光纤传感技术的优点之外，其最大的优点在于可实现结构物理量的分布式监测，克服了传统点式传感器存在漏检现象的缺点，使其在结构完整性评估、缺陷监测等方面具有一定的优势。分布式光纤传感技术还具有化学稳定性等优点，可在锈蚀、潮湿、高温等环境中工作，对于在高腐蚀环境下的石油储罐底板的检测作业具有显著优势。目前针对石油储罐的光纤传感技术常应用于光纤光栅感温火灾报警系统，现有的分布式光纤测温系统是通过对储油罐进行实时测量空间温度场分布，对光纤沿线所在处的温度进行不间断地连续测量，特别适用于需要大范围多点测量的场所。东北石油大学杨晓旭[25]建立的光纤光栅传感技术检测系统能够在正常使用情况下实时检测储罐的运行状态，同时实现实时的危险预警；天津大学赵磊[26]通过分析液化天然气（LNG）储罐结构及其保冷性能对能量传递模型进行研究，研究正常情况下储罐状态和泄漏情况下储罐状态从而明确泄漏故障状态；黑龙江省防灾减灾及防护工程重点实验室袁朝庆等[27]开发了一套应用光纤传感技术监测大型储罐的监测系统，对大型储罐周围传感器进行合理布置，内部可监测其罐体的液位、温度和压力，外部可监测其加速度、位移和应力。

（2）声发射检测技术。

声发射（AE）是指物体在受到外应力作用时，该物体的局部区域迅速释放一定量的弹性能量的过程中将会产生瞬态应力波的一种物理现象，比如金属材料受力下塑性变形过程、裂纹扩展过程等损伤过程中都伴随着声发射。不同材料的声发射信号频率也不同，一般声发射信号频率可以分为次声频、声频和超声频。频率范围很大，从几赫兹到数百万赫兹，信号幅度大，可以从微观的错位运动的 10~13m 到地震波的 1m 量级，如果应变达到一定程度，产生的声发射信号就能够让人耳听见[28]。随着声发射技术研究的发展，声发射的含义也变得越来越广，如摩擦、液体或气体泄漏、燃烧也伴随着声发射，有时把声发射也称为应力波发射，它是一种常见的物理现象。通常声发射信号源是一种非常微弱的弹性应力波并通过材料本身传播到物体的表面。人们借助一定仪器设备对其采集分析，一般是通过具有压电晶片的传感器将这种应力波信号转化为电信号，电信号又被放大器放大传输到信号采集处理系统进行信号处理，然后再通过处理后的声发射信号的信息对采集的信号源进行定位、定性、判断分析，从而解释被检件内缺陷情况的有效信息，这就是声发射技术的基本原理，如图1.11所示。声发射技术是一种用于检测和评价被检材料或构件损伤过程中缺陷信号的动态无损检测技术，具有在线监测功能，通常也称为声发射监测技术。储罐在载压情况下，罐底腐蚀减薄区会产生变形，导致腐蚀层的开裂和掉落，以及泄漏产生湍流声等都会产生声发射现象[29]。

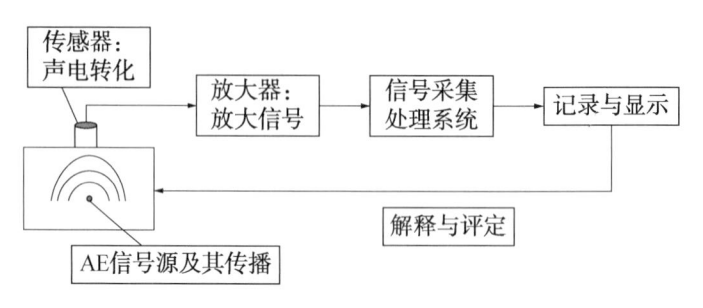

图1.11 声发射监测技术基本原理图

由图1.11可知，必须在被检对象受外部激励作用下使其释放出具有一定能量的应力波才会有声发射信号。这样的过程也是声发射技术可以实现在役监测重要原因，同时也体现出声发射技术探测得到被检对象的损伤过程中的能量来自其本身的应力、应变能。

工件中出现的很多缺陷，包括裂纹、夹渣和塑性变形等都可被当作声发射源，而不同类型的缺陷机制对应不同的声发射源频率，频率范围从次声频到超声频不等。目前，声发射检测技术主要围绕与声发射源分辨与声发射源评价两个方面进行研究，声发射检测技术对于石油储罐检测而言主要针对的是储罐底板的腐蚀、泄漏状态评估，可以通过按一定阵列固定布置在储罐壁上的声发射传感器获得储罐底板上的活性缺陷的动态信息，由专门的软硬件对这些信息进行数据采集和分析处理，从而推断罐底板的腐蚀情况以及是否存在泄漏(即对罐底的声发射源定位)。对储罐底板进行声发射检测，液位作为激励源时，可以发现罐底板由于泄漏和腐蚀产生泄漏处介质的流动和扰动及局部严重腐蚀区域的受载形变，产生有效声源。中国特种设备研究院李光海等[30]等对储有液体介质的常压储罐中声发射源的定位进行研究并提高了声发射源检测率；东北石油大学联合广东省特种设备检测研究院[31]提出基于小波分析和模式识别的声发射信号处理方法，解决了声发射信号类型的识别问题，同时提取有效声发射信号典型特征定量进行分析；江苏省特种设备检测研究院张延兵等[32]建立了适用于储罐底板声发射评价的神经网络专家系统来提高声发射源分辨力，图1.12为声发射在线式检测技术在大型常压储罐全面检测中的应用。

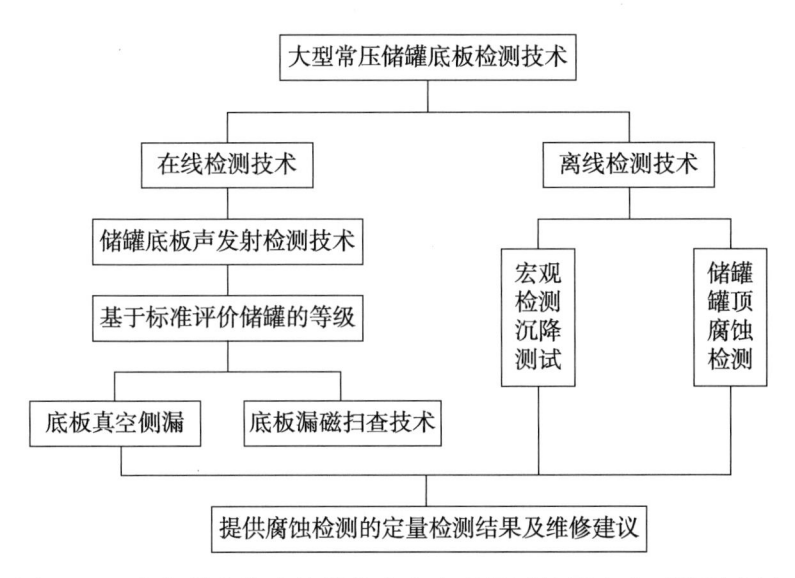

图1.12 声发射在线式检测技术在大型常压储罐中全面检测应用

(3) 导波检测技术。

超声导波技术是一项近年来广受关注的无损检测技术，导波是一种由于介质边界的存在而被限制在介质中传播、同时传播方向平行于介质边界的波。它与传统超声波技术相比有两个明显的优势，首先是在待检工件任意位置处激励一个超声导波，由于其衰减小的特性，可以沿着待检工件传播几十米甚至上百米距离；其次导波在待检工件结构面的上、下和中间都存在振动，声场分布在整个壁厚范围内，这表明待检工件整个壁厚都能被检测到(表1.3)。因此，超声导波具有传播距离远、检测范围大和对缺陷敏感的特点，其在大型储罐健康状态监测中具有良好的应用前景。

表1.3 超声波与超声导波传播特性对比

名称	影响波速的因素	介质中的传播方式	按传播方式分类
超声波	介质	体波	横波、纵波
超声导波	频率和介质	自由表面间传播	对称和非对称纵波、扭转波、弯曲波

关于超声导波的研究大致分为理论研究时期与实践应用时期两个阶段，导波首先由Rayleigh[33]于1894年提出，解释了在媒质界面上传播的弹性波的波动方程，这种无限各向同性弹性固体的自由表面上的波也被称之为瑞利波。英国力学家Lamb于1917年发现了薄层中传播的导波，并推导出此类导波的Rayleigh-Lamb超越方程，此导波后被称为兰姆波（Lamb Wave）[34]。Love在1927年发现

了在由一层不同弹性性质的层覆盖的半空间中可以存在 SH 模式的导波，定义这种导波为 Love 波。随后薄板结构内的 SH 波的波动方程及频散方程被建立起来。1950 年，Mindlin 完整地解释了 Lamb 波方程，并建立了 Mindlin 板理论。从此 Firestone 和 Ling 开辟了基于 Lamb 波的损伤识别领域。1980 年以后，随着计算科学的快速发展，基于结构中的导波（尤其是薄板结构内的 Lamb 波和 SH 波）的无损检测技术被广泛应用于工程领域中，图 1.13 为在结构中激励与传感 Lamb 波过程。

一些著名的学者在波动力学和弹性力学方面为超声导波的理论研究提供了基础，其中波速与频率有关的特性称为频散特性。多模态特性是指在同一频率下，在特定规格的波导介质中可激发出多个导波模态，且随着频率的增加，导波中的模态数量也随之增加。据此绘制出的频散曲线描述出各个频率的谐波在介质中的传播特性以及不同模态导波的波速与衰减。基于频散曲线，可对介质中的导波模态进行选择，继而找到适合进行导波检测的特定模态。

国外对于超声导波的研究与应用较早，已有较完整的理论指导，国内对超声导波的探索始于 21 世纪初，许多知名高校及研究机构都对超声导波理论以及相关应用进行了探索，关于导波的出版文献、科研活动、技术产品在检测领域的应用显著增长[29]。超声导波技术在无损检测领域的研究已拓展到了管道、实心柱体以及复合板材等介质中，同时在石油储罐的无损检测领域获得了极高的关注度。

由于薄板结构中的导波传播距离远，衰减小，因此可以实现薄板结构表面及内部大面积、长距离的无损检测。并且由于导波的传播特性对结构的材料属性及结构内应力场的变化非常敏感，只要尺寸比导波的波长大的缺陷都可以被有效地识别出来。针对石油化工领域中储罐底板的板状类结构缺陷检测，常见的超声导波应用有 Lamb 波和水平剪切波（SH 波）。

Lamb 波是在金属薄板中由纵波和横波合成的特殊形式的应力波，其波长与金属板厚度大致在相同数量级，Lamb 波同样具有频散、多模态、传播距离远且对小损伤敏感的特点，1960 年就有研究人员将 Lamb 波首次用于损伤检测。中国特种设备研究院邓进等[35]采用 S_0 模态高频超声导波模拟储罐边缘缺陷检测并经过试块对比验证了高频导波对储罐底板边缘板腐蚀检测的可行性；禹化民等[36]利用可变角度探头激发出含 A_0 和 S_0 两种模态的 Lamb 波避免漏检，同时获得探头最佳入射角度以提高对储罐底板表面缺陷的检测灵敏度；Yang 等[37]利用 S_0 模态的 Lamb 波经过裂纹损伤前后小波变换系数的比值表征损伤处导波能量损失，通过数值仿真和实验的方式探讨了小波系数比和裂纹深度之间的对应关系，验证了超声导波在损伤定量评估中的工程应用价值。

SH 波由满足边界条件且质点振动方向平行于固体板表面的两个体切变横波耦合而成，波形简单且仅由板材面内质点位移所决定，平板中的超声 SH 波衰减慢且波长短，基础模态下具有的单模态、非频散和模态转换少等特点都显著提高了损伤识别的精度和效率，特别适用于大型板状结构中微小损伤的检测，同样适用石油储罐底板检测。Masud 等[38]的研究观察到 SH 波在经过无限大弹性板中平行裂缝会发生衍射；Lee 等[39]观察到 SH 波对于焊接结构的完整性十分敏感，率先将 SH 波应用于焊接结构缺陷的检测中；北京石油机械有限公司联合中国石油西南管道公司[40]建立了 SH 波检测石油储罐底板损伤模型并设以特定的传感器阵列，缺陷检测精度可以达到 0.64%。

经过众多研究人员的不懈努力，导波技术已经从理论研究发展到了无损检测评价的应用领域，正在向结构健康监测领域发展。

基于 Lamb 波的结构健康监测技术是利用发射传感器在板的表面向板中激发主动检测信号，与此同时接收传感器在同一表面的其他一个或者多个位置接收响应信号并进行分析，据此对结构中的损伤进行监测。现有的研究方法主要基于数值方法研究导波的各个模式与不同形式的缺陷相互作用的现象从而提取有效信息，针对导波信号的特征提取是为了消除噪声对有效信号的影响，提高信号信噪比，从而有效地从导波信号中提取反映损伤信息(如是否存在缺陷、缺陷的位置、大小以及严重程度)的信号特征(如幅值、频率、能量、波速和传播时间)，有助于根据信息分析结果(缺陷散射信号)推断原因(损伤)，从而完成损伤识别。对于一个波信号而言，可能是由无数多个缺陷共同作用的结果。这种不确定性导致很难确定缺陷的数量、形状和严重程度，给损伤识别的效率带来很大的挑战。

利用 Lamb 波对板结构进行无损检测具有显著的优点。首先，Lamb 波可在板结构的一点激励，由于 Lamb 波本身的特性(沿传播路径衰减较小)，可以沿构件传播相当长的距离，接收到的检测信号中包含了整个检测区域的信息。因此，Lamb 波检测技术可以在短时间内检测相当大的区域。其次，从各 Lamb 波波结构(板厚方向上的位移和应力分布)图上，可以知道对不同的深度位置，哪种 Lamb 波模态较敏感，这就意味着通过激励不同模态的 Lamb 波，可以检测到不同深度上的缺陷。最后，Lamb 波还可以用来检测许多不可接触结构和板类组合结构中的缺陷，例如飞机机翼内表面，储罐底板与砂土接触的下表面。与 Lamb 波相比，SH 波引起的质点振动(位移和速度)都位于平行于层面的平面中，其传播特性在超声无损检测中也是很有价值的。

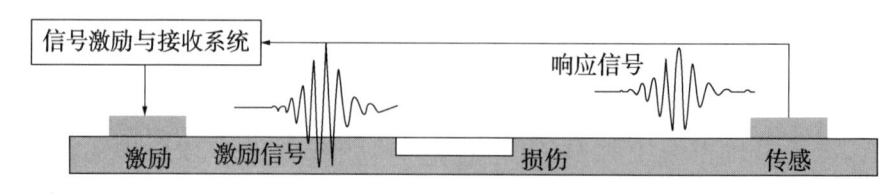

图 1.13 在结构中激励与传感 Lamb 波过程

目前针对石油储罐底板结构健康监测的难点在于由于储罐底板本身面积增大导致的能量衰减问题和液体交界能量损失问题、激励传感器、接收传感器布置问题。为了提高导波的传播距离和检测有效性，Duan 等[41]设计了一种在矩形板中使用一组均匀分布的点源进行导波激励的方法，其可以通过有限数量的电源生成单一模态的导波信号；布里斯托大学 Wilcox[42]研究了一种全向导波传感器阵列，能够合成任意方向的 B 扫图像，同时结合改进的基本相位算法提高了板状类工件缺陷检测精度；南京航空航天大学王志凌等[43]运用超声相控阵延迟叠加方法实现多方位工件扫描，提高损伤信号能量，从而提高信噪比，提高了多缺陷检测精度。

对于依赖于传感器或传感器网络捕获的信号，基于 Lamb 波损伤识别方法的准确性和精确度主要受信号分析处理的影响，关键是要正确地分析处理携带损伤信息的信号变化，然后将它们与损伤参数的特定变化相结合。暨南大学张伟伟等[44]对超声导波的测试理论提出新的思路，将混沌振子检测系统用于超声导波检测，总结出了考虑信噪比、缺陷参数、管道参数、导波参数的超声导波有效检测距离的评估方法；北京工业大学刘增华[45]提出了板材中导波离散椭圆定位的技术；Mayur[46]将导波用于建筑物的无损检测，结合模式识别算法，可以识别建筑钢混结构的后天损伤，实现了对建筑结构损伤的实时监测。

1.3 导波传感器现状

在用超声导波进行无损检测时，传感器主要用于导波的激励和接收，采用导波检测技术对石油储罐底板进行健康监测时，由于储罐结构的特殊性，要求传感器具有中心频率低、激励能量大和模态单一性强的特点。因此，设计一种满足条件的传感器是非常有必要的，目前的研究中已经得到广泛应用的超声导波激励和接收传感器从原理上可分为压电式、电磁式和激光式三种。

表 1.4　各类型传感器优缺点对比

传感器类型	优点	缺点
压电超声传感器	能量转换效率高、灵敏度高、信噪比高、成本低	受耦合条件影响较大
电磁超声传感器	在线快速检测、非接触式检测，几乎可以激励所有导波模态	信噪比、能量转换效率低，用于导电及铁磁性材料的检测
激光超声传感器	非接触式检测、时空分辨率高	设备成本高、技术复杂、信噪比低

1.3.1　压电超声传感器

压电超声传感器是一种基于压电效应的传感器，是一种自发电式和机电转换式传感器，它的敏感元件由压电材料制成。压电材料受力后表面产生电荷，此电荷经电荷放大器和测量电路放大和变换阻抗后就成为正比于所受外力的电量输出，从而获得相关物理量。

压电效应是压电材料所特有的材料属性，也是压电超声传感器作为传感器工作的基本原理。通过对原始的压电材料沿着某一方向施加外部电场进行极化后，压电材料内部的晶粒电畴极化方向发生改变，统一沿着外部电场的方向重新排列，此时材料对外界开始显现压电特性。图 1.14 展示了正压电效应和逆压电效应，两种压电效应具有可逆性，正压电效应指的是当沿着某特定方向在极化后的压电材料上施加外部力作用时，压电材料在产生形变的同时会在内部发生极化，并在压电材料的两个表面上分别产生极性相反的电荷，进而对外呈带电状态，而当外部的作用力撤销时，压电材料会重新回复到不带电的中性状态；同正压电效应相反，逆压电效应指的当在压电材料上沿某一方向施加外部电场后，压电材料将依据电场方向发生对应的形变或产生机械压力，当撤去外部电场后，这些压电材料的形变也将消失。

压电材料可通过正压电效应和逆压电效应高效地实现机械能和电能间的相互转换，同时由于压电效应的可逆性，基于压电效应研制的压电传感器既可以作为超声导波的激励传感器，也可以作为导波接收传感器，通过对布置在检测结构上的压电传感器施加特定波形的高频电信号即可在结构中激发超声导波，再通过结构另一端的压电传感器输出由于结构应变所产生的电信号，从而实现基于超声导波的结构健康监测。

压电材料是压电传感器的关键部分，晶片的性能决定着传感器的性能，其作用是发射和接收超声波，实现电声换能。压电陶瓷因机电转换效率高、介电常数高、超声特性好、容易成型、造价低廉等特点，成为应用最为广泛的压电材料，因此，选择压电陶瓷作为压电晶体材料。对于压电陶瓷而言，当极化方向和电场施加的方向发生变化时，压电陶瓷振子将会表现出不同的振动模式，图1.15为压电陶瓷的4种振动模式。

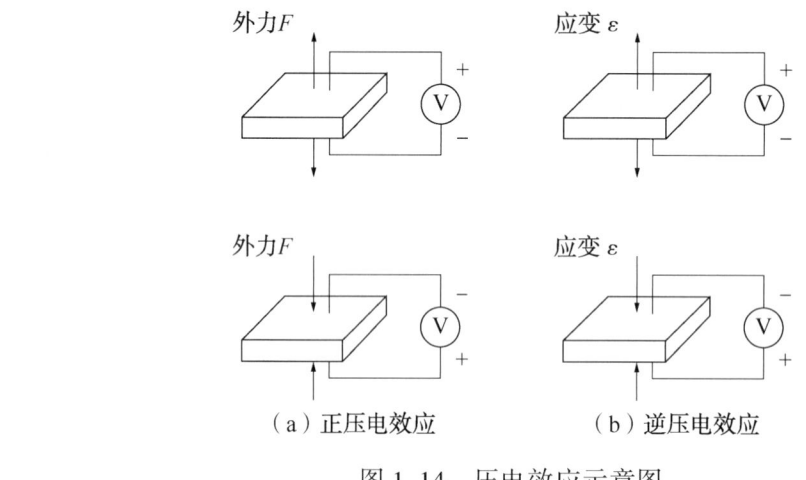

（a）正压电效应　　　　　（b）逆压电效应

图1.14　压电效应示意图

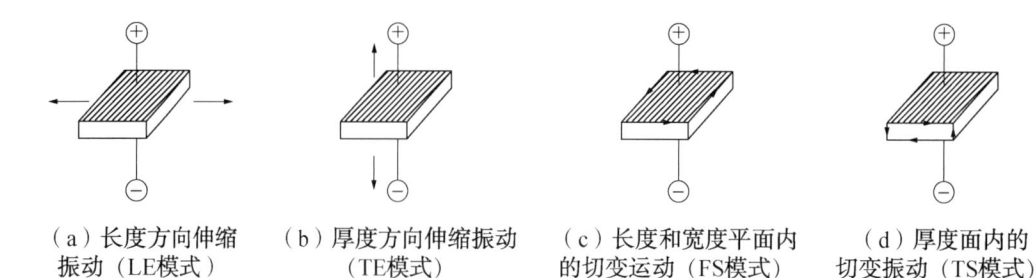

（a）长度方向伸缩振动（LE模式）　（b）厚度方向伸缩振动（TE模式）　（c）长度和宽度平面内的切变运动（FS模式）　（d）厚度面内的切变振动（TS模式）

图1.15　压电陶瓷4种振动模式

这4种振动模式中，LE模式和FS又称为压电振子振动的横向效应，TE模式和TS模式又称为压电振子振动的纵向效应，根据不同的检测需求选择不同的振动模式设计传感器，以便获得相关特性。

压电传感器主要由压电晶片（压电陶瓷）、阻尼块、保护膜、接头、电缆线以及外部壳体等组成，如图1.16所示。

根据检测要求选择不同振动模式设计压电式导波传感器压电陶瓷片，从而获得不同模态激励的超声导波传感器。

（1）SH波压电传感器。

长距离、大范围的检测和监测技术在现代工业中具有重要应用价值。超声SH波在板结构中具有质点位移方向平行于层面且同导波传播方向相垂直的位移模式，这一特有的位移模式使得SH波的激发和接收成为基于超声SH波的平板结构损伤识别研究中需要解决的关键问题。由于传统损伤识别研究中使用的电

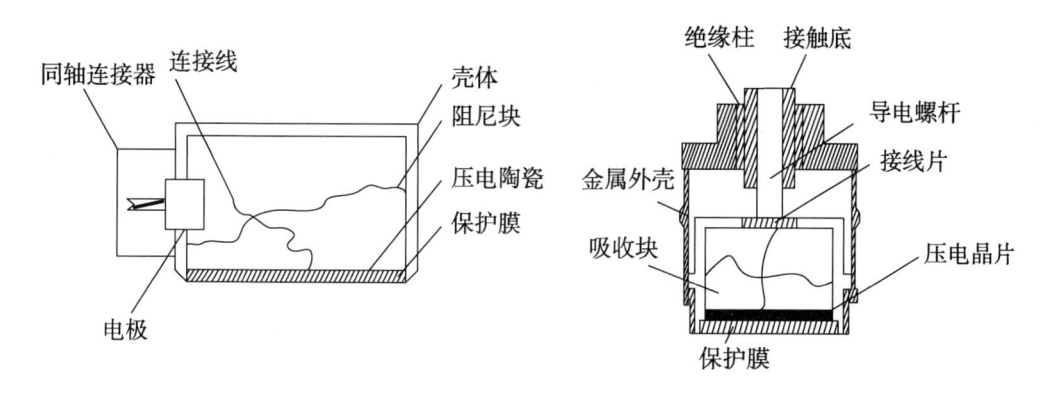

图 1.16　压电传感器结构图

磁超声传感器结构复杂、体积较大且能量转换效率低，并不适用长时间、大范围的大型板壳结构的结构健康监测，而常规压电传感器虽结构简单且导波激发效率高，但压电材料本身压电系数矩阵的特性决定了常规结构形式下的压电传感器对于超声 SH 波的激发和接收具有指向性，全向性 SH 波传感器构成的相控阵系统能实现大型板壳结构的快速检测，但目前并没有研究出切实可用的 SH 波压电传感器，很难实现全向性的结构健康监测。

截至目前，激励 SH 波的压电传感器大都基于 d_{15} 剪切模式，在这种模式下，传感器沿一个方向激励出 SH 波，另一个方向激励出 Lamb 波。Miao 等人近年来提出的基于面剪切 d_{36} 型压电单晶和陶瓷，实现了 SH 波的激励与接收[47-48]。但在压电材料中，d_{36} 系数与 d_{31}、d_{33} 总是耦合的，d_{36} 型面剪切模式无法激励出单模态的 SH 波。Miao 等采用 d_{24} 模式，实现了激励与接收单模态 SH 波[49]。然而上述压电传感器只能沿特定方向激励与接收 SH 波，无法直接构成相控阵系统。为了实现 SH 波的全向型激励与接收，Miao 等提出了一种基于合成周向极化、面内剪切的全向型 SH 波压电传感器。这一设计虽然得到了验证，但却难以在工程中直接使用，因为在材料制备过程中，均匀的周向极化难以实现，导致传感器沿各个方向的性能有较大差异（15%～20%）。北京大学宿强等[50]提出了一种基于厚度极化的压电圆环，采用周向电场加载的厚度剪切（d_{15}）式全向型 SH 导波传感器。理论和实验结果均表明，该传感器能在较宽的频段内激励出单模态的 SH_0 波。

宿强等提出了新的厚度剪切 d15 模式——沿厚度方向极化、长度方向加电场，设计了一种新的全向型压电传感器，其结构如图 1.17(a) 中所示。将一块外径 21mm、内径 9mm、厚度 2mm 的压电陶瓷圆环沿厚度方向极化；极化完成后，将圆环沿直径切割，分成 12 块全等的扇形体；在扇形体单元的侧面涂电极，并将所有单元沿电极面黏接重新构成圆环。对于新制备的压电圆环，相邻的扇形体单元极化方向相反，单元的黏接面电势相等。显然，在施加电压后，传感器内部将产生周向电场，使其发生周向剪切变形，实现 SH 波的全向型激励。与传统的 d_{15} 模式相比，这种新的 d_{15} 模式可以很容易实现均匀的极化，极大地降低了对材料制备工艺的要求，使得传感器的制作更简单。图 1.17(b)为实际制备的全向型 SH 波压电传感器照片[50]。

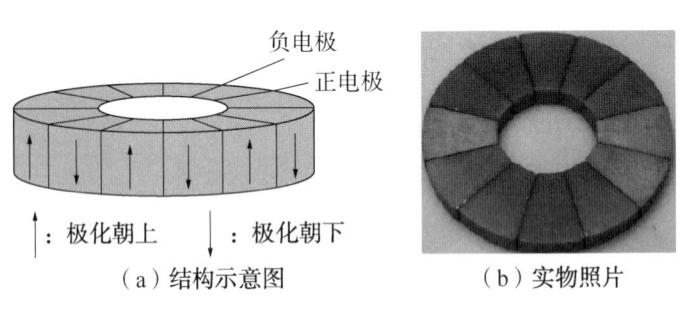

（a）结构示意图　　（b）实物照片

图 1.17　全向型 SH 波压电传感器

以研制的传感器作为激励，d_{36} 型 PMN-PT 单晶(5mm×5mm×1mm)作为传感器，实验验证了其激励 SH 波的性能。由于 d_{36} 型 PMN-PT 的 d_{36} 系数与 d_{31}、d_{33} 是耦合的，因此能同时激励与接收 SH 波和 Lamb 波，所以波的模态同时得到了检验。图 1.18 是在 210kHz 激励频率下，研制的传感器激励，d_{36} 型 PMN-PT 传感器接收的波形信号，可以看到，d_{36} 型 PMN-PT 可以同时接收 SH 波与 Lamb 波，而实验中只接收到 SH_0 波，这说明研制的传感器激励出了单模态的 SH0 波。

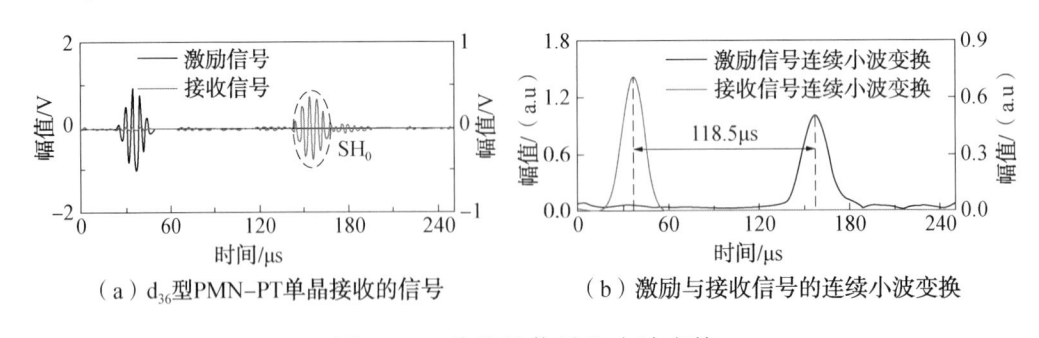

（a）d_{36} 型 PMN-PT 单晶接收的信号　　（b）激励与接收信号的连续小波变换

图 1.18　接收的信号和小波变换

(2)低频单一 A_0 模态压电传感器。

低频处，S_0 模态 Lamb 波以面内位移为主(图 1.19)，而 A_0 模态 Lamb 波以离面位移为主。因此，加载方向需要根据激励 Lamb 波的位移分布来确定，即若要激励 A_0 模态 Lamb 波，应采用垂直加载，如图 1.19 所示。

图 1.20 为垂直加载情况下薄板中各模态 Lamb 波的可激励性。从图 1.20 中可以看出，在低频段，A_0 模态的可激励性随频率降低而增强，S_0 模态可激励性

第1章 石油储罐无损检测技术与应用概述

随频率降低而变差。因此，利用低频、垂直加载方法，可望实现单一 A_0 模态 Lamb 波激励。

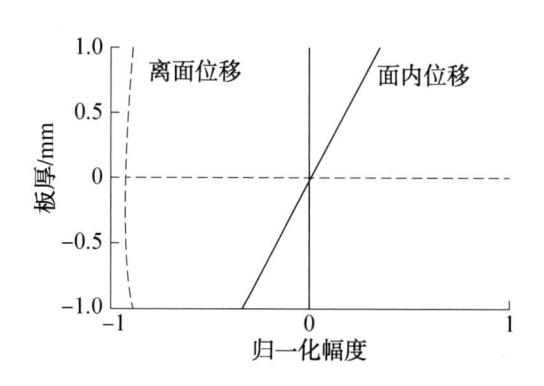

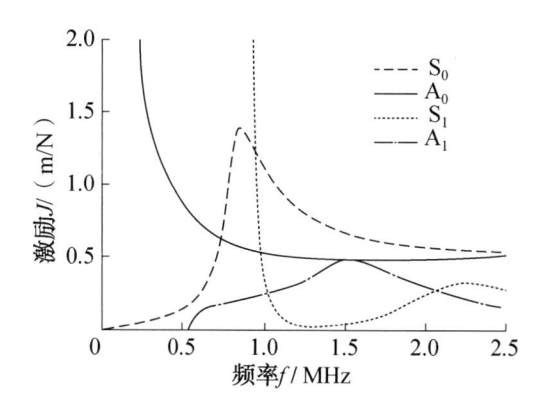

图 1.19 频率 40kHz 的 A_0 波位移分布

图 1.20 板中 Lamb 波的可激励性函数

厚度伸缩型压电片在厚度方向上的谐振频率较高，难以满足激励单一 A_0 模态 Lamb 波所需的低频激励要求。例如，直径 5 mm、厚度 2 mm，厚度方向极化的 PZT-5H 压电片，其厚度方向的谐振频率为 1.1MHz，远大于 A_1 模态 Lamb 波的截止频率。对于直径 5 mm、厚度方向极化的 PZT-5H 压电片，若要使其工作频率为 50kHz，其厚度应为 46mm。显然，该尺寸压电片无法满足实际工程应用的需求。

在压电传感器制作中，一般通过改变压电传感器的前衬与背衬的结构参数，达到调整传感器谐振频率的目的。此时，可将压电传感器简化为弹簧质量模型，如图 1.21 所示。其中，压电片和背衬简化为质量块，前衬简化为弹簧。此时，压电传感器的中心频率为：

$$f = \frac{\sqrt{\frac{E}{(\rho_b \delta_b + \rho_{pzt} \delta_{pzt}) \delta_q}}}{2\pi}$$

其中，ρ_{pzt} 为压电片密度，δ_{pzt} 为压电片厚度，ρ_b 为背衬密度，δ_b 为背衬厚度，δ_q 为前衬厚度，E 为前衬弹性模量。根据传感器中心频率公式可知，压电传感器的谐振频率除与压电片的结构及性能参数有关外，还与前衬的厚度及弹性模量、背衬的厚度及密度有关，因此，在压电片材料及几何尺寸确定的情况下，可以通过调整前衬和背衬的几何尺寸及性能参数，来实现压电传感器谐振频率的调控。

以有机玻璃为前衬，黄铜为背衬，与上述压电片粘贴在一起制成压电传感器。以 3 mm 厚前衬、6 mm 厚背衬压电传感器为例，图 1.22 为接收信号频率特性。

图 1.21 弹簧质量模型

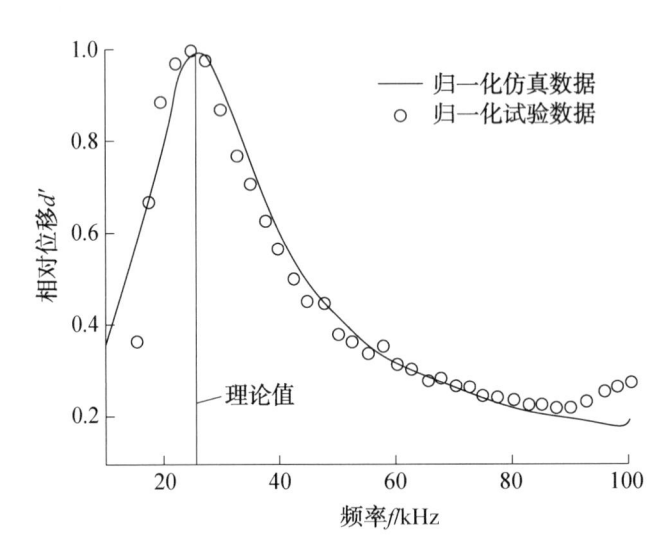

图 1.22 压电传感器频率特性

针对此类 A_0 模态传感器，对压电传感器的单模态 Lamb 波激励特性进行研究。在压电片上加载汉宁(hanning)窗调制的 5 个周期的正弦信号，监测其在板结构中激励出超声导波的波形。

由图 1.23(a)可以看出，与垂直方向位移相比，其水平位移很小，可以忽略不计。对于板中 Lamb 波，S_0 模态 Lamb 波以水平位移为主，A_0 模态 Lamb 波以垂直位移为主，A_0 模态峰峰值与 S_0 模态峰峰值之比为 213.52。因此，该压电传感器具有很好的单一 A_0 模态 Lamb 波激励性能，模态选择性很好。图 1.23(b)给出相同激励条件下，压电片在板中监测点产生的水平和垂直位移。可以看出，其产生的垂直方向位移与水平方向位移在同一数量级，因此，在该频率下，单压电片在板中同时激励出 A_0 和 S_0 两种模态 Lamb 波，A_0 模态峰峰值与 S_0 模态峰峰值之比为 7.77，其单模态选择性较差，不能实现单模态 Lamb 波激励。

（3）S_0 模态压电传感器。

图 1.24 给出了频率为 40kHz 的 Lamb 波 S_0 模态的位移分布，可以看出，S_0 模态的面内位移为对称分布，因此，根据 S_0 模态的波结构，利用粘贴于板上下

表面同一位置上的压电陶瓷片可以有效控制单一模态的激励,即对称并联激励压电陶瓷片可以激励出单一的 S_0 模态。

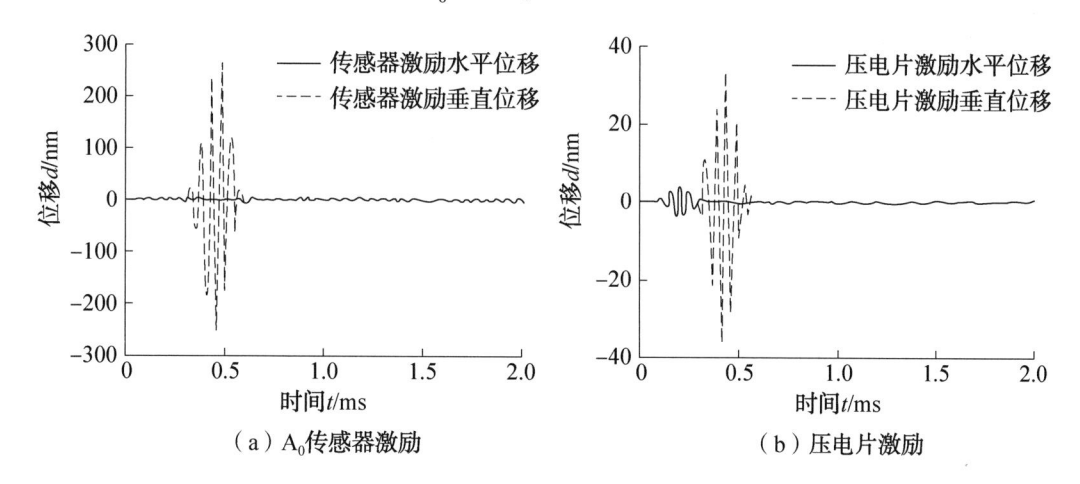

(a) A_0 传感器激励

(b) 压电片激励

图 1.23 A_0 传感器激励与压电片激励仿真激励波形

激励 S_0 模态 Lamb 波,应采用对称加载形式。根据 Lamb 波的特性,在板双侧对称粘贴压电陶瓷片,当施加对称载荷时,仅存在 S_0 单模态 Lamb 波,对称加载形式如图 1.25 所示。

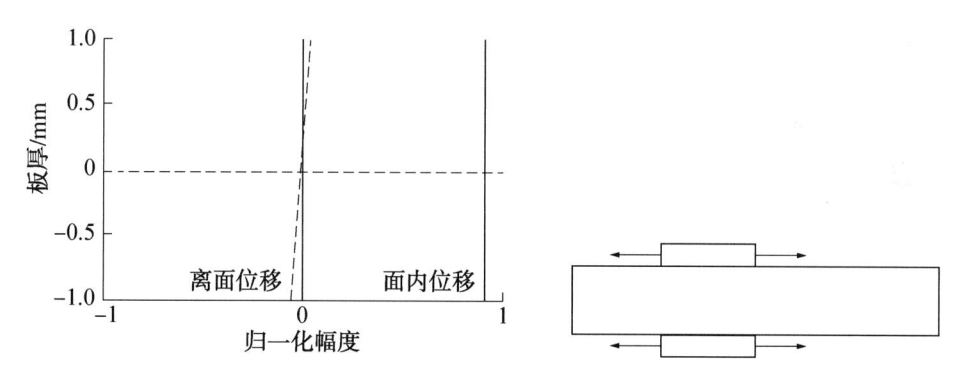

图 1.24 频率 40kHz 时的 S_0 波位移分布　图 1.25 双侧对称激励 S_0 单模态波

如图 1.26 所示,波包 1 为 S_0 模态,波包 2 为 A_0 模态。图 1.26(a) 和图 1.26(b) 相比较,对称并联激励压电陶瓷片使 Lamb 波中 S_0 模态幅值增加,A_0 模态被较大程度地抑制,这是由于在激励频率 40kHz 时,压电陶瓷片沿径向振动,通过胶层耦合,使得上下表面产生对称的面内位移,从而有效地激励出面内位移对称的 S_0 模态,而抑制面内位移反对称的 A_0 模态。

目前,针对 S_0 模态激励的导波传感器在商用市场领域仍需进一步研究。

(a) 单片激励　　　　　　　　　(b) 对称激励

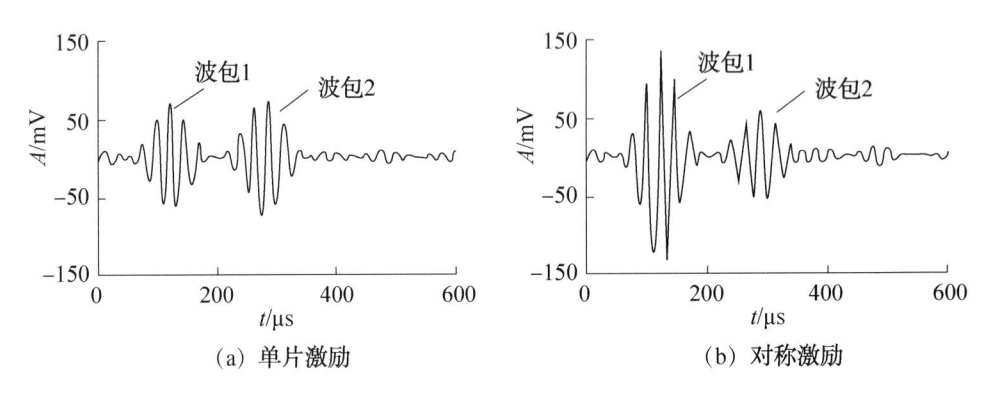

图 1.26　频率为 40kHz 时无缺陷有机玻璃板中接收到的波形

1.3.2　电磁超声传感器

在储罐的部分检测中，储罐的特殊结构要求传感器具有中心频率低、激励能量大和模态单一性强的特点。一方面，利用压电材料作为激励源的传感器(包含压电晶片和压电斜探头)在低频时，其尺寸往往较大，而压电材料质脆容易被破坏。另一方面，压电晶片的多模态现象和斜探头对能量耦合的高要求成为它们被用于储罐底板检测的障碍。

电磁超声传感器(EMAT)是一种非接触型超声发射接收装置。该装置依靠电磁耦合方式直接在受检件内部形成超声声源，因此检测时无须在受检件表面涂抹声耦合剂，也避免了受检件表面复杂的预处理过程。同时，EMAT 能够方便、灵活地激发多种类型的高纯度超声波，如垂直入射体波、斜入射体波、表面波和 Lamb 波等，相比于压电超声传感器依靠模式转换的激发方式更为便捷、声波纯度更高且类型更为丰富。此外，由于无须耦合剂，该技术成本低廉，且对人体及环境无污染，是经济、环保型技术。

随着制造技术的不断发展和对 EMAT 研究的深入，电磁超声技术在无损检测中的应用越来越广泛[51]，图 1.27 为以洛伦兹力为换能机理的电磁超声检测系统原理框图。可以看出，电磁超声检测系统主要由电磁超声传感器及其配套电路系统两部分组成。其中，电磁超声传感器不仅是整个检测系统的核心器件，也是电磁超声检测系统设计过程中最关键、最复杂的部分。

20 世纪 60 年代末出现了利用电磁交互作用在试件中激励接收超声波的传感器 EMAT。与传统压电传感器不同，EMAT 直接在导体试件内部产生振动形成超声波。EMAT 拥有很多的优点，例如非接触、检测速度快，同时由于 EMAT 非接触检测的特性，非常适用于高温、高速和在线检测，通过对其线圈和偏置磁场进行设计可有效控制其所激励超声波的模态。但是其换能效率低、探头提

第1章 石油储罐无损检测技术与应用概述

离距离小等缺点比较突出。针对这些缺点，研究人员开展了大量的研究工作以提升电磁超声的换能效率，提升信噪比，主要包括提升激发电路的激发功率、提升传感器与激励源和信号放大器之间的阻抗匹配度、优化传感器结构、提高信号放大器的信号提取能力等。近年来，越来越多的研究人员投入到EMAT的研究中。

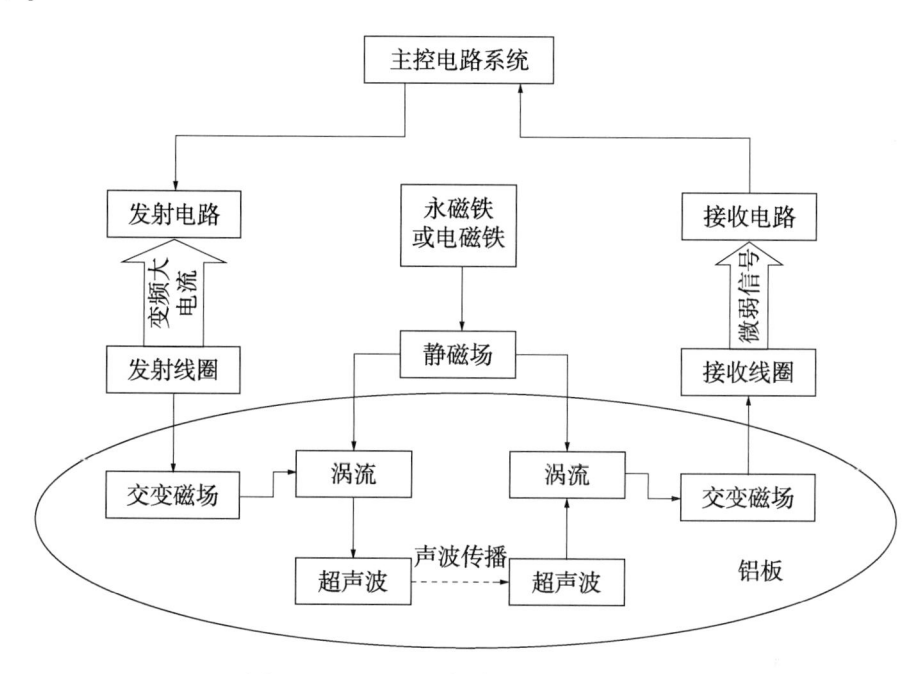

图1.27 电磁超声检测系统原理框图

电磁超声检测技术的非接触性、高效性、灵活性以及环保性使其在国防、工业领域具有强大的生命力。将该技术应用于储罐特殊结构的无损检测，可从根本上解决耦合剂对超声检测产生的诸多不利影响。因此，非接触式、便于激励单一模态的EMAT便成为储罐底板检测的首选。作为电磁超声导波检测技术的核心器件，电磁超声导波传感器的性能直接决定了电磁超声导波检测技术的整体发展水平，EMAT激励接收效率低的劣势是必须解决的难题。

EMAT通常由激励线圈、永磁体(或电磁铁)和金属试样组成。其换能机制包括洛伦兹力机理、磁致伸缩机理及磁化力机理。当检测对象为非铁磁性金属材料时，换能机理只有洛伦兹力机理，包括静态洛伦兹力和动态洛伦兹力，静态洛伦兹力是涡流在静态偏置磁场下产生的，动态洛伦兹力是涡流在激励线圈自身所产生的动态磁场下产生的；当检测对象为铁磁性金属材料时，这三种换能机理共同存在；当检测对象为磁性非金属材料时，换能机理只包括磁致伸缩机理和磁化力机理。第三种情况比较少见，所以对于电磁超声的应用对象只讨论前两种情况，而对于磁化力机理，通常认为其对换能过程的贡献比较小，所以，本书重点讨论洛伦兹力换能机理和磁致伸缩换能机理。

(1) 洛伦兹力换能机理。

运动电荷在磁场中所受到的力称为洛伦兹力，即磁场对运动电荷的作用力。EMAT 在铝合金板材中的工作过程如图 1.28 所示，主要包括三个部分：载流导体(线圈)、静磁场以及板状类工件。为了便于理解，载流导体用单根导线来代替。

图 1.29 为典型的洛伦兹力机理示意图，当在线圈中通入随时间变化的电流时，线圈周围会产生随时间变化的动态磁场 B_d，根据电磁感应定律，其会在试样中会产生涡流，J_c 为线圈中的电流密度，J_e 为试样中的电涡流密度，简称涡流密度。这里假设线圈中的电流方向指向 Z 轴正向，并且电流大小成增大趋势，这时候会在试样中产生与 J_c 方向相反的涡流 J_e，J_e 在动态磁场 B_d 和静态磁场 B_s 的作用下分别产生方向向下的动态洛伦兹力 F_d 和水平向左的静态洛伦兹力 F_s。

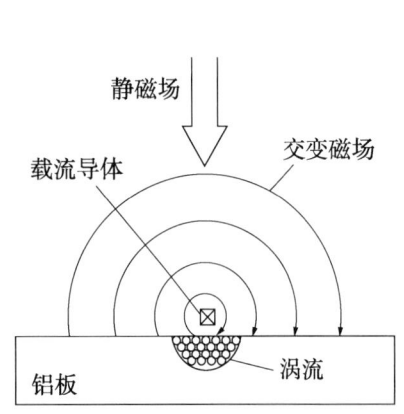

图 1.28 EMAT 洛伦兹力机理示意图

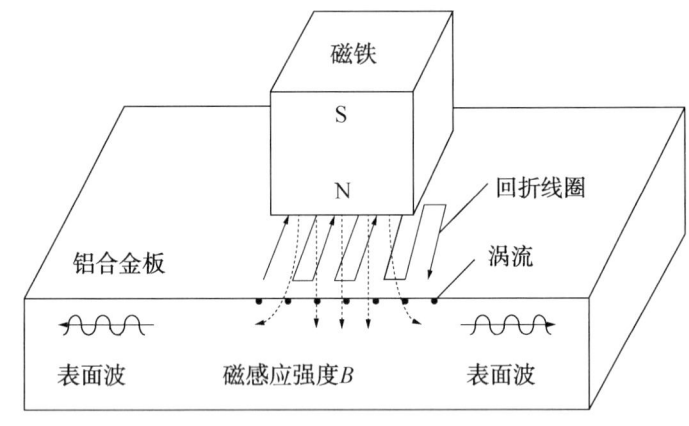

图 1.29 实际检测示意图

(2) 磁致伸缩换能机理。

当被测试样为铁磁材料时，材料具有磁致伸缩特性，尤其是石油石化行业中储罐底板常见用材铁磁性钢板。在弱磁化的条件下，磁致伸缩效应是产生电磁超声波的主要因素，虽然材质内部仍有洛伦兹力作用，但相比于磁致伸缩力，其作用相当小，起不到主导作用。由于铁磁材料的磁化具有非线性特性且不易获得，因此，基于磁致伸缩机理的传感器的理论分析将更为复杂。

磁致伸缩效应为磁性材料在被磁化时，其尺寸大小、形状发生变化的效应。材料沿磁场方向的长度发生改变的磁致伸缩效应，称为线磁致伸缩效应，又分为正效应和逆效应；线磁致伸缩效应的正效应是英国物理学家焦耳(Joule)在

1842年发现的，又称焦耳效应。磁体发生线磁致伸缩时，体积几乎不变，所以，线磁致伸缩通常伴随着纵向磁致伸缩和横向磁致伸缩。沿外磁场方向发生尺寸变化的磁致伸缩称为纵向磁致伸缩；垂直外磁场方向产生尺寸变化的磁致伸缩称为横向磁致伸缩，如图1.30所示，该图展示了磁致伸缩效应的长度尺寸的变化（不代表实际的磁畴运动过程）。线磁致伸缩系数定义为 $\lambda = \Delta l/l$，其中，Δl 为材料长度的变化量，l 为材料的初始总长度。λ 为正值，表明材料在被磁化的过程中其长度是变长的，称为正磁致伸缩。反之，λ 为负值，表明材料在被磁化过程中其长度是缩短的，称为负磁致伸缩。

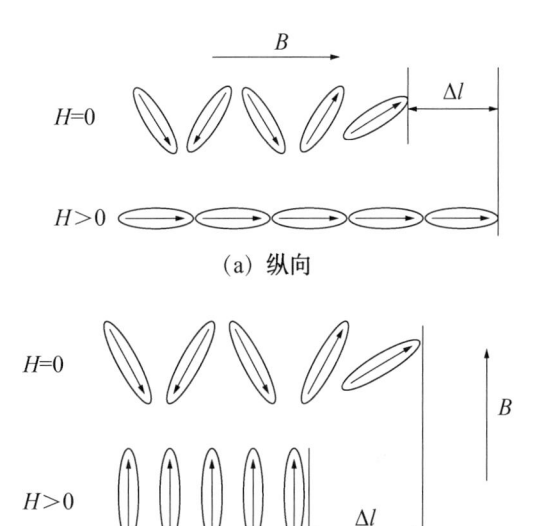

通常一种材料的磁致伸缩系数 A 并不是一个固定值，而是随着外部磁场强度的变化而发生改变，材料的磁致伸缩系数和外部磁场之间的关系可以用磁致伸缩曲线来表示。单晶铁在晶轴[0 0 1]方向的磁致伸缩曲线示意图如图1.30所示，而多晶铁的磁致伸缩曲线示意图如图1.31所示。

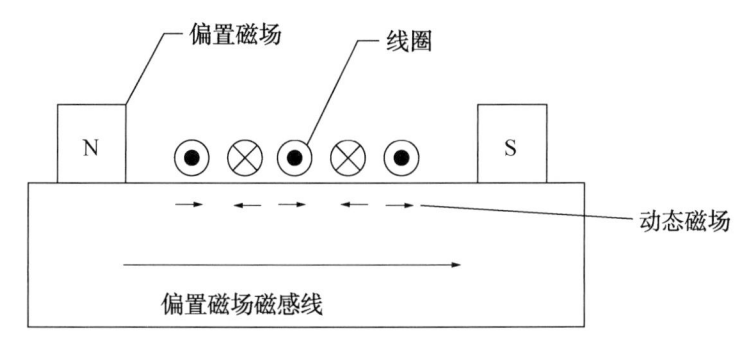

图1.30 铁磁性材料的磁致伸缩效应示意图

图1.31 磁致伸缩传感器的基本工作原理示意图

单晶铁在不同的磁化方向上具有不同的磁致伸缩系数，呈现各向异性；在某一方向下，当外部磁场逐渐变大时，磁致伸缩系数也随之增大，但是当外部磁场强度到达一定值时，材料达到磁饱和，而此时磁致伸缩系数的变化也比较小。多晶铁的磁致伸缩效应相对复杂一些，随着外部磁场的增大，其先经过正磁致伸缩效应，然后变成负磁致伸缩效应，最后达到饱和。多晶体内部的晶粒的复杂排布导致了这种复杂变化,如图1.32所示。

常温下,多晶铁的磁致伸缩曲线分为正磁致伸缩区域和负磁致伸缩区域,磁化强度较小时为正磁致伸缩,如图1.33所示。

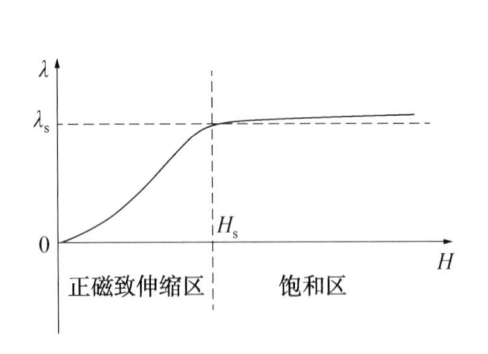

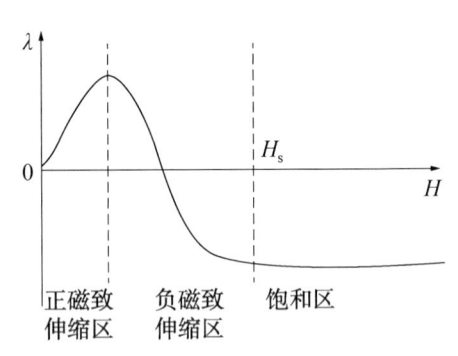

图1.32　单晶铁的磁致伸缩曲线示意图　　图1.33　多晶铁的磁致伸缩曲线

当EMAT的激励电流如图所示的窄带脉冲时,其在原点附近区域的非线性变化相对复杂;这时,因为多晶铁的磁致伸缩效应的各向同性,导致磁致伸缩的变化频率并不与激励电流的频率变化一致。所以,通常使用一个合适的静态磁场将动态磁场"钳位"到一个近似线性区域,这样可以获得一个比较好的频率特性和信号强度。对于如图1.34所示的激励电流,不存在这种频率畸变问题,因为其脉冲电流方向总是同一个方向,即磁场方向总是保持不变。但仍然可以通过添加一个较小的同向的偏置磁场将动态磁场"钳位"到磁致伸缩变化更显著的区域,从而获得更高的换能效率。

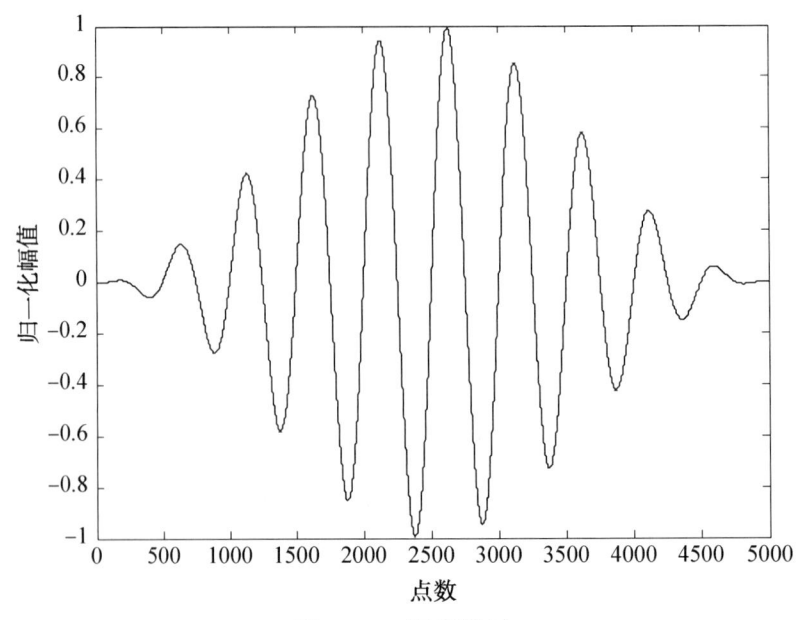

图1.34　窄带脉冲

电磁超声接收传感器是一种将机械波转换为电能的装置，负责将试样中的超声波转换为电信号，从而使得超声波能够被直接观测。其整个耦合过程可以看作是激励过程的逆过程，其耦合机理包括电磁感应机理和压磁效应机理。当检测试样为非铁磁性金属时，其耦合机制只包括电磁感应机理；当试样为铁磁性金属时，同时包括两种机理。

（1）电磁感应机理。

电磁感应机理是基于法拉第电磁感应定律的换能机理，一个典型换能过程示意图如图1.35所示。

磁铁提供一个垂直的静态偏置磁场，超声波在试样中传播会引起试样局部振动，当超声波传播到磁铁下方时，振动引起的试样表面局部水平位移会"切割"磁感应线，从而在 Z 方向上产生电场，形成局部交变电流 J_{ed}，由下式定义：

$$J_{ed} = \sigma \upsilon B$$

其中，σ 为试样电导率，S/m；υ 为试样表面粒子振动速度，nm/s；B 为磁通密度，B。

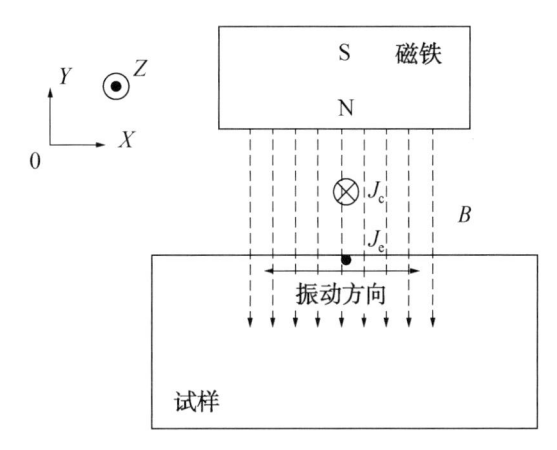

图1.35 接收线圈电磁感应机理示意图

这个局部交变电流又会在其上方的线圈内耦合出交变电场，线圈中的电场在接收线圈回路中形成电流，进而被信号放大电路放大。所以，接收电磁超声传感器得到的是试样局部的振动速度信号。

（2）压磁效应机理。

铁磁性材料受到机械力作用时，内部产生应变，引起晶面间隔距离的改变，而晶粒内部的磁畴的自发磁化决定了多晶铁磁性材料的磁特性；应变使得多晶铁磁性材料的磁特性发生从各向同性向各向异性的改变，宏观上表现为材料的某一方向的磁导率发生了变化，这种效应称为压磁效应，又称逆磁致伸缩效应。压磁效应广泛应用于应力的测量，通过检测磁导率的变化来检测应力的大小。超声波传播过程中因为质点的振动产生局部应变，当这种应变发生在被磁化的区域时，材料局部的磁化强度（或磁导率）会发生变化，体现在局部磁通密度的变化，进而在闭合的接收线圈中感生出电流。

（1）A_0 模态 EMAT。

低频段 A_0 模态主要以离面位移为主，使用磁致伸缩效应难以产生垂直于板表面的磁致伸缩力,因此,目前研制的 A_0 模态 EMAT 都是基于洛伦兹力机理。Guo 等[52]利用回折线圈和提供垂直磁场的永磁铁,在铝板中激励出具有指向性的单一 A_0 模态,并实现了铝板中的凹槽缺陷的检测。Huang 等[53]采用圆形回折线圈(CFC)和柱状磁铁,在铝板中实现全向性 A_0 模态的激励和接收,传感器结构如图 1.36(a)所示,并结合传感器阵列和层析成像技术,实现了铝板中腐蚀缺陷的检测。Peter 等[54]利用螺旋线圈和远小于线圈直径的柱状磁铁,基于泊松效应通过控制入射角,在薄板中激励出全向性 A_0 模态,传感器结构如图 1.36(b)所示。回折线圈 EMAT 中相邻 2 根导线的间距往往就是所激励导波模态的半波长。其中 D 表示内圆直径,I 表示电流。

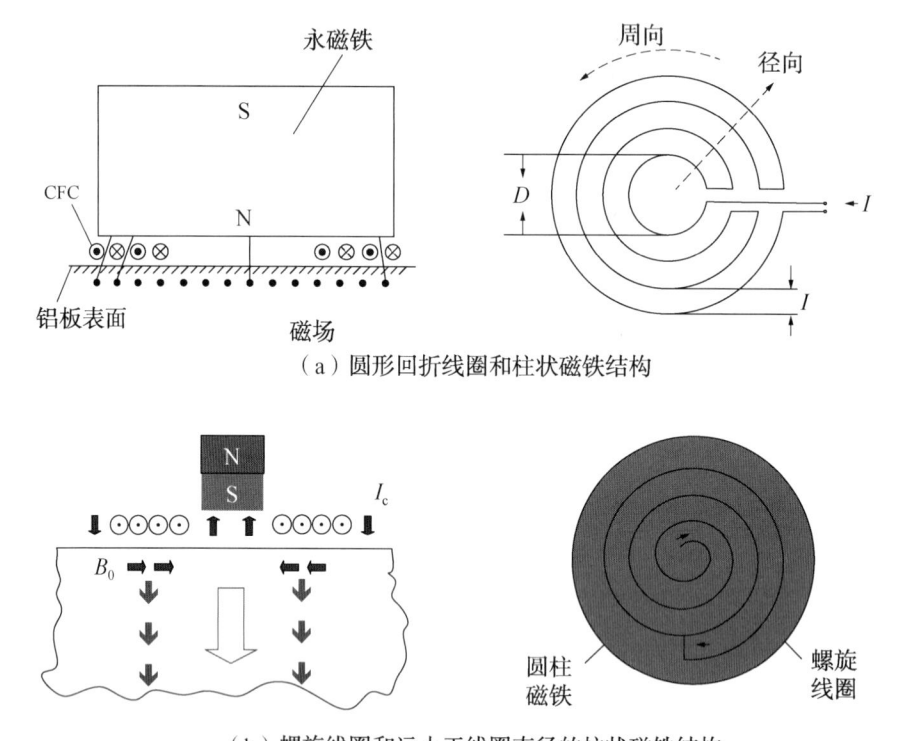

(a)圆形回折线圈和柱状磁铁结构

(b)螺旋线圈和远小于线圈直径的柱状磁铁结构

图 1.36 A_0 模态 EMAT

(2) S_0 模态 EMAT。

目前,全向型 S_0 模态 EMAT 得到了较多的关注与研究,Wilcox 等[29]建立了板中全向型 EMAT 理论模型,利用环状紧凑缠绕的螺旋线圈(CWSC),基于洛伦兹力机理,设计制作出可以有效地激励出在 360°方向范围内具有相同的指向性的 S_0 模态 EMAT(图 1.37)。该传感器无法实现单一模态的激励,Wilcox 等[55]设计了双环状螺旋线圈全向型 S_0 模态 EMAT,该传感器使用 2 个绕线方式相反的串联的盘状线圈作为波长滤波器,抑制了 A_0 模态的产生。Lee 等[56]也设计了全向型 S_0 模态 MPT,该全向型 MPT 利用环状 CWSC 线圈产生径向动磁场,利用圆柱磁铁提供径向辐射的偏置静磁场,基于镍片的磁致伸缩效应,在非铁磁性铝板中激励纯净的全向性 S_0 模态,传感器模型如图 1.37(b)所示[57]。为了提高全向型 MPT 的换能效率,Kim 等[58]利用在圆形镍片径向刻槽的方法提高试件表面的静磁场强度,并指出随着刻槽数的增多,传感器的全向性也得到提高。Lee 等[59]设计了一种指向型 MPT,利用"8"字形线圈和一对永磁铁,在贴有镍片的铝板上基于磁致伸缩效应产生 S_0 模态,如图 1.37(c)所示。通过实验和理论对该指向型 MPT 产生的 Lamb 波的辐射特性进行分析,表明激励和接收线圈中动静磁场的方向互相倾斜在 70°附近时,激励出的 S_0 模态能量最大。

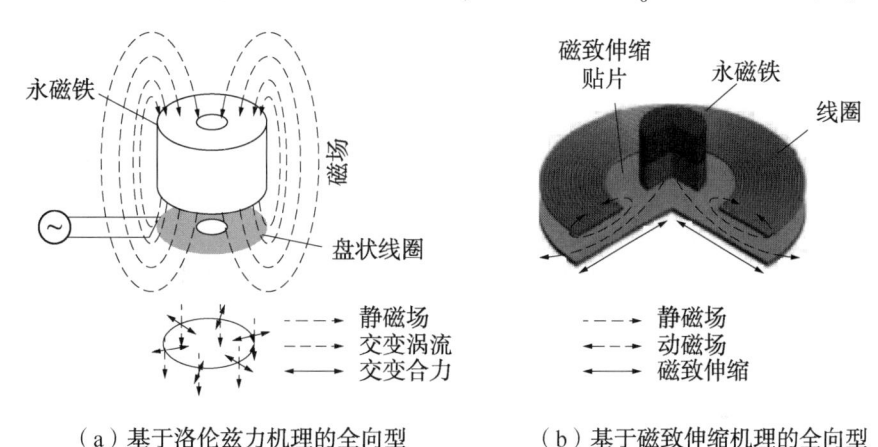

(a)基于洛伦兹力机理的全向型

(b)基于磁致伸缩机理的全向型

(c)基于磁致伸缩机理的指向型

图 1.37 S_0 模态 EMAT

(3)SH_0 模态 EMAT。

SH_0 模态 EMAT 的设计始于指向型,Vasile 等[60]设计了指向型 EMAT,采用周期永磁铁(PPM)和缠绕在磁铁轴向上的线圈,基于洛伦兹力机理,在铝板

中激励出指向性 SH_0 模态,这种 PPM 型 EMAT 中相邻两磁铁的间距往往就是所激励导波模态的半波长。Thompson[61]利用回折线圈和水平磁场,基于磁致伸缩效应机理在铁磁性材料中也产生了指向性 SH_0 模态;Seung 等[62]设计了指向型 SH_0 模态 MPT,传感器结构与 S_0 模态 MPT 类似,一对永磁铁提供与"8"字形线圈产生动磁场方向垂直的静磁场,在黏有圆形磁致伸缩贴片的铝板上激励出 SH_0 模态;该团队还研究了激励和接收线圈中磁场方向对产生的模态类型的影响以及磁致伸缩贴片尺寸和激励频率与信号幅值的作用规律。在上述研究基础上,Lee 等[63]采用平面螺线管阵列(PSA)线圈代替"8"字形线圈,在铝板中有效激励出具有较高能量的 SH_0 模态,该传感器与回折线圈式传感器类似,相邻螺线管的绕线方向相反,从而在试件中产生相位相差 180°的质点振动。该 PSA 型 SH 模态 MPT 同时具有较好的指向性和能量强度高的特性,在全向型 SH_0 模态 EMAT 的研制方面,Seung 等[64]设计了一种全向型 MPT,该传感器通过在圆形底板径向上缠绕线圈,载流线圈产生环形动磁场,圆柱磁铁提供径向辐射的偏置静磁场,以环形镍片作为磁致伸缩力传递媒介,实现了铝板中全向性 SH_0 模态的激励,传感器结构如图 1.38 所示。为了提高传感器的换能效率,Seung 等[65]通过实验和仿真的方法研究了磁铁与线圈之间的距离对 SH_0 模态单一性的影响,结果表明,适当增加提离距离将会减少伴随产生的 S_0 模态,提高激励模态的单一性。Seung 等[66]设计的基于洛伦兹力机理的全向型 SH_0 模态 EMAT 如图 1.38(b)所示,在同轴的环形磁铁对上缠绕线圈,载流线圈产生径向分布的感应涡流,环形磁铁对提供在径向方向相反的偏置静磁场,在金属板中激励出全向性的 SH_0 模态。

(a)磁致伸缩型 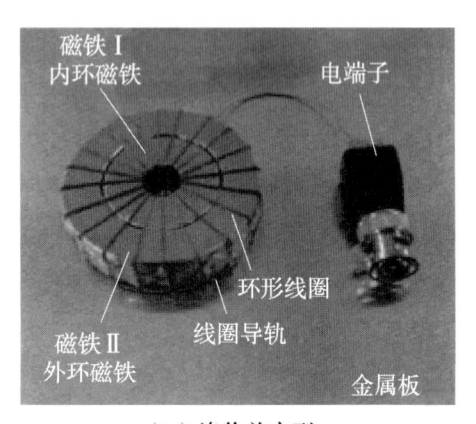   (b)洛伦兹力型

图 1.38 SH_0 模态 EMAT

1.3.3 激光式导波传感器

基于激光的超声激励技术是产生超声的一个新兴的重要分支，结合了激光技术和超声技术，涵盖声学、光学、热学、材料学等学科。激光致声技术指利用热膨胀、表面气化、光学击穿三种致声机制激发声波的技术。[11]当材料表面受激光照射时，因吸收激光能量而局部温度迅速上升导致材料快速产生热膨胀，但材料变形的能量密度未超过材料损伤的阈值，仍在弹性膨胀的范围内，引起材料的弹性变形而产生超声波。当入射激光能量密度超过材料表面熔融的临界值时，被照射材料表面会产生熔融、气化、电离，快速的熔融和气化会在被照射表面产生反冲力，从而激励出超声波。

激光超声在实际操作中是运用高能的激光短脉冲(脉冲持续时间在纳秒级或者皮秒级)与构件表面瞬时热作用产生热弹性效应，从而产生应力应变场使固体粒子产生波动，波动在固体粒子间传递，从而在构件中产生超声导波。激光超声为传统的压电超声提供了非常有价值的替代方案，特别是在压电超声传感器的应用受到高温高压的限制的领域。与压电式的超声传感器相比，可以产生更宽频带、频率更高的超声信号，可以在结构中激励出纵波、横波、表面波和Lamb波等，利用接触式或者非接触式的方式接收超声信号。

与传统超声检测方法相比较，激光超声技术除了具有常规压电超声优点外，还具有如下优势：

（1）激光脉冲具有能量高、光发散角度小、持续时间短的特点，使得激励出的信号具有在时域上窄、频域上宽且高频的特点，因此在空间域和时间域上均具有较高的分辨率，适用于无损检测和生物医学中微结构的探究。

（2）激光超声的信号激励与信号数据采集的过程快，能够实现快速检测，甚至可以对移动中的构件进行检测，在工业现场具有良好的应用潜力。

（3）根据激光激励信号的机理和被检测对象的特征，激光能够在结构中激励出横波、纵波、Lamb波等，因此可选择的检测方式较多。可根据结构的不同选择适当的检测方法，获得较好的检测效果。

（4）激光超声信号的激励是非接触式的，激励源对被检测对象的外形要求较低，可以在曲面、凹凸不平的表面进行检测。

（5）随着半导体集成电路微加工技术和超精密机械加工技术的成熟，可以实现光学器件微型化，有望使激光超声系统小型化。

激光超声主要是利用高能脉冲激光或者连续的激光在结构中激发出超声波。Lamb波是一种由横波和纵波耦合形成的波包，基于激光超声传感器的Lamb波激励主要是通过激光在传感器中激励出超声,通过一定的物理转换后产生 Lamb 波。

激光超声传感器的光声转换过程是基于光声效应来实现的。光声效应是指某种媒质在受到周期性强度调制光照射时,媒质吸收光能后受到激发,受辐照部分在通过非辐射方式消除激发的过程中使得吸收的光能(部分或全部)转变成热能;在周期性的光照条件下会产生周期性的温度变化,引起受辐照部分物质及其相邻的物质膨胀与收缩从而产生压力周期性的变化,因而产生声信号的现象。此种信号也叫作光声信号,其强度取决于物质的光学、热学、弹性特性。光声信号可以用压电传感器或者传声器进行接收,前者适用于检测液体或者固体样品的光声信号,后者适用于检测封闭容器中的气体或者固体样品的光声信号。

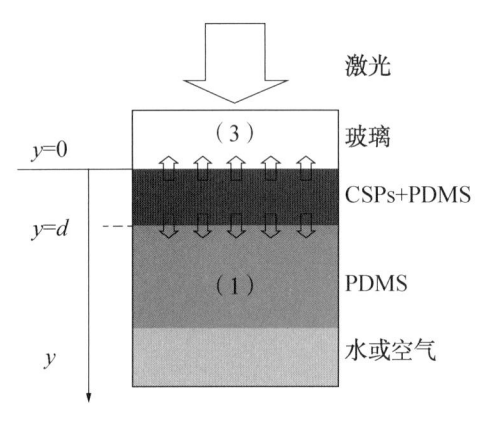

图 1.39 激光超声传感器示意图

图 1.39 是以蜡烛烟灰纳米粒子(CSNPs)与聚二甲基硅氧烷(PDMS)构成的复合材料作为中间介质所构成的激光超声传感器,可以看出,在整个传感器的结构中,第二层介质是吸收激光能量的介质,作为一个波源沿着相反方向分别向第一层和第三层介质传递波,此激光超声传感器能够完成超声波的激励。

激光直接在试件表面激励超声,材料的光吸收效率很低,信号激励效率比压电传感器的效率低很多。使用高效率的激光超声传感器能有效提升光声转换效率。再运用纵波斜探头的方式产生 Lamb 波可以提供一种有效的 Lamb 波激励方法,图 1.40 为纵波折射耦合形成 Lamb 波示意图。

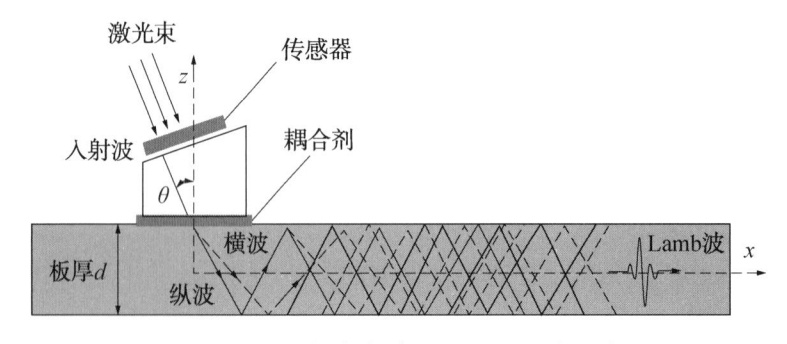

图 1.40 纵波折射耦合形成 Lamb 波示意图

新型超声传感器激励出的为纵波信号,通过斜探头入射的方式在分界面产生波形转换使纵波与横波叠加形成波包的方式来产生 Lamb 波。将传感器按照特定的角度贴于固体楔块上构成特定结构的声表面波激励源。因此，初始时，假定传感器片激励出的纵波信号如图 1.41 所示。

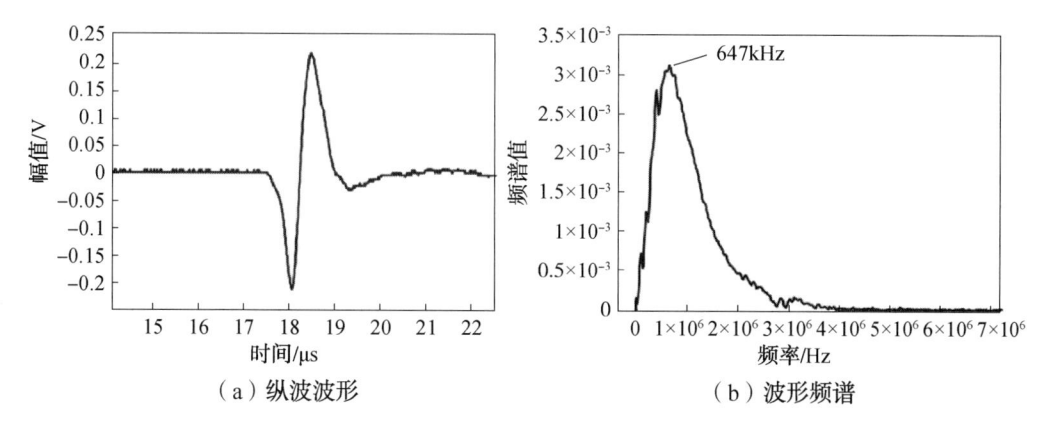

(a) 纵波波形

(b) 波形频谱

图 1.41 通过传感器激励在工件中传播

根据 Snell 定律，通过改变楔块的角度可以激励出不同模态的 Lamb 波，因此，针对激光导波传感器激励出的纵波信号频带范围来产生 Lamb 波，需要在相速度频散曲线上选择一个点作为楔块的设计参数。若在相速度频散曲线上选择纵波中心频率所对应的相速度点作为楔块角度设计参数，图 1.41 为中心频率为 647kHz 的宽频带信号，-3dB 的带宽为 653kHz，在频散曲线上对应着较宽的频率带，可以激励出宽频带的 Lamb 波。若在 1.5mm 厚度铝板材料上激励 Lamb 波形信号，根据 1.5mm 厚度仿真得到的频散曲线可知，在 647kHz 处 S_0 模态对应的相速度为 5.420mm/μs，A_0 模态对应的相速度为 2.338mm/μs。假设楔块选择 PDMS，纵波在 PDMS 中传递的速度通过回波反射的方式测得为 1.064mm/μs。可以根据上述表达式计算得到楔块的角度：

$$\theta_{S_0} = \arcsin\left(\frac{1.064}{5.42}\right) = 11.32°$$

$$\theta_{A_0} = \arcsin\left(\frac{1.064}{2.338}\right) = 27.07°$$

因此，对于激励不同模态的 Lamb 波，需要不同的入射角度的纵波，经过在工件内部的不断反射从而形成对应模态的波形信号。

光声传感器受到广泛的关注在于其具有较高的功率密度、高频率、宽频带，在医疗中可以用于超声治疗和药物传输，在无损检测中则可以有效地提升激光的转换效率，激励出高信噪比的超声信号。产生高信噪比的激光超声需要具有良好光声转换特性的传感器，传感器的效率主要受光吸收系数、热膨胀能力以及传感器厚度的影响。为获得高效率的激光超声传感器，目前的研究主要集中在激光吸收层材料的选择上。主要从如下几个方面开展工作：

（1）在激光照射区域，材料具有高的光吸收系数和低比热容以达到局部高温；

（2）选择具有独特空间构型（如纳米级结构）的吸收材料可以实现快速地热扩散，快速地将热量传递给热膨胀介质中并产生高频超声；

（3）选择具有高热膨胀系数的材料以产生较强的声压。

在早期的传感器制备过程中，主要使用的是单相的具有较高光吸收率的材料，主要有碳纳米管、炭黑、石墨、金属薄膜、金纳米粒子，这些材料的纳米空间结构，可以使热量高效地传递到膨胀层中。在保证高光吸收率的同时，还需要高热弹性膨胀能力的材料产生高的声压脉冲。

参考文献

[1] 刘朝全，姜学峰，戴家权，等. 疫情促变局转型谋发展——2020年国内外油气行业发展概述及2021年展望[J]. 国际石油经济，2021，29(1)：28-37.

[2] 于淼. 中国战略石油储备建设研究[D]. 北京：对外经济贸易大学，2006.

[3] 王海端. 关于石油化工油气储罐大型化的探讨[J]. 洛阳工业高等专科学校学报，2005，15(2)：52-53.

[4] 任常兴. 基于火灾场景的大型浮顶储罐区全过程风险防范体系研究[J]. 中国安全生产科学技术，2014(1)：68-74.

[5] 蒋晓武，周良锋，周领. 石油储罐火灾案例与安全现状调查分析[J]. 安全、健康和环境，2016，16(3)：29-32，50.

[6] 谢春峰. 金属腐蚀原理及防护简介[J]. 全面腐蚀控制，2019，33(7)：18-20.

[7] 赵鑫. 油气管道腐蚀的检测与修复技术[J]. 炼油与化工，2015(1)：32-34，35.

[8] 赵军伟，周鹏，李亚琼. 远场涡流技术在储罐底板腐蚀检测中的应用[J]. 化工管理，2019(32)：68-69.

[9] Naoya K, Yasuhiro F, Kazuyoshi S. Evaluation of back-side flaws of the bottom plates of an oil-storage tank by the RFECT[J]. NDT&E International: Independent Nondestructive Testing and Evaluation, 2008, 41(7): 525-529.

[10] Sun Y S, Udpa S, Lord W, Cooley D. Inspection of metallic plates using a no-

vel remote field eddy current NDT probe[J]. Review of Progress in Quantitative Nondestructive Evaluation, 1996, 15(1): 1137-1144.

[11] 刘平政, 宋凯, 宁宁, 等. 飞机紧固件孔周裂纹检测远场涡流传感器设计及优化[J]. 仪器仪表学报, 2019, 40(6): 1-8.

[12] Robin H P, Christian M, Paul D L, et al. Fast magnetic flux leakage signal inversion for the reconstruction of arbitrary defect profiles in steel using finite elements[J]. IEEE Transactions on Magnetics, 2013, 49(1 Pt. 3): 506-516.

[13] 崔巍, 戴光, 龙飞飞, 等. 钢板对接焊缝漏磁检测可视化方法[J]. 无损检测, 2013, 35(5): 8-11.

[14] 王珅, 黄松岭, 赵伟. 储罐底板腐蚀检测数据采集和分析软件的开发[J]. 清华大学学报(自然科学版), 2008, 48(1): 20-23.

[15] 邬冠华, 熊鸿建. 中国射线检测技术现状及研究进展[J]. 仪器仪表学报, 2016, 37(8): 1683-1695.

[16] 肖成珺. 10万立方米储罐射线检测方法经验介绍[J]. 甘肃科技纵横, 2020, 49(11): 45-47.

[17] Gayer A, Saya A, Shiloh A. Automatic recognition of welding defects in real-time radiography[J]. NDT and E International, 1996, 29(3): 131-136.

[18] Lashkia V. Defect Detection in X-ray image using fuzzy reasoning[J]. Image and Vision Computing, 2001, 19(5): 261-269.

[19] 王慧玲. 基于机器视觉的焊缝缺陷检测技术的研究[D]. 哈尔滨: 哈尔滨理工大学, 2008.

[20] 张晓光, 林家骏. 基于模糊神经网络的焊缝缺陷识别方法的研究[J]. 中国矿业大学学报, 2003, 32(1): 92-95.

[21] 赵志强. X射线数字成像检测缺陷快速识别技术研究[D]. 兰州: 兰州理工大学, 2014.

[22] 周连杰. 超声测厚中的声时信号处理技术研究[D]. 大连: 大连理工大学, 2018.

[23] 周元培. 储罐底板表面缺陷电磁超声检测技术研究[D]. 大庆: 东北石油大学, 2020.

[24] 孙文斌. 超声波储油罐底腐蚀检测机器人主控系统研究[D]. 沈阳: 沈阳工业大学, 2019.

[25] 杨晓旭. 立式钢制储液罐的动响应检测研究[D]. 大庆: 东北石油大学, 2014.

[26] 赵磊. 大型LNG储罐温度监测及故障诊断技术研究[D]. 天津：天津大学，2014.

[27] 袁朝庆，刘彦，王志远，等. 基于光纤传感技术监测大型储罐运行状态[J]. 无损检测，2015，37(3)：14-18.

[28] 沈功田，段庆儒，周裕峰，等. 压力容器声发射信号人工神经网络模式识别方法的研究[J]. 无损检测，2001，23(4)：144-146，149.

[29] 袁振明. 数字式声发射仪的发展[J]. 无损探伤，1999(2)：1-5.

[30] 李光海，沈功田，闫河. 常压储罐声发射检测技术[J]. 无损检测，2010(4)：256-259，285.

[31] 沈书乾，李伟. 面向储罐声发射检测的信号分析技术研究[J]. 中国安全科学学报，2019，29(6)：158-164.

[32] 张延兵，宋高峰. 基于BP神经网络训练的储罐底板声发射检测评价方法[J]. 无损检测，2020，42(5)：24-27，33.

[33] Rayleigh L. On waves propagated along the plane surface of an elastic solid[J]. Proceedings of the London Mathematical Society，1885，s1-17(1)：4-11.

[34] Lamb H. On waves in an elastic plate[C]. Proceedings of the Royal Society，1917，A93114-128.

[35] 邓进，李兵，刘书宏，等. 储罐底板的在役超声高频导波检测[J]. 无损检测，2013，35(12)：24-27.

[36] 禹化民，王维斌，吕小青，等. 储罐底板缺陷兰姆波检测的影响因素[J]. 无损检测，2015(7)：19-24，44.

[37] Yang Y J，Cascante G，Polak M A. Depth detection of surface-breaking cracks in concrete plates using fundamental Lamb modes[J]. NDT & E International：Independent Nondestructive Testing and Evaluation，2009，42(6)：501-512.

[38] Masud A. Diffraction of SH waves by a plane crack in a thick plate[C]. Pakistan Academy of Sciences. Proceedings of 2007 Congress of Pakistan Academy of Sciences. Islamabad，Pakistan：Pakistan Academy of Sciences，2017.

[39] Lee J S，Kim Y Y，Cho S H. Beam-focused shear-horizontal wave generation in a plate by a circular magnetostrictive patch transducer employing a planar solenoid array[J]. Smart Materials & Structures，2009，18(1)：015009-1-015009-9-0.

[40] 吴红翠，王明波，敬爽. SH超声导波储油罐底板检测仿真[J]. 油气储运，2013，32(10)：1146-1150.

[41] Duan W B, Niu X D, Gan T H, et al. A numerical study on the excitation of guided waves in rectangular plates using multiple point sources[J]. Metals, 2017, 7(12): 552.

[42] Wilcox P D. Omni-directional guided wave transducer arrays for the rapid inspection of large areas of plate structures[J]. IEEE Transactions on Ultrasonics, Ferroelectrics, and Frequency Control, 2003, 50(6): 699-709.

[43] 王志凌. 压电超声相控阵结构监测方法的优化研究[D]. 南京：南京航空航天大学, 2016.

[44] 张伟伟, 马宏伟. 利用混沌振子系统识别超声导波信号的仿真研究[J]. 振动与冲击, 2012, 31(19): 15-20.

[45] 刘增华. 复合材料 Lamb 波检测方法研究[C]. 北京：北京力学会第二十二届学术年会论文集, 2016.

[46] Mayur R, Priya S, Saini J R, et al. Applications of pattern recognition algorithms in agriculture: a review[J]. International Journal of Advanced Networking and Applications, 2015, 6(5): 2495-2502.

[47] Miao H C, Dong S X, Li, F X. Excitation of fundamental shear horizontal wave by using face-shear (d(36)) piezoelectric ceramics[J]. Journal of Applied Physics, 2016, 119(17): 174101-1-174101-7.

[48] Li F X, Miao H C. Development of an apparent face-shear mode (d(36)) piezoelectric transducer for excitation and reception of shear horizontal waves via two-dimensional antiparallel poling[J]. Journal of Applied Physics, 2016, 120(14): 144101-1-144101-7.

[49] Miao H C, Huan Q, Wang Q Z, et al. A new omnidirectional shear horizontal wave transducer using face-shear (d_{24}) piezoelectric ring array[J]. Ultrasonics, 2017, 74: 167-173.

[50] 宦强, 李法新. 大范围检测和监测的全向型 SH 波压电换能器[C]. 西安：2017 远东无损检测新技术论坛论文集, 2017.

[51] Maclauchlan D, Clark S, Cox B, et al. Recent advancements in the application of EMATS to NDE[C]. Montreal, Canada: 16th World Conference on Nondestructive Testing (WCNDT 2004), 2004.

[52] Guo Z Q, Krishnaswamy S, Achenbach J D. EMAT generation and laser detection of single Lamb wave modes[J]. Ultrasonics, 1997, 35(6): 423-429.

[53] Huang S L, Wei Z, Zhao W, et al. A new omni-directional EMAT for ultrason-

[54] Peter B N, Framcesco S, Geir I. Corrosion and erosion monitoring in plates and pipes using constant group velocity Lamb wave inspection[J]. Ultrasonics, 2014, 54(7): 1832-1841.

[55] Wilcox P D, Lowe M J S, Cawley P. The excitation and detection of Lamb waves with planar coil electromagnetic acoustic transducers[J]. IEEE Transactions on Ultrasonics, Ferroelectrics, and Frequency Control, 2005, 52(12): 2370-2383.

[56] Lee J K, Kim Y Y. Tuned double-coil EMATs for omnidirectional symmetric mode lamb wave generation[J]. NDT & E International: Independent Nondestructive Testing and Evaluation, 2016, 83: 38-47.

[57] Joo K L, Hoe W K, Yoon Y K. Omnidirectional lamb waves by axisymmetrically-configured magnetostrictive patch transducer[J]. IEEE Transactions on Ultrasonics, Ferroelectrics, and Frequency Control, 2013, 60(9): 1928-1934.

[58] Kim K, Lee H J, Lee J K, et al. Effects of slits in a patch of omnidirectional Lamb-wave MPT on the transducer output[J]. Smart Materials & Structures, 2016, 25(3).

[59] Lee J S, Cho S H, Kim Y Y. Radiation pattern of Lamb waves generated by a circular magnetostrictive patch transducer[J]. Applied Physics Letters, 2007, 90(5): 54102-1-54102-3-0.

[60] Vasile C F, Thompson R B. Excitation of horizontally polarized shear elastic waves by electromagnetic transducers with periodic permanent magnets[J]. Journal of Applied Physics, 1979, 50(4): 2583-2588.

[61] Thompson R, Bruce. Generation of horizontally polarized shear waves in ferromagnetic materials using magnetostrictively coupled meander-coil electromagnetic transducers[J]. Applied Physics Letters, 1979, 34(2): 175-177.

[62] Seung H C, Ju S L, Yoon Y K. Guided wave transduction experiment using a circular magnetostrictive patch and a figure-of-eight coil in nonferromagnetic plates[J]. Applied Physics Letters, 2006, 88(22): 224101-224101-3.

[63] Lee J S, Kim Y Y, Cho S H. Beam-focused shear-horizontal wave generation in a plate by a circular magnetostrictive patch transducer employing a planar so-

lenoid array[J]. Smart Materials & Structures, 2009, 18(1): 015009-1-015009-9-0.

[64] Seung H M, Kim H W, Kim Y Y. Development of an omni-directional shear-horizontal wave magnetostrictive patch transducer for plates[J]. Ultrasonics, 2013, 53(7): 1304-1308.

[65] Seung H M, Kim Y Y. Generation of omni-directional shear-horizontal waves in a ferromagnetic plate by a magnetostrictive patch transducer[J]. NDT & E International: Independent Nondestructive Testing and Evaluation, 2016, 80: 6-14.

[66] Seung H M, Il P, Chung K, et al. An omnidirectional shear-horizontal guided wave EMAT for a metallic plate[J]. Ultrasonics, 2016, 69: 58-66.

第 2 章 超声导波理论

超声导波具有检测范围大、检测效率高、检测全面、缺陷辨识能力强等优点，适合用于金属板的检测(监测)。本章主要介绍超声导波基本概念，推导板中超声导波的频散方程，为金属板缺陷检测提供技术支撑。另外本章还介绍压电传感器的压电效应原理和压电方程，为压电传感器的激励和检测仿真提供理论依据。

体波是指在无限均匀介质中传播的波，分为纵波(L波)和横波(S波)，在传播时，纵波和横波独立传播，相互之间不存在波形耦合[1]。在半无限弹性介质表面处，或两个半无限弹性介质表面处，由于介质性质的不连续性，超声波将经受一次反射或透射而发生波形转换。随后，转换之后的波均以各自恒定的速度传播，传播速度只与介质的材料密度和弹性常数有关，不依赖于波动本身的特性。当体波在有限介质中传播时，纵波和横波将在介质的边界发生来回反射，同时也会发生复杂的折射和模态转换，从而形成一种沿着整个波导结构传播的特殊的超声波模态，即为超声导波。超声导波的传播介质为有边界物体，称为波导结构，如板、管、杆及层状的弹性体，都是典型的波导结构。在板状结构中传播的导波称为板波，包括 Lamb 波、SH 波和表面波等。在圆柱体结构中传播的导波称柱状导波，包括纵向模态 L、扭转模态 T 和弯曲模态 F 等。

综上可知，体波与超声导波有本质区别，体波在介质内传播，不受边界影响；超声导波在传播时是利用材料两个界面之间的反射、折射而产生复杂的波形转换和波形耦合。尽管体波与超声导波有本质上的区别，但它们受同一组偏微分波动方程控制，在数学上两者的主要区别是，对于体波所得到的解无须满足边界条件，而超声导波的解在满足控制方程的同时必须满足实际的边界条件。

2.1　超声导波的特性

2.1.1　频散与多模态特性

与体波不同，频散和多模态是超声导波的基本特性。超声导波的多模态特性是指导波在传播过程中，在任一频率下至少存在两个模态的超声导波，这些不同模态的导波分别具有不同的波导结构和传播特性。以板结构为例，图 2.1 为 1mm 厚铝板超声导波相速度频散曲线，可以看出，任何一个频率点都至少对应两条频散曲线，也就是在结构中至少有两个模态的导波在传播，导波模态的类型和数量取决于材料几何尺寸和激励频率。

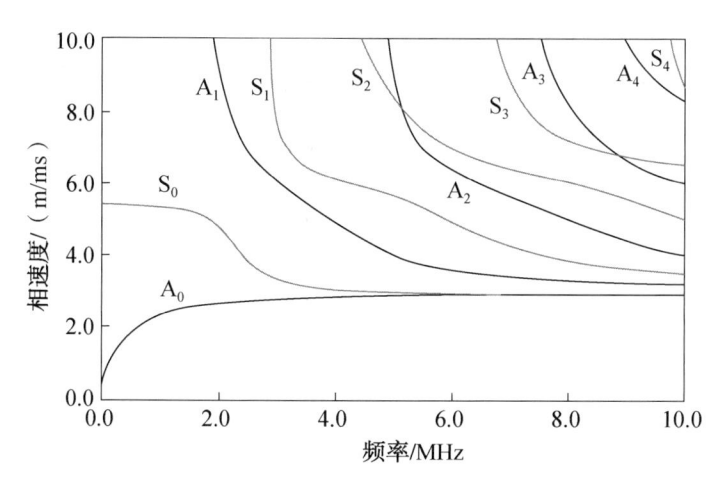

图 2.1 1mm 厚铝板相速度频散曲线

相速度与群速度是超声导波理论中两个最基本的概念，相速度是波上相位固定的一点沿传播方向的传播速度，它代表等相位点的传播速度。群速度是指弹性波的包络上具有某种特性的点的传播速度。因此，群速度是能量传播的速度，而相速度是振动状态在空间的传播速度。由于受到波导结构几何尺寸特征的影响，同一频率下同一模态的超声导波群速度和相速度不同，不同频率下同一模态的超声导波的群速度或者相速度也不同，此即为超声导波的频散特性。导波信号在有边界的介质中传播一定距离后，时域内的波包宽度会变长，且幅度降低。频散现象不仅降低了检测信号的灵敏度，更给后续的信号分析带来困难。在监测过程中，应根据实际情况尽量选择频散较小的超声导波模态来实现结构的健康监测。

2.1.2 波的模态

根据质点振动方向不同，板结构中的超声导波分为两大类，一类是质点振动方向在波的传播方向与板的厚度方向所组成的平面内，称为 Lamb 波，如图 2.2 所示，Lamb 波的质点位移表达式中与该平面垂直的位移分量为零（$u_3=0$）；另一类是质点振动方向与该平面垂直，称为水平剪切波（SH 波），这类导波的质点位移表达式中在该平面内的两个位移分量为零（$u_1=u_2=0$）。SH 波按模态的

阶数不同可为 SH_0、SH_1、SH_2 等。其中，最低阶水平剪切模态 SH_0 在传播过程中的非频散特性，使得该模态在板结构健康监测中具有一定优势。根据板中 Lamb 波的结构特性，Lamb 波可以划分为对称模态（S 模态）和反对称模态（A 模态），如图 2.3 所示。S 模态质点的振动形式关于板中面完全对称，沿着波的传播方向不断拉伸和压缩，而 A 模态则相反，其质点振动关于板中面相同。Lamb 波按模态的阶数不同，又可细分成多个模态，如 A_0、S_0、A_1、S_1 等。不同模态的导波由于其波结构和能量分布不同，对不同类型缺陷的敏感程度也不同，如 S_0 模态对板厚方向的缺陷比较敏感，而 A_0 模态对分层和横向铺层裂纹等缺陷比较敏感。并且在同一频率点处，S_0 模态的传播速度最快、频散小，有利于缺陷信号的识别，而 A_0 模态以离面位移为主且波长远小于 S_0 模态，所以对结构中的微小缺陷更为敏感。另外，即使是同一模态，在不同频率下对缺陷敏感程度也有一定的差异。因此，在进行监测前，需要利用导波的多模态特性选取合适的模态和频率，以确保监测信号的易于识别和处理。

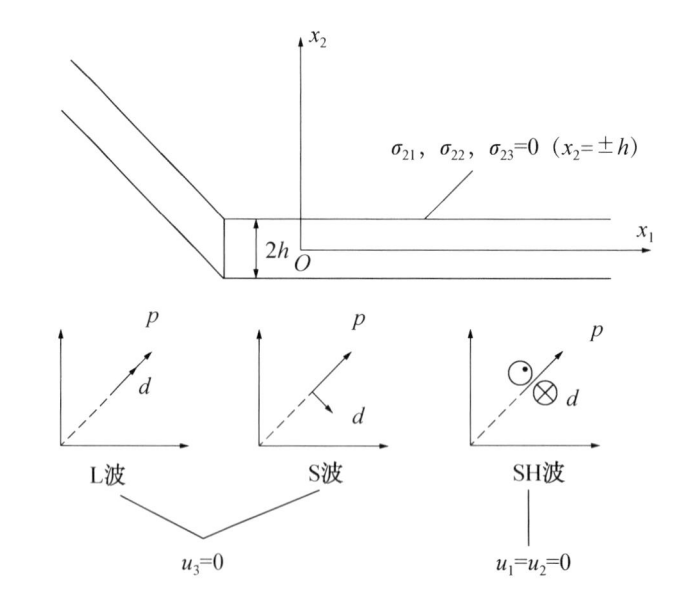

图 2.2　板结构中的超声导波

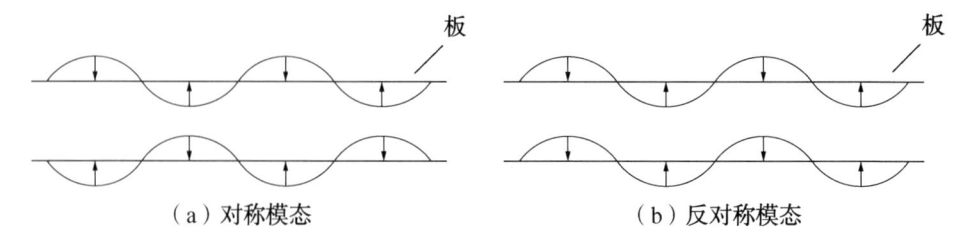

图 2.3　Lamb 波的两种模态

SH 波模态引起的质点振动(位移和速度)均在平行于层面方向的平面中,因此也可以认为是沿平行于层面方向偏振的体剪切波上下反射叠加的结果。相比于 Lamb 波,当从平行于偏振方向的表面反射时,SH 波不会转化为其他类型的波,且杂乱回波较少,传输系数较高。另外,最低阶水平剪切模态 SH_0 在传播过程中的非频散特性,使得该模态在板结构健康监测中具有一定优势,其传播特性示意图如图 2.4 所示。

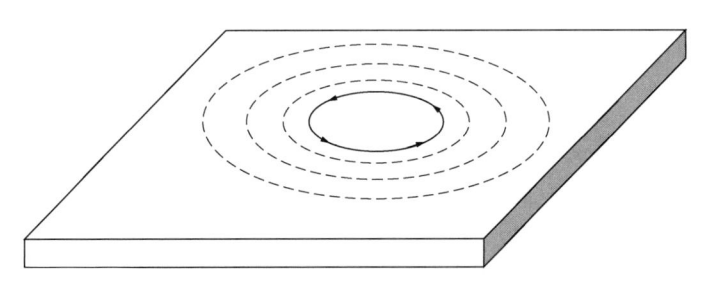

图 2.4 SH_0 模态传播特性示意图

2.2 板结构弹性应力波基本理论

2.2.1 自由板问题描述

自由板问题的几何结构如图 2.5 所示,这个问题由运动方程[式(2.1)]控制,边界条件见式(2.2)。坐标 $x_3 = d/2 = h$ 和 $x_3 = -d/2 = -h$ 处的曲面被认为是无牵引力的。超声导波激发产生在平板中的某一位置;在激发区的超声能量与平板的上下边界面相遇的时刻,产生模态转换(L 波与 T 波相互转换)[2]。在导波的研究历史上,已经证明多种方法均可用于解析该种情况,其中,最常见的

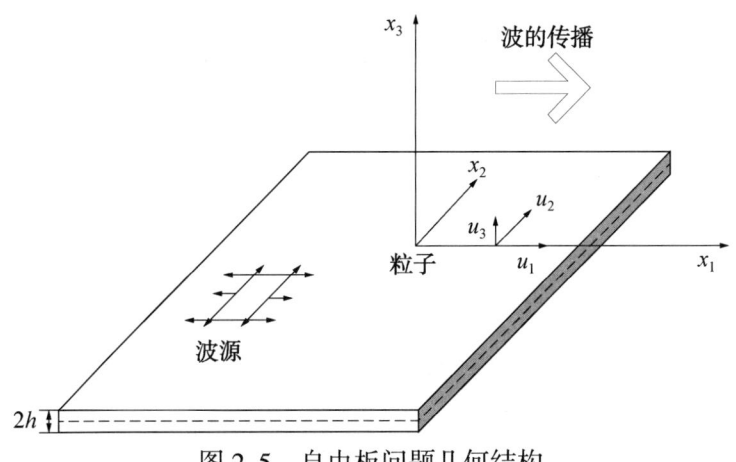

图 2.5 自由板问题几何结构

方法之一是位势法[3]。

$$\mu u_{i,jj} + (\lambda + \mu) u_{j,ji} + \rho f_i = \rho \ddot{u}_i (i = 1, 2, 3) \tag{2.1}$$

$$\lambda = \frac{2\mu v}{1 - 2\nu}, \mu = \frac{E}{2(1 + \nu)} \tag{2.2}$$

其中，u_i 和 f_i 分别为沿 x_i 方向的位移和作用力，ρ 和 μ 分别为板的密度和剪切模量，λ 为拉梅常数，ν 为泊松比，E 为杨氏模量。

2.2.2 位势法求解

根据 Helmholtz 分解将位移矢量(场)分解并代入式(2.1)，如前所述，从而获得两个非耦合波方程。对于平面应变分别是：

（1）控制纵波：

$$\frac{\partial^2 \phi}{\partial x_1^2} + \frac{\partial^2 \phi}{\partial x_3^2} = \frac{1}{c_L^2} \frac{\partial^2 \phi}{\partial t^2} \tag{2.3}$$

（2）控制剪切波：

$$\frac{\partial^2 \psi}{\partial x_1^2} + \frac{\partial^2 \psi}{\partial x_3^2} = \frac{1}{c_T^2} \frac{\partial^2 \psi}{\partial t^2} \tag{2.4}$$

平面应变的情况并不是当前问题中最普遍的情况，但在这种情况下分析问题是非常简单的，这里给出的相同的一组解加上一些额外的模态(数量无穷大)。

根据平面应变的设想，位移和应力能够以势表现为：

$$u_1 = u = \frac{\partial \phi}{\partial x_1} + \frac{\partial \psi}{\partial x_3} \tag{2.5a}$$

$$u_2 = v = 0 \tag{2.5b}$$

$$u_3 = w = \frac{\partial \phi}{\partial x_3} - \frac{\partial \psi}{\partial x_1} \tag{2.5c}$$

$$\sigma_{31} = \mu\left(\frac{\partial u_3}{\partial x_1} + \frac{\partial u_1}{\partial x_3}\right) = \mu\left(\frac{\partial^2 \phi}{\partial x_1 \partial x_3} - \frac{\partial^2 \psi}{\partial x_1^2} + \frac{\partial^2 \psi}{\partial x_3^2}\right) \tag{2.6a}$$

$$\sigma_{33} = \lambda\left(\frac{\partial u_1}{\partial x_1} + \frac{\partial u_3}{\partial x_3}\right) + 2\mu\frac{\partial u_3}{\partial x_3} = \lambda\left(\frac{\partial^2 \phi}{\partial x_1^2} + \frac{\partial^2 \phi}{\partial x_3^2}\right) + 2\mu\left(\frac{\partial^2 \phi}{\partial x_3^2} - \frac{\partial^2 \psi}{\partial x_1 \partial x_3}\right) \tag{2.6b}$$

从假设式(2.3)和式(2.4)的解的形式开始分析

$$\phi = \Phi(x_3)\exp[i(kx_1 - \omega t)] \tag{2.7}$$

$$\psi = \Psi(x_3)\exp[i(kx_1 - \omega t)] \tag{2.8}$$

其中，k 和 ω 分别为波数和圆频率。这一现象在许多文献中被称为横向共振，并在许多方面得到利用，以达成一个解决方案，同样，这些解表示沿板块方向移动的波，并在横截面方向上有未知的分布表示。

进一步，可知这些方程的解为：

$$\Phi(x_3) = A_1\sin(px_3) + A_2\cos(px_3) \tag{2.9}$$

$$\Psi(x_3) = B_1\sin(qx_3) + B_2\cos(qx_3) \tag{2.10}$$

其中

$$p^2 = \frac{\omega^2}{c_L^2} - k^2, \quad q^2 = \frac{\omega^2}{c_T^2} - k^2, \quad k = 2\pi/\lambda \tag{2.11}$$

依据上述结论，位移和应力均可从式(2.5)和式(2.6)中获得。将全部公式的 $\exp[i(kx_1 - \omega t)]$ 作忽略处理，得到：

$$u_1 = \left[ik\Phi + \frac{\mathrm{d}\Psi}{\mathrm{d}x_3} \right] \tag{2.12}$$

$$u_3 = \left[\frac{\mathrm{d}\Phi}{\mathrm{d}x_3} - ik\Psi \right] \tag{2.13}$$

$$\sigma_{33} = \left[\lambda\left(-k^2\Phi + \frac{\mathrm{d}^2\Phi}{\mathrm{d}x_3^2}\right) + 2\mu\left(\frac{\mathrm{d}^2\Phi}{\mathrm{d}x_3^2} - ik\frac{\mathrm{d}\Psi}{\mathrm{d}x_3}\right) \right] \tag{2.14}$$

$$\sigma_{31} = \mu\left(2ik\frac{\mathrm{d}\Phi}{\mathrm{d}x_3} + k^2\Psi + \frac{\mathrm{d}^2\Psi}{\mathrm{d}x_3^2} \right) \tag{2.15}$$

其中，A_1、A_2、B_1 和 B_2 是边界条件决定的常数，k、ω 和 λ 分别为波数、圆频率和波长，c_L 和 c_T 分别为纵波和横波的波速，σ_{ij} 为应力张量。

2.2.3 对称模态与反对称模态

将波在平板中的传播模式分为两个系统：

(1) S 模态——对称模式。

$$\Phi = A_2\cos(px_3)$$
$$\Psi = B_1\sin(qx_3)$$
$$u = u_1 = ikA_2\cos(px_3) + qB_1\cos(qx_3)$$
$$w = u_3 = -pA_2\sin(px_3) - ikB_1\sin(qx_3)$$
$$\sigma_{31} = \mu[-2ikpA_2\sin(px_3) + (k^2 - q^2)B_1\sin(qx_3)]$$
$$\sigma_{33} = -\lambda(k^2 + p^2)A_2\cos(px_3) - 2\mu[p^2A_2\cos(px_3) + ikqB_1\cos(qx_3)]$$
$$\tag{2.16}$$

(2) A 模态——反对称模式。

$$\Phi = A_1\sin(px_3)$$

$$\Psi = B_2\cos(qx_3)$$
$$u = u_1 = ik\,A_1\sin(px_3) + q\,B_2\sin(qx_3)$$
$$w = u_3 = p\,A_1\cos(px_3) - ik\,B_2\cos(qx_3)$$
$$\sigma_{31} = \mu[\,2ikp\,A_1\cos(px_3) + (k^2 - q^2)\,B_2\cos(qx_3)\,]$$
$$\sigma_{33} = -\lambda(k^2 + p^2)A_1\sin(px_3) - 2\mu[p^2A_1\sin(px_3) - ikq\,B_2\sin(qx_3)] \quad (2.17)$$

对于 S 模态，横跨板厚的波结构是关于 u 对称、关于 w 反对称的，而 A 模态则相反，如图 2.6 和图 2.7 所示。

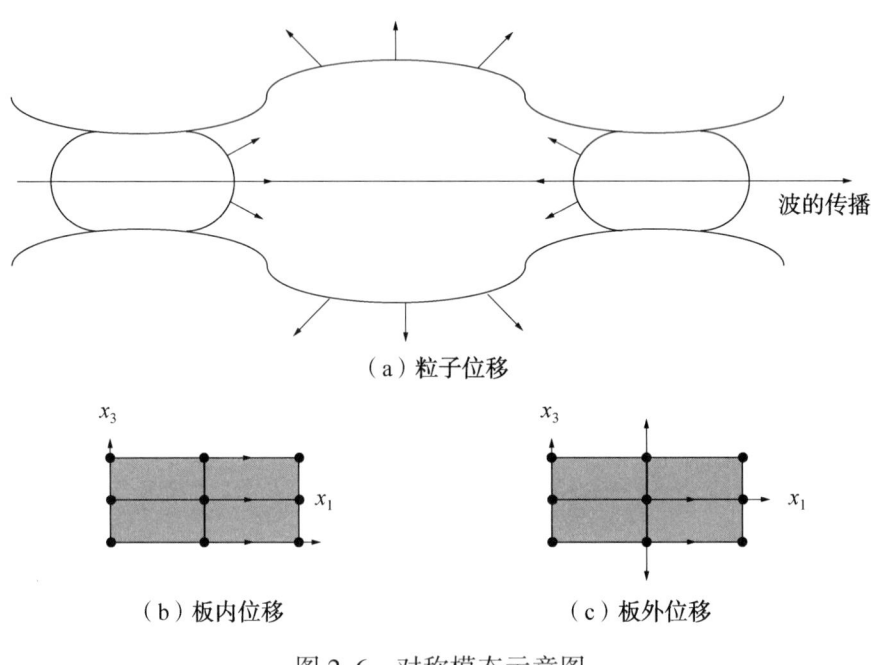

（a）粒子位移

（b）板内位移　　　　　　（c）板外位移

图 2.6　对称模态示意图

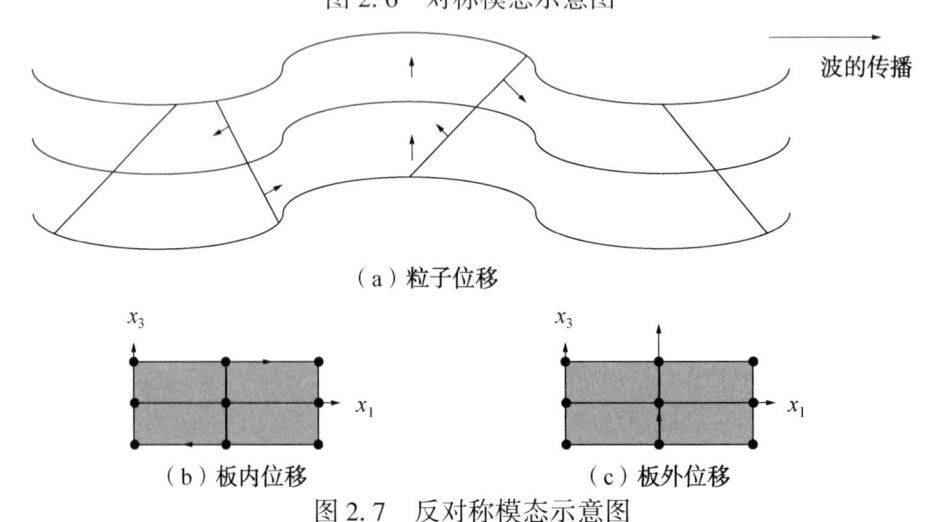

（a）粒子位移

（b）板内位移　　　　　　（c）板外位移

图 2.7　反对称模态示意图

2.3 导波频散曲线

2.3.1 Lamb 波频散方程

在 2.2 节中，常数 A_1、A_2、B_1、B_2，以及频散方程依旧没有得到相关的解。但上述所有内容均可采取应用无牵张边界条件的方法来确定，为便于解答，将平面应变化简为：

$$当 x_3 = \pm \frac{d}{2} = \pm h \text{ 时}, \sigma_{31} = \sigma_{33} \equiv 0 \tag{2.18}$$

其中，d 为板厚。

在上述条件下，由式（2.18）得：

$$\frac{(k^2 - q^2)\sin(qh)}{2ikp\sin(ph)} = \frac{-2\mu ikq\cos(qh)}{(\lambda k^2 + \lambda p^2 + 2\mu p^2)\cos(ph)} \tag{2.19}$$

上式可改写为：

$$\frac{\tan(qh)}{\tan(ph)} = \frac{4k^2qp\mu}{(\lambda k^2 + \lambda p^2 + 2\mu p^2)(k^2 - q^2)} \tag{2.20}$$

利用波速和式（2.11）中 p 和 q 的定义，可以进一步简化式（2.20）中的分母。从 c_L 的定义，可以得到：

$$\lambda = c_L^2 \rho - 2\mu \tag{2.21}$$

所以，有：

$$\lambda k^2 + \lambda p^2 + 2\mu p^2 = \lambda(k^2 + p^2) + 2\mu p^2 = (c_L^2\rho - 2\mu)(k^2 + p^2) + 2\mu p^2 \tag{2.22}$$

$$\lambda k^2 + \lambda p^2 + 2\mu p^2 = \rho c_L^2(k^2 + p^2) - 2\mu k^2 \tag{2.23}$$

结合式（2.11）和 $c_T^2 = \mu/\rho$ 得到

$$\lambda k^2 + \lambda p^2 + 2\mu p^2 = \rho \omega^2 - 2\rho c_T^2 k^2 \tag{2.24}$$

因此：

$$\rho c_T^2 \left[\left(\frac{\omega}{c_T}\right)^2 - 2k^2\right] = \rho c_T^2(q^2 - k^2) = \mu(q^2 - k^2) \tag{2.25}$$

将式（2.25）代入频散方程式（2.20）的初始形式，可知：
S 模态下：

$$\frac{\tan(qh)}{\tan(ph)} = -\frac{4k^2pq}{(q^2 - k^2)^2} \tag{2.26}$$

A 模态下：

$$\frac{\tan(qh)}{\tan(ph)} = -\frac{(q^2 - k^2)^2}{4k^2 pq} \tag{2.27}$$

对于给定的 ω 和导出的 k，位移可以用式(2.16)和式(2.17)中 u 和 w 的表达式来计算。Auld 给出了更明确的表达式[4]。

这些方程被称为 Rayleigh-Lamb 频率关系，它们是在 19 世纪末首次被推导出来的。它们可以用来规定固定频厚积(板材厚度×激励信号频率，单位：kHz·mm)下的 Lamb 波在平板内的传播的速度曲线。

2.3.2 SH 波频散方程

板结构中在 Lamb 波模态之外，还存在一组时间谐波运动，称为剪切水平(SH)模态。"水平剪切"则与其字面意义一致，所有 SH 模态引起的粒子振动(位移和速度)都在与层表面相平行的平面上，因此，SH 模态不存在板外位移。如图 2.8 所示，其中波沿 x_1 方向传播，粒子位移沿 x_2 方向。

控制 SH 模态和频散方程可以用几种方法导出，包括 Helmholtz 势法、部分波分析或横向共振[4]。由于 SH 模态的简单物理性质，最直接的解决方法是直接处理运动的位移方程，这也是本书选择的方法，有关此技术的更多讨论，请参见 Achenbach 的著作[3]。

根据定义，有 $u_1 = u_3 = 0$，其位移场表示为：

$$\frac{\partial^2 u_2}{\partial x_1^2} + \frac{\partial^2 u_2}{\partial x_3^2} = \frac{1}{c_T^2}\frac{\partial^2 u_2}{\partial t^2} \tag{2.28}$$

根据边界条件：

当 $x_3 = \pm \frac{d}{2} = \pm h$ 时，$\frac{\partial u_2}{\partial x_3} = 0$

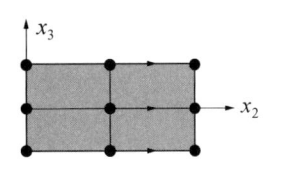

图 2.8 SH₀ 模态下粒子位移

可得方程(2.28)的解为：

$$u_2(x_1, x_3, t) = A e^{-bx_3} \exp[i(kx_1 - \omega t)] \tag{2.29}$$

其中：

$$b = \sqrt{k\left[1 - \left(\frac{\omega}{k \cdot c_T}\right)^2\right]}$$

A 为常数。通过 Helmholtz 分解可得 SH 模式的频散方程：

$$qh = n\pi/2 \tag{2.30}$$

其中，$n \in \{0, 2, 4, \cdots\}$ 对应于对称 SH 模态，$n \in \{1, 3, 5, \cdots\}$ 对应于反对称 SH 模态。

2.3.3 板结构的频散曲线

通过求解上述频散方程可知，在超声波导波工作频率范围内，许多基本模态可以在板状结构中传播，分析这些模态的形态和波速是很重要的。商业软件包 DISPERSE 能够计算 Lamb 波和剪切水平波的频散曲线[5]。全局矩阵技术用于计算特征解。然而，该技术仅限于简单的波导，并且由于使用了迭代过程，模态搜索非常耗时。作为代替，有用的半解析有限元(SAFE)技术能够计算任意横截面波导的频散曲线[5]。该方法将分析模态表达引入有限元解，因此仅对波导的横截面积进行网格划分。对于板状结构，可以利用结构的对称性或均匀性来进一步发展一维特征问题[6]。值得注意的是，对于大曲率半径管(与壁厚相比具有极大的外半径)，周向传播波的频散曲线与具有相同厚度和材质特性的平板中的 Lamb 波频散曲线相同[7]。所以，对板材结构频散曲线的研究结果，完全适用于大型石油储罐这一模型。其他数值分析方法也可用于具有任意横截面的波导的频散分析，如比例边界有限元法、波有限元法、边界元法等[8,9,10]。波在一个轴上传播的应用中，SAFE 可以进一步与传统的有限元方法相结合，以研究均匀波导中缺陷的波散射[11]。

使用 SAFE 方法计算板材结构中的 Lamb 波和 SH 波的频散曲线[5]，得到的相速度和能量速度如图 2.9 所示。对于这里研究的无损系统，能量速度即为群速度[12]。不难发现，在板状结构中多种导波传播模式是可能的，并且这些模式通常是分散的，即它们的速度取决于频率。同时，SAFE 方法还提供渐逝模态和反向波，但这些模态在本研究中并不重要，所以不包括在内。

在低频范围内，存在三种基本的 Lamb 和 SH 模态：在 100kHz 以下范围内，A_0 模态频散呈现出严重状态；随着频率的增长，S_0 模态频散情况加剧；A_1 和 SH_1 模态在 260kHz 附近截止。因此，对于实际的 SHM 应用，最好将频率范围限制在 260kHz 以下。

对于石油储罐，我国常见的标准系列从 100m³ 到 $12×10^4$m³ 不等，底板直径可达 6m、10m，甚至 60m 以上，其罐壁略微弯曲，罐壁的曲率(壁的半径和厚度之比)高达 300 以上。众所周知，大曲率管的轴对称模式的频散曲线接近板状结构的频散曲线[7]。为了验证这一点，使用 SAFE 方法计算在罐壁轴向传播的导波的频散曲线，发现其与平板中的频散曲线基本重合[13]。因此，上述过程得到的频散曲线对石油储罐中的底板和壁板都是适用的。

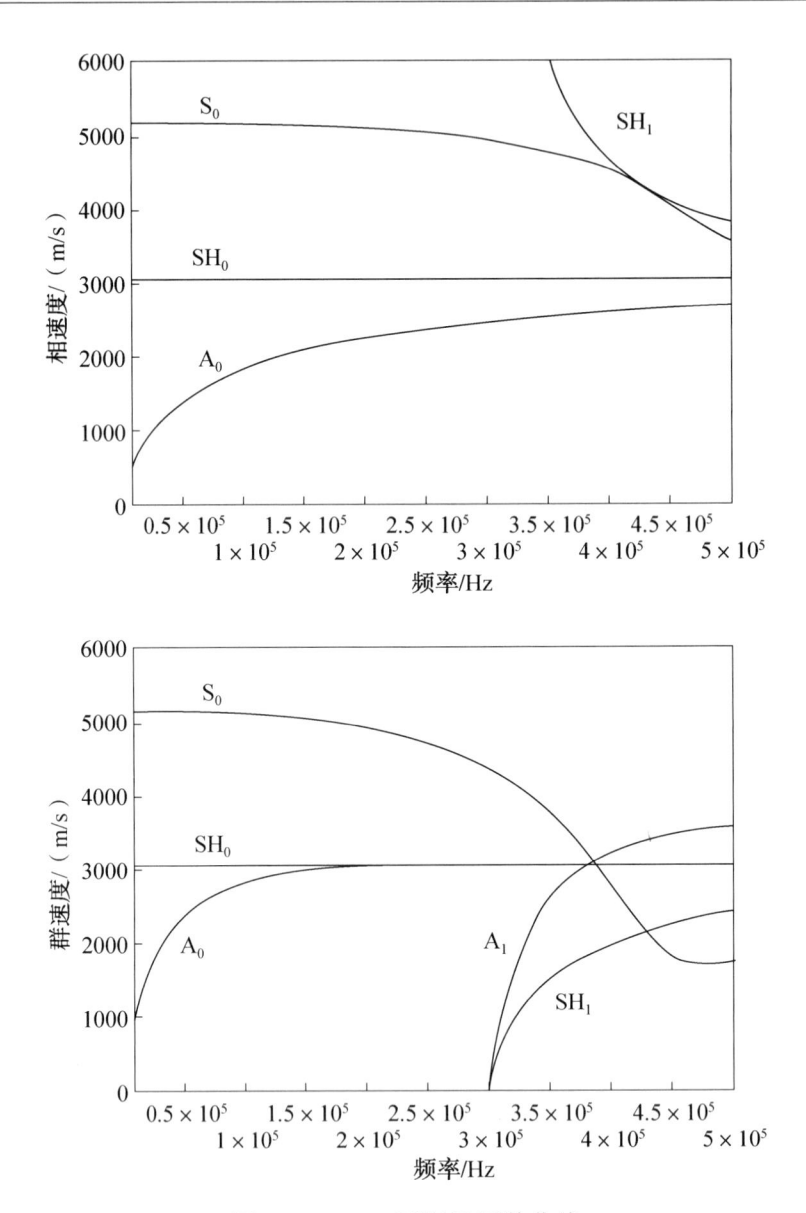

图 2.9　5mm 厚钢板频散曲线

2.4　激励信号选择

由于导波高度频散和多模态的自然特性，为了从导波检查系统获得有用数据，必须选择性地激励和检测单个导波模态，同时抑制由于其他导波传播模态引起的相干噪声。习惯上使用窄带激发，以便最小化频散效应和模态数量[14-16]。通常，调节传感器尺寸和激励频率以使模态纯度最大化，这可以进一步改善导波信号的可解释性[17]。通常，通过用不同中心频率和宽度的各种音调突发信号激励传感器，然后选择产生具有最短模态纯度且具有最短持续时域脉冲的响应，来完成该模态调谐。

2.4.1 窗函数调制

合适的输入信号是经过窗函数的调制信号，具有精确的中心频率和有限的带宽。使用有限带宽输入信号的原因有两个：首先，它有助于防止在其他频率激发不需要的模态；其次，它减少了频散效应对所需模态传播的影响。

不同的窗函数对信号频带具有不一样的效果，主要是因为不同的窗函数具有自身特有的泄漏大小和频率分辨率，并且 FFT 算法对频带的计算引起栅栏效应，原则上，两个错误都无法消除。在做出选取窗函数的决定时，主要原则为被分析信号的特性与客观环境中的需求：如果仅需精准读取主瓣频，则可以选择具有窄主瓣宽度的矩形窗口，例如测量对象的固有频率，而不管幅度精度如何；如果分析窄带信号并且存在强滋扰噪声，则应使用具有旁瓣幅度较小的窗函数，例如 Hanning 窗等。

2.4.2 Hanning 窗调制的正弦脉冲信号

本书选择 Hanning 窗进行调制正弦信号用作激励信号：

$$\text{Hanning}(t) = \frac{1}{2}\left(1 - \cos\frac{2\pi f t}{n}\right) \tag{2.31}$$

$$s(t) = \text{Hanning}(t)\sin(2\pi f t) \tag{2.32}$$

其中，f 为正弦脉冲中心频，n 为 Hanning 窗调制后的周期数，$s(t)$ 为 Hanning 窗调制后的中心频率的窄带正弦脉冲信号。图 2.10 为在 Lamb 波损伤检测中常用的 5 周期使用 Hanning 窗调制的正弦脉冲触发信号。

式(2.31)中正弦脉冲的中心频率 f 等参数必须根据频散曲线等因素综合考虑。与考虑在特定操作点处的信号传播速率不同，应检查可获得的最佳分辨率。如果波包的初始时间持续时间是 T_{in}，那么在传播距离 l 之后，新的时间持续时间 T_{out} 将是：

$$T_{\text{out}} = T_{\text{disp}} + T_{\text{in}} \tag{2.33}$$

其中，T_{disp} 是由于频散引起的波包持续时间的增加值。使用基于群速度预测频散的技术，可以改写成：

$$T_{\text{disp}} = l(1/v_{\text{min}} - 1/v_{\text{max}}) \tag{2.34}$$

为了获得与波包相关的空间分辨率的度量，其时间持续时间 T_{out} 乘以标称群速

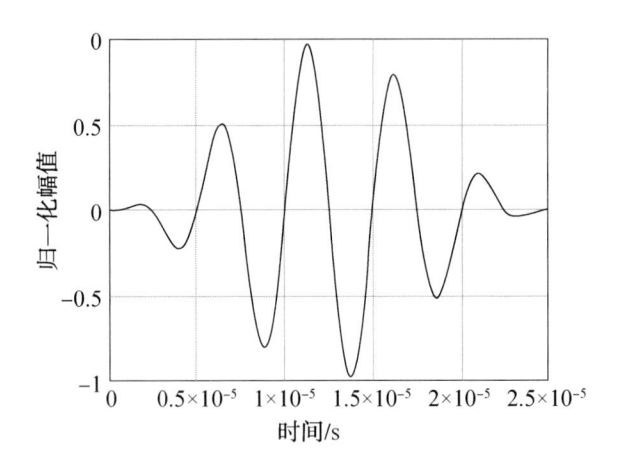

图 2.10　5 周期使用 Hanning 窗调制的正弦脉冲触发信号

度 v_0。为了达到本研究的目的，v_0 被定义为中心频率 f 处的群速度，因为在实践中这是在将信号的到达时间转换成传播距离时使用的速度。为了使空间分辨率量纲为 1，将其除以系统的特征厚度尺寸 d，以给出将被可分辨距离 d_{Res} 的定义：

$$d_{Res} = \frac{T_{out} v_0}{d} = \frac{v_0}{d}(l(1/v_{min} - 1/v_{max}) + T_{in}) \quad (2.35)$$

从式(2.33)和式(2.35)可以看出，波包的持续时间和可分辨距离由两个项控制，第一项是由于频散引起的波包长度的增加，第二项是输入信号的长度。在特定频率和输入信号中具有少量周期时，T_{in} 将很小，但是其带宽将很大并且导致显著的频散效应。随着输入信号中的周期数增加，其带宽减小并且式(2.35)中的频散项的值也减小。但是，T_{in} 将会增加。在某些时候，将找到最佳输入信号，其最小化波包的持续时间可以最小化分辨距离。

对于给定的传播距离，在工作点可以实现的波包的最小持续时间定义了最小分辨距离(MRD)：

$$MRD = \frac{v_0}{d}(l(1/v_{min} - 1/v_{max}) + T_{in})\Big|_{min} \quad (2.36)$$

2.5　压电超声传感器基本理论

在超声导波健康监测领域，超声传感器是超声波激励和接收的核心部件，在监测过程中激励和接收导波。目前，在板结构中激励超声导波的传感器主要有压电式、脉冲激光式和电磁声式等。其中，压电超声传感器是导波无损检测和健康监测中应用最广泛的传感器，具有使用方便、价格低廉、灵敏度高、技术完善等优点。压电材料的正压电效应反映了压电材料具有将机械能转换成电能的能力，检测出压电材料上的电荷变化，就可得到材料的变形量。反之，逆压电效应说明压电材料具有将电能转换为机械能的能力，给压电元件施加相应的电压，就得到所需的机械变形或应力。因此，利用压电材料的机械能与电能转换的装置或元件时，需要利用其压电效应。

2.5.1 压电材料及压电效应

压电效应是皮埃尔·居里和雅克·居里兄弟于 1880 年在实验中发现的。压电效应是压电材料特有的属性，即当材料发生机械变形时，压电材料有产生电势的能力。反之，对其施加电压时有改变尺寸的能力[18]。压电效应可分为正压电效应和逆压电效应。当对压电材料施加力时，会导致其两个表面出现极性相反的电荷，且电荷的量和所施加的力成正比，这就是正压电效应；当对压电材料表面施加电压时，会导致其发生机械变形，这就是逆压电效应。如果压力是一种高频振动，则产生的就是高频电流。而高频电信号加在压电陶瓷上时，则产生高频声信号(机械振动)，这就是超声波信号。压电材料可以因机械变形产生电场，也可以因电场作用产生机械变形，这种固有的机—电耦合效应使得压电材料在工程中得到了广泛应用。

正压电效应原理示意图如图 2.11 所示，当压电材料受到某固定方向外力的作用时，内部就产生电极化现象，同时在某两个表面上产生符号相反的电荷，而且应力与电荷密度之间存在线性关系；当外力撤去后，晶体又恢复到不带电的状态；当外力作用方向改变时，电荷的极性也随之改变；晶体受力所产生的电荷量与外力的大小成正比。压电超声传感器的接收过程利用正压电效应接收超声波。当对压电材料施加交变电场时，会引起晶体机械变形，在它的某些方向出现应变，而且电场强度与应变之间存在线性关系。压电超声传感器的激励过程利用逆压电效激励超声波。

目前常用的压电材料主要分为四类：压电晶体、压电陶瓷、压电复合材料和压电聚合物。压电晶体是最早发现的压电材料，以石英晶体为代表的压电晶体最大的优点是其性能稳定，200℃以下石英的压电效应与温度无关。常用的石英晶体的切割方式有 X、Y、Z、AT、BT 和 CT 等，通过不同的切割方式，石英晶体会产生不同的振动形式。除了石英晶体，铌酸锂晶体、酒石酸钠晶体(罗谢尔盐)、磷酸二氢铵晶体等同样具有压电效应。压电陶瓷比压电晶体材料具有更强的适应性，从物理性质看，能够承受和施加更大的应力；从化学性质上看，其受潮湿和其他大气条件影响要也比晶体小，因而成为现在制作压电传感器的

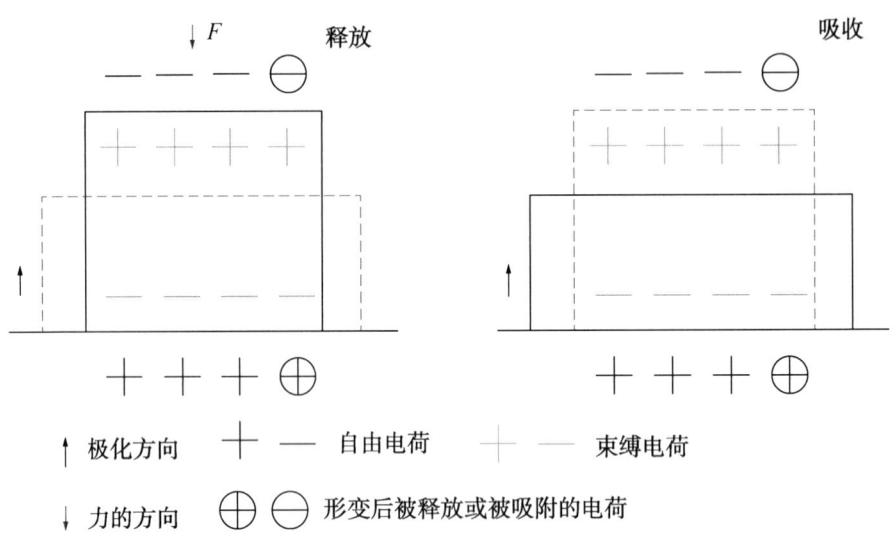

图 2.11 压电效应原理示意图

主要压电材料。常用的压电陶瓷是由锆钛酸铅(PZT)材料制成的。将 PZT 材料制成的压电陶瓷片黏在圆形黄铜片上就构成了压电陶瓷元件。压电陶瓷具有敏感的特性，可以将微弱的机械振动转换成电信号，可用于声呐系统、气象探测、遥测环境保护、家用电器等。压电陶瓷在电场作用下产生的形变量很小，最多不超过本身尺寸的千万分之一。基于这个原理制作的精确控制机构——压电驱动器，在精密仪器和机械的控制、微电子技术、生物工程等领域中得到广泛应用。

2.5.2 压电方程

压电材料的压电性涉及力学和电学之间的相互作用，而压电方程就是描述晶体的力学量(应力 T_h 和应变 S_k；h，$k=1$，2，$\cdots$，6)和电学量(电场强度 E_i 和电位移 D_i；$i=1$，2，3)之间的相互关系的表达式。但是由于应用状态和测试条件的不同，压电晶片(振子)可以处在不同的电学边界条件和机械边界条件下，即压电方程的独立变量可以任意选择。其中典型机械边界条件包括：

(1) 机械自由。用夹具把压电陶瓷片的中间夹住，边界上的应力为零，即压电陶瓷片的边界条件是机械自由的，压电陶瓷片可以自由变形。

(2) 机械夹持。用刚性夹具把压电陶瓷的边缘固定，边界上的应变为零，即压电陶瓷片的边界条件是机械夹紧的。

电学边界条件包括：

(1) 电学短路。两电极间外电路的电阻比压电陶瓷片的内阻小得多，可认为外电路处于短路状态。

（2）电学开路。两电极间外电路的电阻比压电陶瓷片的内阻大得多，可认为外电路处于开路状态。这时电极上的自由电荷保持不变，电位移保持不变。

根据机械边界条件与电学边界条件，可以把压电方程分为四类：

① 第一类边界条件：机械自由和电学短路。即 $T=0$；$E=0$；$S\neq 0$；$D\neq 0$，对应的压电方程称为 d 型压电方程。公式如下：

$$\begin{cases} S_h = s_{hk}^E T_k + d_{jh} E_j & (h, k = 1, 2, \cdots, 6) \\ D_i = d_{ik} T_k + \varepsilon_{ij}^T E_j & (i, j = 1, 2, 3) \end{cases} \tag{2.37}$$

式中　T——应力；
　　　S——应变；
　　　E——电场强度；
　　　D——电位移；
　　　s——弹性柔顺常数；
　　　d——压电常数；
　　　ε——介电常数。

② 第二类边界条件：机械夹持和电学短路。即 $S=0$；$E=0$；$T\neq 0$；$D\neq 0$，对应的压电方程称为 e 型压电方程。公式如下：

$$\begin{cases} T_h = c_{hk}^E S_k - e_{jh} E_j & (h, k = 1, 2, \cdots, 6) \\ D_i = e_{ik} S_k + \varepsilon_{ij}^T E_j & (i, j = 1, 2, 3) \end{cases} \tag{2.38}$$

式中　c——弹性刚度常数；
　　　e——压电应力常数。

③ 第三类边界条件：机械自由和电学开路。即 $T=0$；$D=0$；$S\neq 0$；$E\neq 0$，对应的压电方程称为 g 型压电方程。公式如下：

$$\begin{cases} S_h = s_{hk}^D T_k + g_{jh} D_j & (h, k = 1, 2, \cdots, 6) \\ E_i = -g_{ik} T_k + \beta_{ij}^T D_j & (i, j = 1, 2, 3) \end{cases} \tag{2.39}$$

式中　g——压电应变常数；
　　　β——自由介电常数。

④ 第四类边界条件：机械夹持和电学开路。即 $S=0$；$D=0$；$T\neq 0$；$E\neq 0$，对应的压电方程称为 h 型压电方程。公式如下：

$$\begin{cases} T_h = c_{hk}^D S_k - h_{jh} D_j & (h, k = 1, 2, \cdots, 6) \\ E_i = -h_{ik} S_k + \beta_{ij}^S D_j & (i, j = 1, 2, 3) \end{cases} \tag{2.40}$$

式中　h——压电应力常数。

2.6　模态转换理论

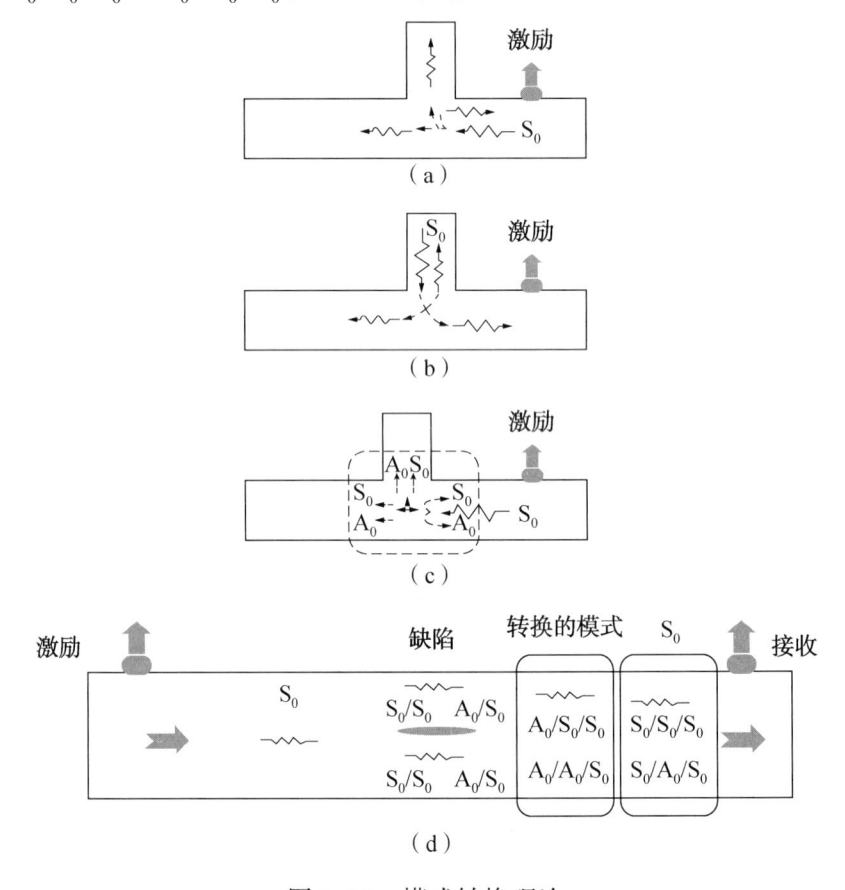

　　模式转换通常发生在连续介质中突然的厚度变化处和缺陷处。转换的模式不是单一的 A_0 或者 S_0 模式，它是两者的叠加。如图 2.12(a) 和图 2.12(b) 所示，当 S_0 模态入射波在板中传播遇到厚度变化处和缺陷时，会发生透射、反射和散射，同时会发生模式转换，如图 2.12(c) 所示产生新的 S_0 模态和 A_0 模态导波。如图 2.12(d) 所示，传感器激励 S_0 模态导波入射，当 S_0 模态导波刚到达缺陷处时，会发生模式转换产生 S_0/S_0 模态和 A_0/S_0 模态的导波[19]。其中 S_0/S_0 的意思是 S_0 模态转换为 S_0 模态，而 A_0/S_0 的意思是 S_0 模态转换为 A_0 模态。接着当 S_0/S_0 模态和 A_0/S_0 模态的导波经过整个缺陷区域，它们会再次发生模式转换，产生新模态的导波（$S_0/S_0/S_0$、$A_0/S_0/S_0$、$S_0/A_0/S_0$ 和 $A_0/A_0/S_0$）。当缺陷尺寸较小时，$S_0/S_0/S_0$ 和 $S_0/A_0/S_0$ 模态的导波信号会在时域信号上重叠在一起，直

图 2.12　模式转换理论

观地表现为 S_0 模态导波。而 $A_0/S_0/S_0$ 和 $A_0/A_0/S_0$ 模态的导波信号会重叠在一起，直观地表现为模式转换后产生的新导波，图 2.12 为模式转换理论的示意图。

同理，当传感器激励 A_0 模态导波入射，同样会发生模式转换，产生新模态的导波（$S_0/S_0/A_0$、$A_0/S_0/A_0$、$S_0/A_0/A_0$ 和 $A_0/A_0/A_0$）。当缺陷尺寸较小时，$A_0/S_0/A_0$ 和 $A_0/A_0/A_0$ 模态的导波信号会在时域信号上重叠在一起，直观地表现为 A_0 模态导波。而 $S_0/S_0/A_0$ 和 $S_0/A_0/A_0$ 模态的导波信号会重叠在一起，直观地表现为模式转换后产生的新导波。采集损伤信号并与健康板材信号对比，时域和频域内会出现新的导波，提取的损伤特征值可用于缺陷定位及成像研究。

参考文献

[1] 赵娜. 金属板裂纹缺陷的超声 Lamb 波和 SH 波监测与评估技术研究[D]. 北京：北京工业大学，2020.

[2] Rose J L. Ultrasonic waves in solid media[J]. The Journal of the Acoustical Society of America, 2000, 107(4)：1807-1808.

[3] Achenbach J D. Wave propagation in elastic solids[M]. New York：Elsevier Science, 1974.

[4] Auld B A. Acoustic fields and waves in solids[M]. New York：Wiley-Interscience Pub, 1973.

[5] Lowe M J S. Matrix techniques for modelling ultrasonic waves in multi-layered media[J]. IEEE Transactions on Ultasonics, Ferroelectrics, and Frequency Control, 1995, 42(4)：525-542.

[6] Duan W, Kirby R. A numerical model for the scattering of elastic waves from a non-axisymmetric defect in a pipe[J]. Finite Elements in Analysis and Design, 2015, 100：28-40.

[7] Duan W, Kirby R, et al. Effects of slits in a patch of omnidirectional Lamb-wave MPT on the transducer output[J]. Journal of Sound and Vibration, 2016, 25(3)：177-193.

[8] Towfighi S, Kundu T, Ehsani M. Elastic wave propagation in circumferential direction in anisotropic cylindrical curved plates[J]. Journal of Applied Mechanics, 2002, 69(3)：283-291.

[9] Gravenkamp H, Birk C, Song C M. Computation of dispersion curves for embed-

ded waveguides using a dashpot boundary condition[J]. The Journal of the Acoustical Society of America, 2014, 135(3): 1127-1138.

[10] Mace B R, Duhamel D, Brennan M J, et al. Finite element prediction of wave motion in structural waveguides[J]. The Journal of the Acoustical Society of America, 2005, 117(5): 2835-2843.

[11] Mazzotti M, Bartoli I, Marzani A, et al. A 2.5D boundary element formulation for modeling damped waves in arbitrary cross-section waveguides and cavities[J]. Journal of Computational Physics, 2013, 248: 363-382.

[12] Duan W B, Kirby R, Mudge P. On the scattering of elastic waves from a non-axisymmetric defect in a coated pipe[J]. Ultrasonics, 2016, 65: 228-241.

[13] Lowe P S, Duan W B, Kanfoud J, et al. Structural health monitoring of above-ground storage tank floors by ultrasonic guided wave excitation on the tank wall[J]. Sensors, 2017, 17(11): 2542.

[14] Joseph L, Rose. A baseline and vision of ultrasonic guided wave inspection potential[J]. Journal of Pressure Vessel Technology, 2002, 124(3): 273-282.

[15] Alleyne D N, Cawley P. The interaction of Lamb waves with defects[J]. IEEE Transactions on Ultrasonics, Ferroelectrics, and Frequency Control, 1992, 39(3): 381-397.

[16] Ghosh T, Kundu T, Karpur P. Efficient use of Lamb modes for detecting defects in large plates[J]. Ultrasonics, 1998, 36(7): 791-801.

[17] Giurgiutiu V. Tuned Lamb wave excitation and detection with piezoelectric wafer active sensors for structural health monitoring[J]. Journal of Intelligent Material Systems and Structures, 2005, 16(4): 291-305.

[18] 张涛, 孙立宁, 蔡鹤皋. 压电陶瓷基本特性研究[J]. 光学精密工程, 1998(5): 28-34.

[19] 许烨东. 基于模式转换的超声导波检测成像研究[D]. 镇江: 江苏科技大学, 2016.

第3章 超声导波信号处理方法

通常状况下，实验得到的导波信号中含有的噪声成分会影响后续缺陷的定位精度，并且相关缺陷信息不能直观观察，不能直接用于后处理过程，因此研究人员需要对采集到的导波信号进行预处理，以得到相关时域特征信息和频域特征信息。本章主要介绍几种主要的导波信号处理方式：时域分析、频域分析和时频域分析。

3.1 时域分析

时域信号是能利用传感器直接采集的信号，记录了 Lamb 波在结构中传播的时间历程，提供最直接的物理信息，包括传播速度、衰减、频散等。常用的时域分析方法有希尔伯特(Hilbert)变换和相关性分析。

3.1.1 Hilbert 变换

Hilbert 变换[1]是获取导波在时域中能量变化的一种方法，设导波时域信号为 $f(t)$，则 $f(t)$ 的 Hilbert 变换 $F(t)$ 为：

$$H(t) = \frac{1}{\pi}\int_{-\infty}^{+\infty}\frac{f(\tau)}{t-\tau}d\tau \tag{3.1}$$

经 Hilbert 变换后，在频域各频率成分的幅值保持不变，但相位将出现 90°相位移动。即对正频率滞后 π/2，对负频率导前 π/2，用 Hilbert 变换描述相位调制的包络、瞬时频率和瞬时相位会使得分析比较简便。构造一个如下的解析信号 $F_A(t)$：

$$F_A(t) = f(t) + jH(t) = e(t) \cdot e^{j\phi(t)} \tag{3.2}$$

$$e(t) = \sqrt{f^2(t) + H^2(t)}$$

$$\phi(t) = \frac{1}{2\pi}\frac{d}{dt}\arctan\frac{H(t)}{f(t)}$$

式中，实部 $f(t)$ 是信号本身；虚部 $H(t)$ 是 Hilbert 变换，$e(t)$ 是 $F_A(t)$ 的模，$\varphi(t)$ 是 $F_A(t)$ 瞬时频率，$e(t)$ 的包络描述了时域 $f(t)$ 的能量分布。通过分析导波信号在时间域上的能量分布，可以获得直接激励的导波信号和缺陷散射的导波信号的波包的到达时间,并结合三角定位算法在传感器网络所包围的区域内评估是否存在缺陷,以及缺陷存在的位置。

刘国强等[2]用希尔伯特变换提取 Lamb 波信号的波形包络,选取最大峰值的波包在结构出现损伤后的能量变化值与损伤前的能量之比作为损伤指示,克服了频散、多模式及模式转换给信号分析带来的困难;陆希等[3]建立了构件的三维有限元模型,利用小波变换(CWT)和 Hilbert 变换(HT)等方法提取了与损伤有关的时域特征;Zhang 等[4]利用希尔伯特变换实现了 Lamb 模态识别;Senyurek 利用希尔伯特变换实现了机翼损伤识别[5]。

图 3.1 展示了一个经 Hanning 窗调制后的正弦信号的包络绘制结果,其中该原始信号中心频率为 100kHz,信号峰峰值为 4,周期为 10,持续时间为 0.4ms。

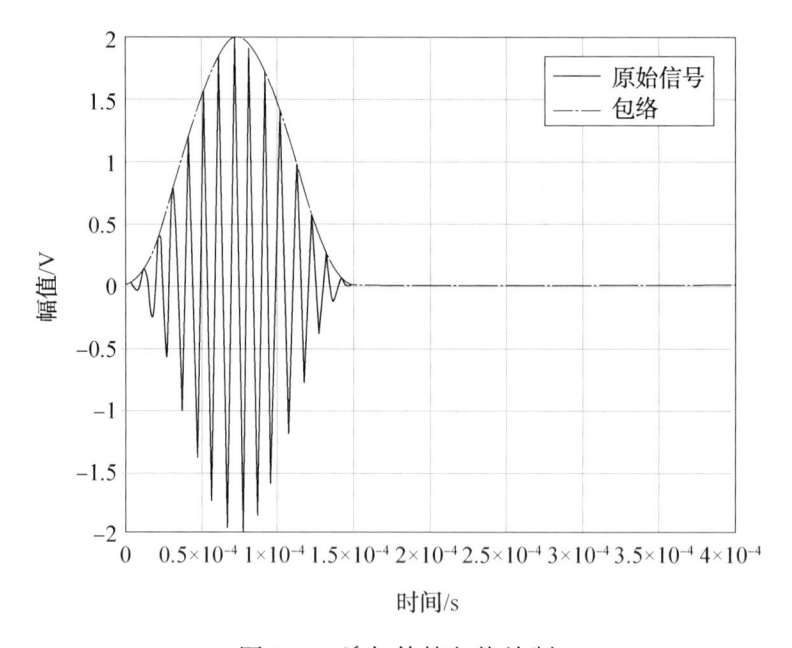

图 3.1 希尔伯特包络绘制

3.1.2 相关性分析

互相关函数是描述随机信号 $x(t)$、$y(t)$ 在任意两个不同时刻 t_1、t_2 的取值之间的相关程度。

结构中存在损伤时,结构的状态必将与原本的无损伤状态不同。比较结构的现状和原本的无损伤状态即可得知现在结构的健康情况。通过两种状态下在结构中所采集的波信号的相关性分析可以反映出结构在两种状态之间是否存在差异以及差异的大小。在相关性分析中,两个采样时间相同的离散数字信号(x_i 和 y_i,$i = 1, 2, 3, \cdots, N$)之间的相关系数 λ_{xy} 定义为[6]:

$$\lambda_{xy} = \frac{C_{xy}}{\sigma_x \sigma_y} = \frac{\sum_{i=1}^{N}(x_i - \overline{u_x})(y_i - \overline{u_y})}{\sqrt{\sum_{i=1}^{N}(x_i - \overline{u_x})^2} \cdot \sqrt{\sum_{i=1}^{N}(y_i - \overline{u_y})^2}} \tag{3.3}$$

其中 C_{xy}、$\overline{u}$ 和 σ 分别为两个离散数字信号的协方差、均值和标准差，$\overline{u_x}$ 和 $\overline{u_y}$ 分别表示随机信号 $x(t)$、$y(t)$ 的均值。白生宝等[7]利用相关性分析，成功地识别出复合材料板内的损伤缺陷。基于相关性分析的损伤识别方法可以避免边界反射的负面影响，然而损伤对导波信号所引起的模式转换以及散射现象降低了这种方法的精确度。

在使用 MATLAB 计算两离散导波信号的互相关函数时，需保证信号数据量长度一致，图 3.2 为使用 MATLAB 进行两个波信号自相关分析的结果，相关函数中的纵坐标 $R_{xy}(t)$ 表示两个信号的相关系数。

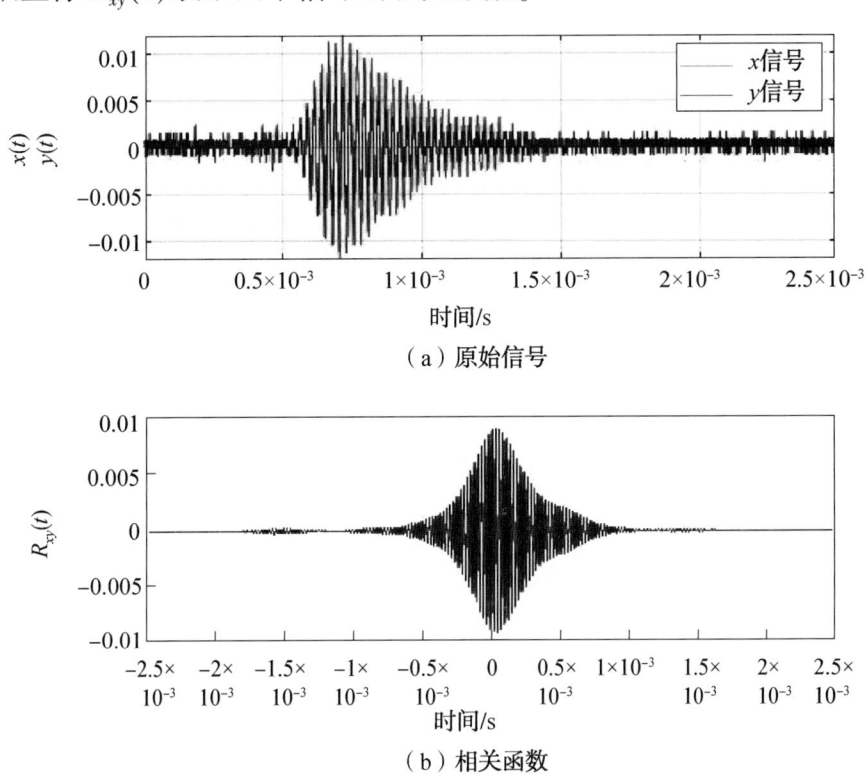

（a）原始信号

（b）相关函数

图 3.2 两个波信号自相关分析

3.2 频率域分析

仅局限于对波信号时间域的分析有时无法完整地揭示由结构损伤所引起的

波信号特征的变化,这时可以利用以下数字信号处理方法把信号从时间域转化到频率域进行分析。

3.2.1 数字信号滤波

工程应用中所采集到的导波信号可能包括较宽频率范围内的多种频率成分,其中仅有某些频率成分对应于理想波信号,而在损伤识别过程中其他频率成分(噪声成分)对理想波信号的干扰极易导致对波信号的错误解释。数字信号滤波是一种基本的信号处理方法,可以从原始采集的波信号中过滤噪声成分[8]:

$$F(n) = \delta(n) * f(n) \quad (3.4)$$

$F(n)$ 是对原始采集信号 $f(n)$ 进行滤波后所得的信号,$\delta(n)$ 是数字滤波器函数,符号"*"代表卷积。被广泛应用的数字滤波器包括低通滤波器、高通滤波器、带通滤波器、带阻滤波器。然而,当所感兴趣的波信号成分没有完全分布在所选定的频率带内时,这种信号处理方法会导致波信号的能量泄漏。

图3.3为几种典型的滤波器函数,用户可以根据需要选择不同的滤波器类型。

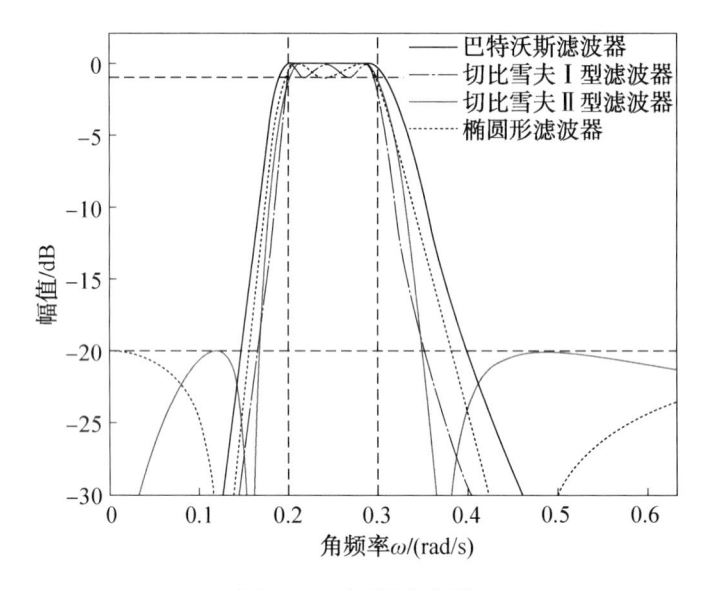

图 3.3 典型滤波器

利用 MATLAB 软件对采集的原始导波信号进行滤波处理,选用带通滤波器,窗函数为 Hanning 窗,原始信号的中心频率为 40kHz,选择滤波器的带宽为 30~50kHz,结果如图 3.4 所示。

由图 3.4 可以得知,对比原始信号和滤波后信号,滤波后的波形更加清晰,信号包络稳定。

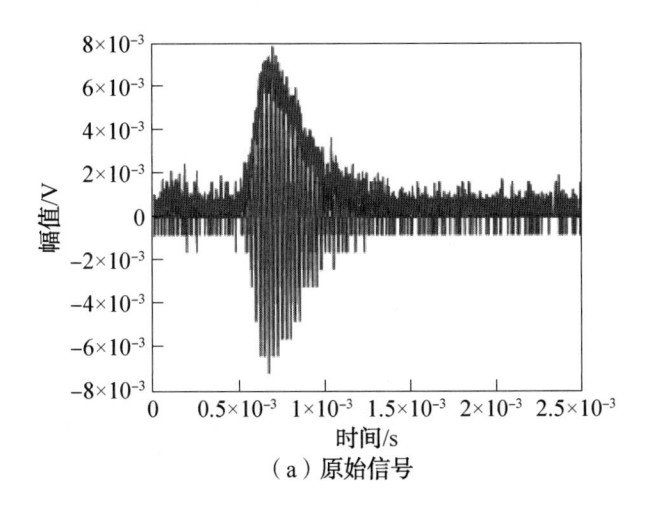

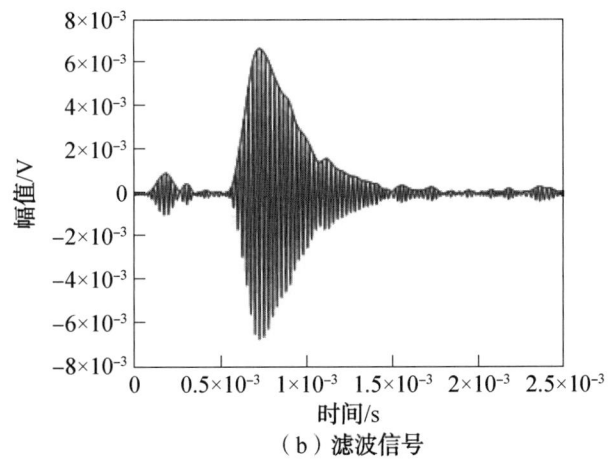

图3.4 带通滤波器滤波前后对比

3.2.2 傅里叶变换(FFT)

利用傅里叶变换可以直接获得波信号在频率域的整体能量分布。

$$F(\omega) = \int_{-\infty}^{+\infty} f(t) \cdot e^{-2\pi i \omega t} dt \quad (3.5)$$

其中,ω 和 i 分别为波信号的角频率和单位复数。信号在频率域的能量分布表示为:

$$E = \frac{1}{2\pi} \int_{-\infty}^{+\infty} |F(\omega)|^2 d\omega \quad (3.6)$$

Cawley[9]利用傅里叶变换分析结构固有频率的方法,成功检测出铝板和碳纤维复合材料板中的缺陷。傅里叶变换虽然提供了时间域信号的频率域分析方法,然而它不具备时域特性,并且不适合分析非线性、非平稳信号。

利用 MATLAB 软件可以对实际采集的波信号进行 FFT 变化，求取频谱信息，如图 3.5 所示。

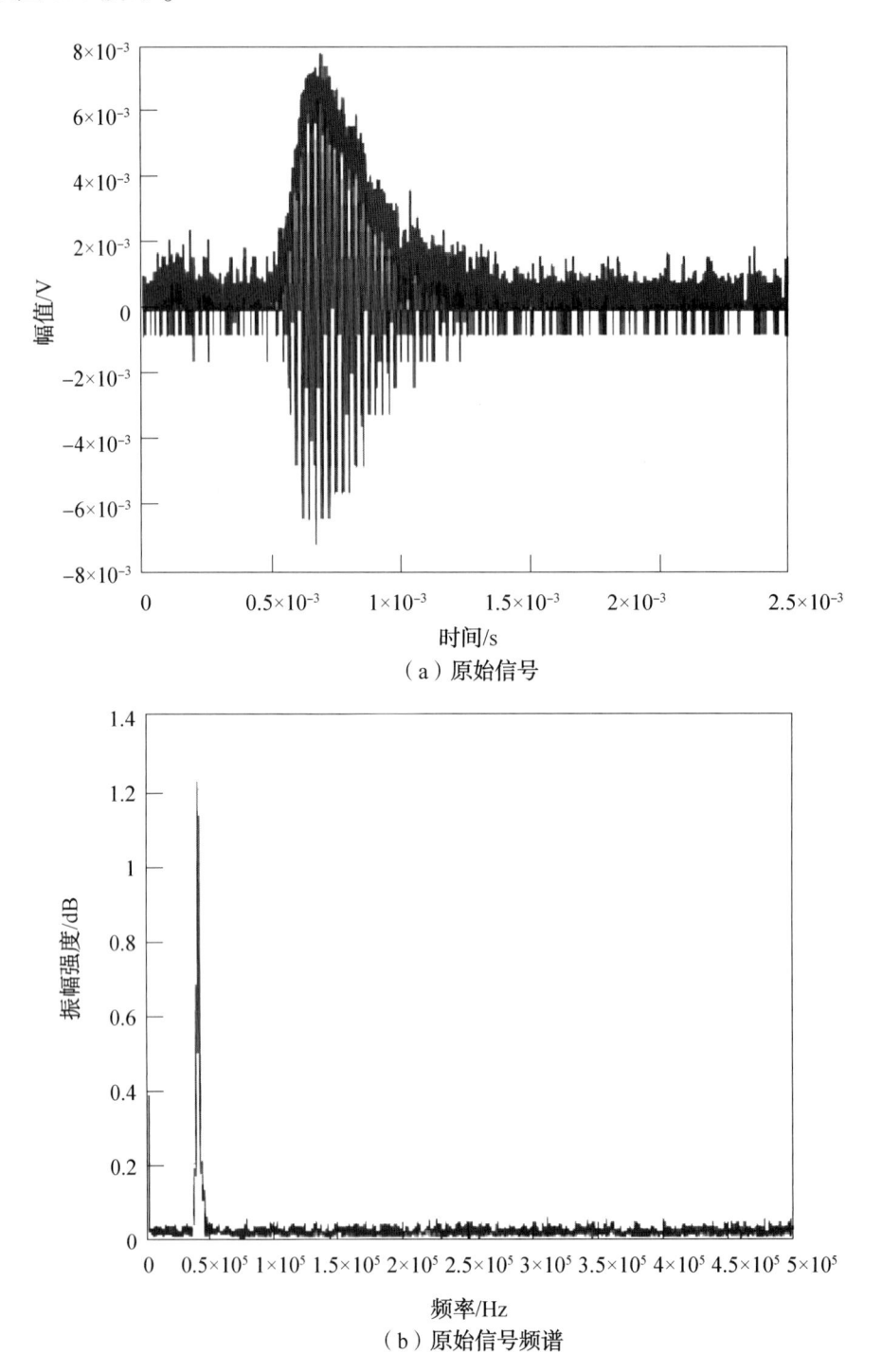

（a）原始信号

（b）原始信号频谱

图 3.5 波信号频谱分析

3.2.3 二维傅里叶变换(2D-FFT)

运用 2D-FFT 可以把导波信号的相同频率带内所包含的不同的波模式区分开。2D-FFT[10]假设沿 x 方向传播的导波在结构表面一点的位移为 $u(x,t)$，是空间位置（x）和时间（t）的函数。在结构表面一系列等距离的位置上采集波信号，不同频率的波信号的不同模式可以在频率—波数空间中相互分离开：

$$H(k,f) = \iint u(x,t) e^{-i(kx-\omega t)} dx \cdot dt \tag{3.7}$$

其中，$\omega = 2\pi f$，为波信号的角频率，k 为波数。项延训等[11]利用超声 Lamb 波检测板状材料的表面缺陷，采用二维傅立叶变换研究其对大小不同的缺陷产生的模式变化，观察到了一些对缺陷比较敏感的模式转换现象。

霍宇森等[12]将半解析有限元法与 2D-FFT 相结合，用于 Lamb 波在薄板检测中的模态分析。图 3.6 为实际铝板中 Lamb 波信号时域图和 2D 波数—频率关系图。

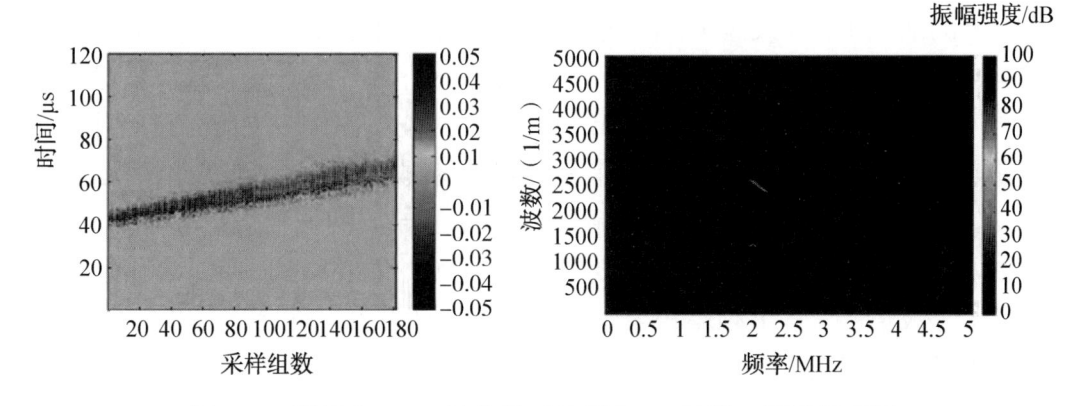

图 3.6 铝板中 Lamb 波信号时域图和 2D 波数—频率关系图

将接收传感器首先放在距离发射探头 90mm 处，再使接收传感器以 0.5mm 步长靠近发射探头，总采样组数为 181 组，这样便得到包含时间和空间信息的 Lamb 波信号。数字示波器的采样频率为 500MHz，采样点数为 1200。从图 3.6 中可以看到铝板中传播的 Lamb 波模态，对所得信号做二维傅里叶变换，得到波数—频率关系曲线。

3.3 时频域分析

为了防止单独的时间域或频率域分析导致遗漏波信号所承载的特征信息，可以通过时频域分析同时展现信号在时间域和频率域的特征。常用的时频域分析包括以下几种方法。

3.3.1 短时傅里叶变换(STFT)

短时傅里叶变换(STFT)通过对信号的某个时刻 t 所对应的窄的时间段(短时)加载时间窗函数 $r(t)$ (如高斯窗和 Hanning 窗)来实现对这个时间段的 FT。沿信号的时间轴连续移动时间窗并进行 FT，以获得整个信号的能量谱分布：

$$S_{\text{STFT}}(t, \omega) = \int_{-\infty}^{+\infty} f(\tau) \cdot r(\tau - t) \mathrm{e}^{-2\pi i \omega t} \mathrm{d}\tau \tag{3.8}$$

其中，ω 为波信号的角频率。Kwun 利用 STFT 对柱状钢壳结构中 Lamb 波的频散特性进行了研究。张宇等[13]搭建了垂直耦合方式下单层铝板缺陷检测实验平台，利用 STFT 对铝板缺陷 Lamb 波检测信号进行处理，分析了其频散特性；通过在时频平面中提取和分析与激励频率对应的频率分量，对在时域中混叠的 Lamb 波检测信号进行了模式识别，结果表明，STFT 对金属板缺陷 Lamb 波检测信号的时频分析效果较好，通过提取时频平面中特定频率分量的方法，可对时域中混叠的缺陷 Lamb 波检测信号进行模式识别。然而，这种方法无法同时保证时间域和频率域的精确性，因此，不适用于分析瞬时频率突变的波信号。

周正干等[14]分别对铝板试样和蜂窝板试样内传播的导波信号进行了 STFT 和时频谱分析，得出了铝板内导波信号中各频率成分随时间的变化情况，分析出导波信号的模式转换现象，比较精确地计算了导波的群速度。接下来以周正干等[14]研究超声导波信号的 STFT 变换内容为例，介绍 STFT 的主要功能。

对于导波信号，每个频厚积至少对应两种模式存在，采用 STFT 变换可观察信号中各频率分量随时间变化的情况，分析各模式遇到缺陷或边界的变化，从而确定检测某种缺陷的最佳模式。为验证薄铝板中导波信号的 STFT 变换作用效果，进行了实验研究，选择长为 1000mm、宽为 400mm、厚度为 1mm 的铝板为试件，如图 3.7 所示。传感器中心频率为 1.5MHz，带宽为 1MHz，选用导波模式 S_0，发射接收方式为自发自收方式。可变角斜探头放置在板端 720mm 处，调整入射角为 32°，激发 S_0 模式的导波。

传感器接收到的导波信号如图 3.8(a)所示，对该信号进行 STFT 变换，采样频率为 50 MHz，FFT 计算点数为 512 点，窗函数取 Hanning 窗，分段重叠点数设为 256，图 3.8(b)为该信号的 STFT 时频谱。

3.3.2 小波变换(WT)

小波变换(WT)通过小波函数引入空间参数和时间参数，同时对空间—时间

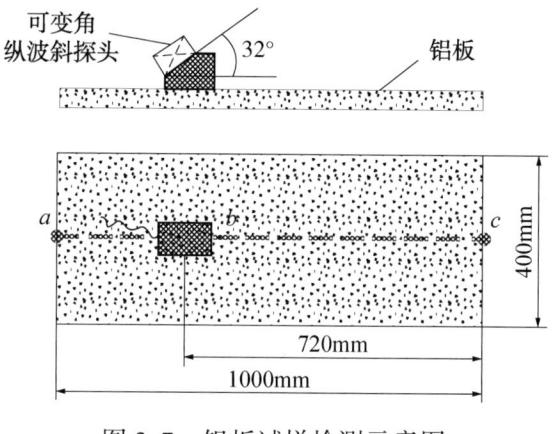

图 3.7 铝板试样检测示意图

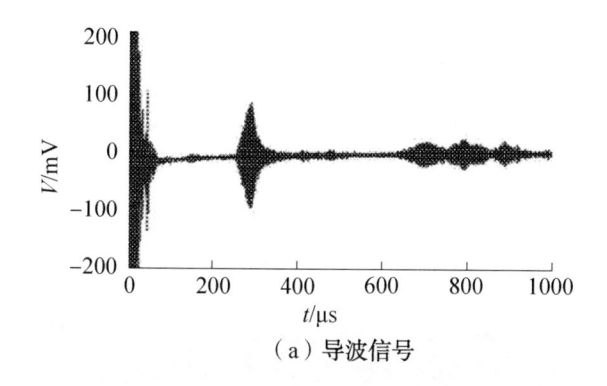

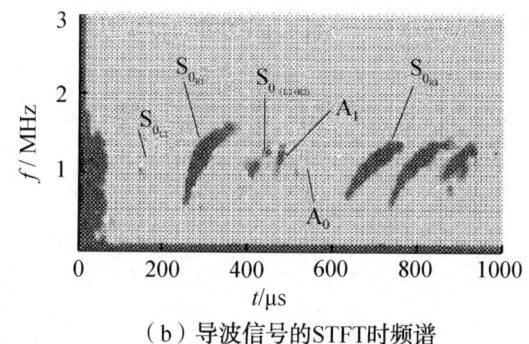

(a) 导波信号

(b) 导波信号的STFT时频谱

下标R—右行波；下标L—左行波

图 3.8 薄铝板中的导波信号及其 STFT 时频谱

域的局部化分析。它通过伸缩平移运算对信号逐步进行多尺度细化，最终达到高频处的时间细分和低频处的频率细分，能自动适应时频分析的要求，从而可聚焦到信号的任意细节。WT 分为连续小波变换（CWT）和离散小波变换（DWT），本章主要介绍连续小波变换的实现方式[15]。

和短时傅里叶变换相比，小波变换具有窗口自适应的特点，即高频信号时间分辨率高(但是频率分辨率差),低频信号频率分辨率高(但是时间分辨率差),而在工程中常常比较关心低频的频率,关心高频出现的时间,所以近些年用途比较广泛。图 3.9 为某一激励导波信号的连续小波变换时频分析图。

(a)时域信号

(b)小波变换时频图

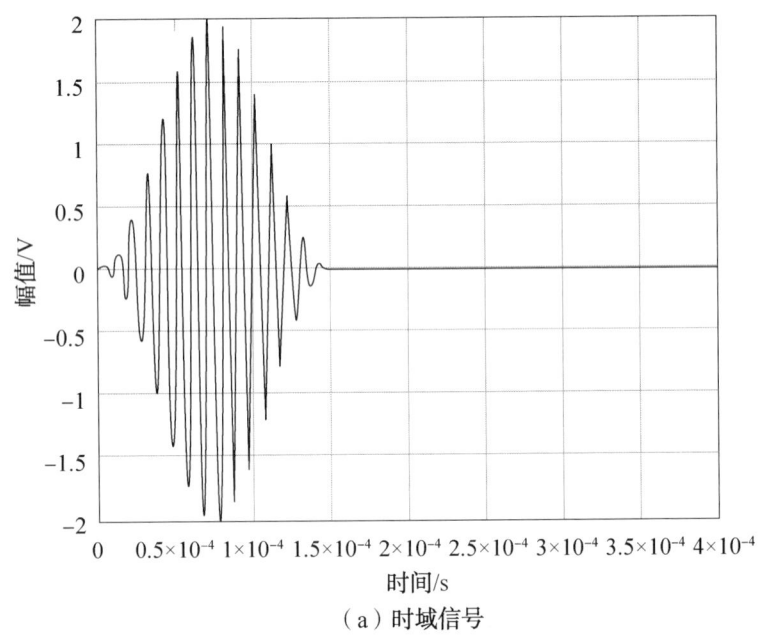

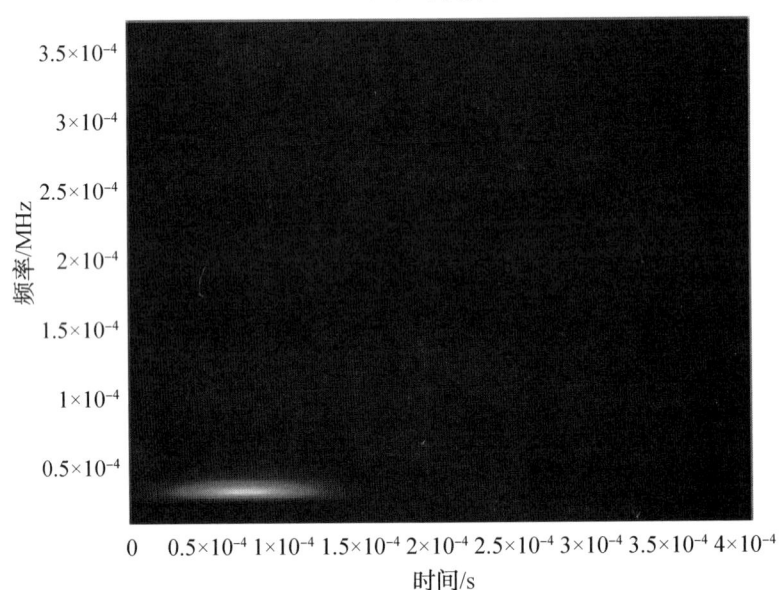

图 3.9 连续小波变换时频分析图

对导波信号进行 CW 得的小波系数对应导波信号在相应频率带内的时间—能量分布。周建等[16]提出一种基于 Shannon 熵的自适应小波包阈值去噪算法,对信号进行小波包分解并计算最大分解尺度小波包系数的 Shannon 熵值,依据该值对阈值函数进行调整,以实现在强噪声背景下对小波包系数进行大尺度的收缩,而在弱噪声背景下实现阈值收缩的平滑过渡。采用该方法对仿真信号与轴承振动实验信号进行去噪分析,并与其他小波包阈值去噪算法相对比,结果表明,该方法去噪效果更好且在滤除噪声的同时有效地保留了信号的原始特征。DWT 在无损健康监测领域多被用于导波信号的降噪,Wang 等[17]通过实验研究收集了散射波信号,采用 DWT 从损伤中提取第一个散射波包,然后推导出一种迭代方法来解决最小二乘问题以定位损伤。然而,由于 WT 的固有特性,所选用的小波基、分解尺度或分解层次直接决定 T 的结果,因此 WT 的结果取决于小波基的选取和采样频率,而不是信号本身,不是一种自适应的信号处理方法。

3.4 入反射波场分离技术

李德强[18]对入反射波场分离技术进行了总结和分析。基于三维傅里叶变换,时域信号转化为频率—波数域上的信号,通过解耦可以得到各个方向上不同频率下的导波特征信号,从而能够把入射波和反射波分离开来。经过三维傅里叶逆变换,可以分别得到时域内的反射信号和入射信号,对于时域内进一步的损伤识别算法提供了帮助。若忽略材料本身以及损伤对于波传播的散射和衍射,可以将波在结构中的传播形式简单地分为入射波和反射波。以波在二维结构中的传播为例,分析损伤对于传播模型的影响。

导波在结构中传播时,遇到损伤前只包含入射波的分量;当波传播至损伤边界时,部分波被损伤反射回来,这样反射波就沿着与入射波相反的方向传播,其他未被反射的波会通过损伤区域而继续向前传播,即残留入射波。对于二维的空间坐标下一个点 (x, y),其各个区域的波可以表示如下:

$$w(x, y, t) = \begin{cases} w_{i1}(x, y, t) + w_r(x, y, t) = A_{i1}e^{j(\omega t - kr)} + A_r e^{j(\omega t + kr + \phi_1)} & \text{(损伤前区域)} \\ w_{i2} = A_{i2}e^{j(\omega t - kr + \phi_2)} & \text{(损伤后区域)} \end{cases}$$

(3.9)

其中,k 是波数,代表单位长度中出现完整波的数目,也可以从相位的角度来看,即相位随着距离的变化率,r 代表了以声发射传感的位置作为原点的矢量,A_i 和 A_r 分别表示入射波和反射波的幅值,ϕ 表示不同情况下导波的相位。损伤中波的情况较为复杂,难以使用简洁的公式表达。式(3.7)可以简单表示波在带有损伤的板件中损伤前后的响应信号情况,下面会在频率—波数域内进行波场的分离。对响应的信号进行三维傅里叶变换(3DFT):

$$W(k_x, k_y, \omega) = \text{FFT}[w(x, y, t)] = \int_{-\infty}^{+\infty}\int_{-\infty}^{+\infty}\int_{-\infty}^{+\infty} w(x, y, t)\, e^{-j(\omega t + k_x x + k_y y)} dxdydt$$
(3.10)

其中，k_x 是 x 方向波数，k_y 是 y 方向的波数。这样空间域上的信号 $w(x, y, t)$ 就被变换到了频率—波数域中，成为 $W(k_x, k_y, \omega)$。通过分析可以发现，根据传感器的位置和激励点之间的位置可以将入射波和反射波的特征进行分离。现将扫描的区域分为左右两边，当波源位于左侧时，入射波向前传播，这样在频率—波数域里，可以用 $k_x\omega<0$ 的信号来代表入射波部分，用 $k_x\omega>0$ 的信号分量来表示了反射波的部分。为将入射波和反射波的波场进行分离，设计了入射波和反射波的过滤窗函数：

$$\Phi_i(k_x, k_y, \omega) = \begin{cases} 0, & k_x\omega > 0 \\ 1, & k_x\omega < 0 \end{cases}$$

$$\Phi_r(k_x, k_y, \omega) = \begin{cases} 0, & k_x\omega < 0 \\ 1, & k_x\omega > 0 \end{cases}$$
(3.11)

其中 Φ_i 代表入射波窗函数，Φ_r 代表反射波窗函数，将两个窗函数和频域的三维矩阵相乘，分别得到频域内的入射函数和反射函数，然后将二者分别做三维的傅里叶逆变换（IFT）即可得到入射波和反射波的时域三维矩阵形式：

$$w_i(x, y, t) = \text{IFFT}[W_i(k_x, k_y, \omega)] = \frac{1}{2\pi}\int_{-\infty}^{+\infty}\int_{-\infty}^{+\infty}\int_{-\infty}^{+\infty} W(k_x, k_y, \omega)\Phi_i\, e^{j(\omega t + k_x x + k_y y)} dk_x dk_y d\omega$$

$$w_r(x, y, t) = \text{IFFT}[W_r(k_x, k_y, \omega)] = \frac{1}{2\pi}\int_{-\infty}^{+\infty}\int_{-\infty}^{+\infty}\int_{-\infty}^{+\infty} W(k_x, k_y, \omega)\Phi_r\, e^{j(\omega t + k_x x + k_y y)} dk_x dk_y d\omega$$
(3.12)

对一块 140mm×60mm×3mm 的带损伤铝板进行了波场分离的验证，其中，在横坐标的 50~100mm 和纵坐标的 20~40mm 之间有一个 1.5mm 深的铣槽，如图 3.10 所示。激光扫描的空间间隔 1mm，采样率 10MHz，采样点数为 1000，采样时间为 100μs。传感器贴于左方轴线距离扫描区域 10mm 地方。时域的波场分离前后如图 3.10 所示。

由图 3.11 可以看出，分离过后的入射波和反射波各自沿着相反的方向进行传播，在损伤区域的边界，产生了较为严重的反射，入射波的幅值也衰减较大，同时在损伤区域存在着入射波和损伤后边界的反射。通过直接观察导波的波场图像，可以非常直观地对损伤位置进行大致的计算，但是损伤的大小和形状难以确定。

第 3 章 超声导波信号处理方法

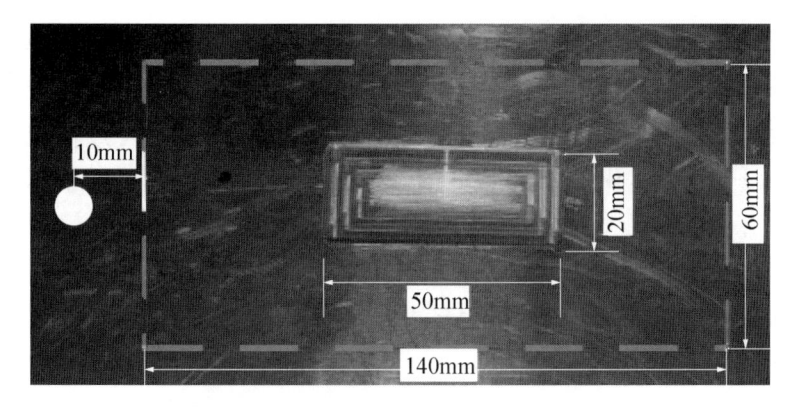

图 3.10 厚度削减损伤铝板实验参数

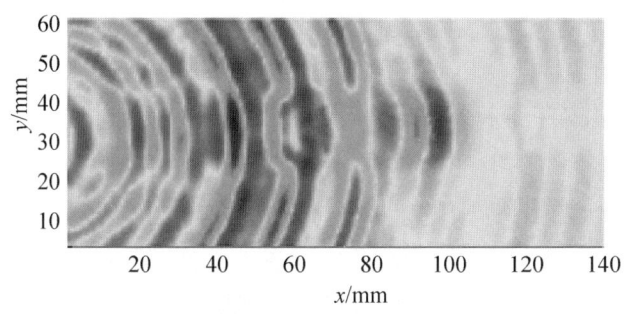

（a）波场分离前在50μs的时域波场图

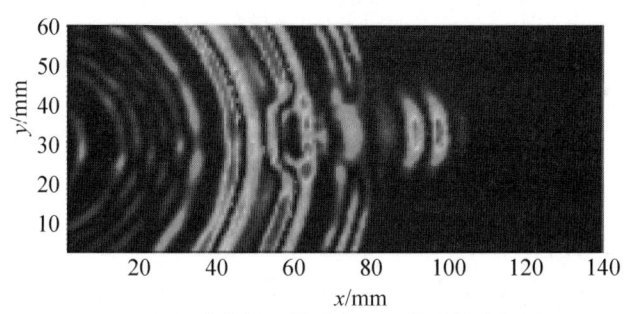

（b）分离的入射波在50μs的时域波场图

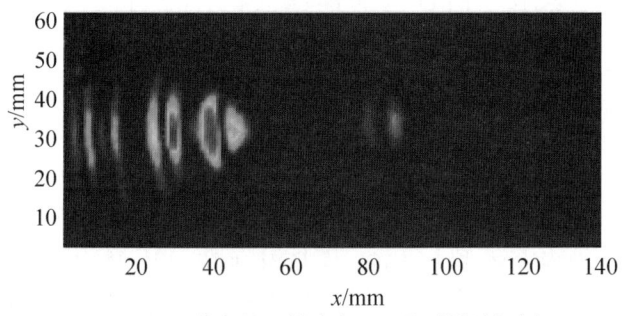

（c）分离的反射波在50μs的时域波场图

图 3.11 波场分离前后对比图

综上所述，入反射分离波场的技术是一种时域信号的前处理技术，它可以将信号按传播的方向分离为入射方向信号和与之相反的反射方向信号。对于区域内存在的各类损伤，这种技术可以将其出现损伤的边缘大致描绘出来，但不能实现损伤区域的可视化。对于损伤位置和大小的识别还有赖于后续的信号处理方法。

3.5 基于能量的损伤识别技术

3.5.1 时域积分能量法

在健康的板结构中，获取波场的三维矩阵后我们可以对其时域内能量的大小进行考察[19]。导波在结构中向前传播时，本身由于材料的特性会发生一定的衰减，尤其是在复合材料中的衰减情况更为明显。对于一种材料，导波的能量图谱可以看作是导波在结构中的能量衰减过程的分布。若材料的结构是连续的，可知能量的分布从入射方向开始呈逐步递减，向四周展开，损伤的出现导致反射波的出现，以至于能量的衰减出现异常，同时在能量图上会有一些突变的情况可以被观察到。考察能量场的方式，简单来说就是对每个扫描点(x, y)的数据，按照时间的长度进行二次方积分：

$$E(x, y) = \int_0^\tau w^2(x, y, t)\,\mathrm{d}t \tag{3.13}$$

其中，τ是对应的信号采样的时间。这种能量评估方法较为直观、方便，在现场得到时域三维矩阵的数据后，通过简单的运算即可大致获取波场中能量异常的区域，它在结构健康监测以及无损检测等领域有着十分广泛的应用。这种方法将采集到的三维矩阵数据通过时间域积分转变为二维的强度图，为后续的能量成像方法提供了参考。但是导波传播至损伤区域时，会发生反射、衍射和透射等复杂的现象，各种形式的波会相互混叠，同时会在损伤的边界发生一定的反射，这就是该方法的局限。下面对3.3中铝板实验的波场数据进行时域积分的计算。

从图3.12中可以看出，导波在中心的损伤区域内存在大量的异常能量，可以非常直观地获取损伤的大致位置，上下边界和后边界也较为清晰，但是在$x < 50\mathrm{mm}$的左边界，仍然有大量的异常能量，这是导波遇到左边界导致的反射波的能量。因此，此方法仍存在一定的局限性，无法准确地把损伤的大小和形状表现出来，有待后续算法的优化。但其提供的从能量角度观察时域信号的方法

实现了损伤识别的二维成像。

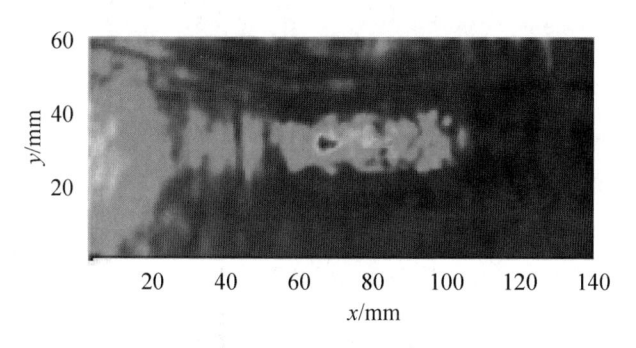

图 3.12 时域能量图

使用上述 3.4 中提到的入反射波场分离技术，将一个时域的三维矩阵进行频域的分解再进行傅里叶反变换，得到时域内的两个三维矩阵，分别对应入射波和反射波。这样就可以分别使用上面的能量方法对入射波和反射波求解时域的能量图，求解公式如下：

$$E_t(x, y) = \int_0^\tau w_t^2(x, y, t) \mathrm{d}t, \quad E_r(x, y) = \int_0^\tau w_r^2(x, y, t) \mathrm{d}t \quad (3.14)$$

根据波场分离中的铝板三维数据，作出对于波场分离后的入射波和反射波能量图，如图 3.13 所示。

同入反射分离的波场图形相似，入射能量图和反射能量图在损伤的边界周围波的反射现象较为明显。对于损伤的不同边界波的反射和透射情况不同，靠近损伤的左边界，反射现象和透射现象都比较明显，其中波的反射导致左侧健康区域内的能量激增，波的透射使波在损伤区域的能量变高；在损伤的右边界反射现象更加突出，其反射的能量使得能量图中损伤区域凸显出来[19]。

由上述的能量图可知，对于材料中传播的导波，如果入射端距离损伤的位置较远，它传播到损伤周围时，能量衰减严重，信号的幅值较小，即使是导波在损伤周围有能量的异常，也有可能被入射端的能量所覆盖。因此，对于高衰减率的材料尤其是复合材料，直接使用能量的成像方法有时并不理想。在波场分离的基础上，可以采取一种新的方法。

当波场被分离出来后，针对入射波，我们考虑两个相邻的信号分别是 $u_i(x, y, t)$ 和 $u_i(x+\Delta x, y, t)$。这两个信号中，$u_i(x+\Delta x, y, t)$ 是 $u_i(x, y, t)$ 在沿着 x 方向传播了 Δx 的空间距离后的信号，Δx 足够小，这两个信号可以看作是空间相邻的两个点采集到的。从 $u_i(x, y, t)$ 到 $u_i(x+\Delta x, y, t)$，信号的变化体现在空间上的平移以及幅值上的衰减。

(a) 入射能量图

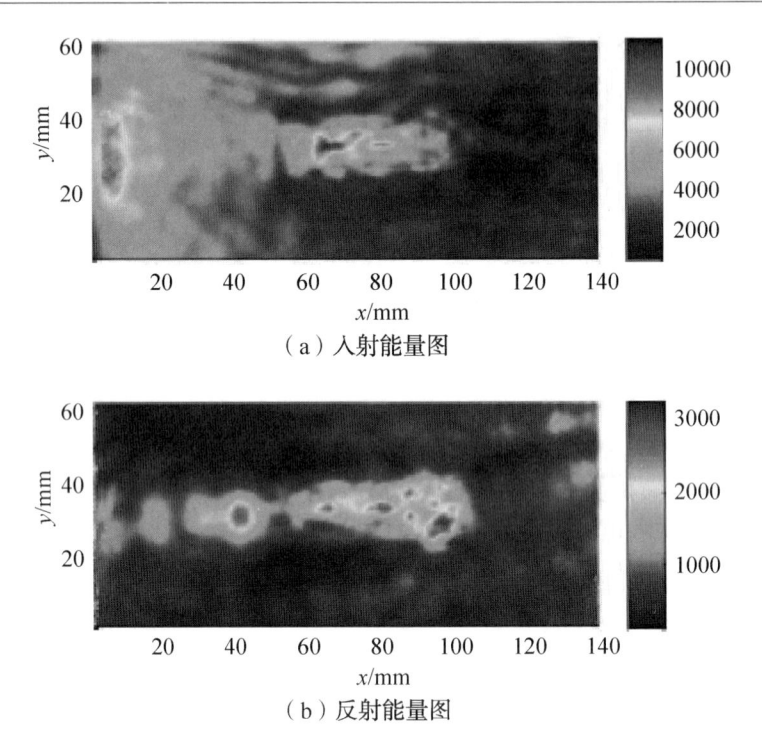

(b) 反射能量图

图 3.13 时域积分的入反射能量图

如图 3.14 所示，取上述铝板信号中 $x=30\text{mm}$，$y=30\text{mm}$ 处的信号 $u_i(x, y, t)$，图中以实线表示，取 $x=31\text{mm}$，$y=30\text{mm}$ 处的信号 $u_i(x+\Delta x, y, t)$，在图中以虚线表示，对比可知，两者的波形较为接近，且幅值也很相似。

我们假定入射波的信号从 (x, y) 到 $(x+\Delta x, y)$，经历了时间 Δx，那么对于信号 $w_i(x, y, t)$ 和 $w_i(x+\Delta x, y, t+\Delta t)$ 来说，只有幅值发生了变化。这样入射波相邻信号做差以后，可以得到差信号公式：

$$\Delta w_i(x, y, t) = w_i(x, y, t) - w_i(x+\Delta x, y, t+\Delta t) \quad (3.15)$$

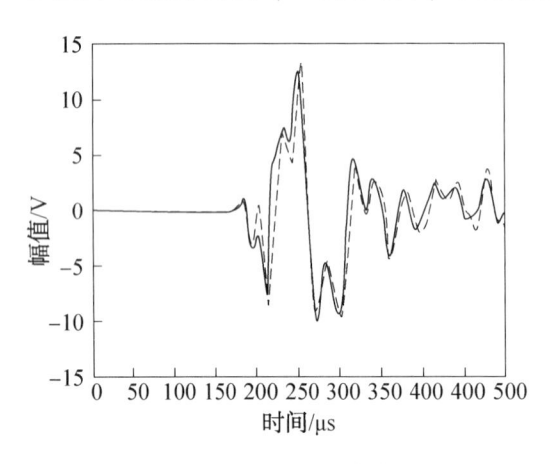

图 3.14 入射波相邻信号

从式（3.15）可知，$\Delta w_i(x, y, t)$ 代表了相邻信号之间时移的幅值差，其符号可正可负，这样引进相邻信号能量差，其表达式为：

$$E_{w_i}(x, y) = \int_0^{T+\Delta t} \Delta w_i^2(x, y, t)\,dt \quad (3.16)$$

由上述公式可知，在健康的无损伤区域中，入射波的能量差异较小且无相位的突变，传播的能量分布得以互相抵消；而对于损伤的边界周围，信号会产生幅值和相位的突变，导致 $\Delta w_i^2(x, y, t)$ 值的突变，在能量中的反应就是 $E_{w_i}(x, y)$ 的增大。因此，这种方法对于结构的中不连续的区域会较为敏感，对损伤的边界周围成像较为清晰。使用上述方法对铝板的入射波数据进行时域平移后，相邻的信号相减，得到相邻信号能量差值图如图 3.15 所示。

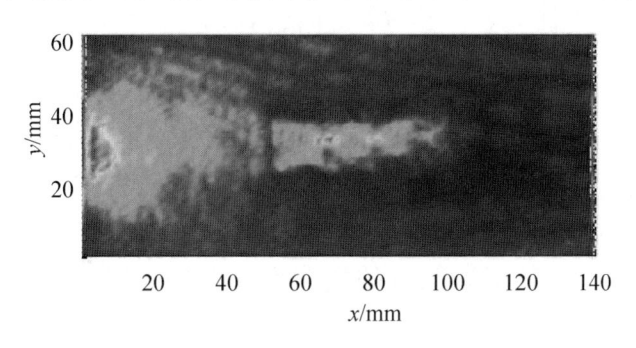

图 3.15 入射波的相邻相减成像图

由图 3.15 可知，通过入射波的异常能量进行成像，不仅可以获取损伤的位置，甚至对于边缘的刻画也非常清晰，成像的效果十分显著。对比入射能量图，可以看出，其对于损伤区域前的入射能量已经削减了很大一部分，数值上降低了 1/3，但入射方向的能量仍然没有被完全抵消。这是由于实际的信号是由中心传出的圆面，而非完全沿横坐标方向平行的波，因此，在非轴线的区域中，直接的相邻信号相减不能完全将入射波信号抵消。由以上分析可知，时域的能量方法是较为简便的损伤可视化方法。它通过时域的积分或者分离入反射波场之后的积分即可对损伤的大致位置实现定位。当在入射方向的能量较大时，可以采取入射波相邻相减方法之后再进行时域积分成像，可以有效降低入射波能量的数量级，比直接获得的能量图更清晰，损伤区域的形状也较明显。

3.5.2 导波干涉能量法

导波在结构中传播至损伤区域和边界区域时，频率相近而传播方向不同的入射波和反射波同时存在[20]。其中，反射波的相互叠加使得损伤的识别变得十分困难，把入射波和反射波的波场进行分离是十分有效的一种前处理方法。另外，如果能将入射波、反射波在损伤区域干涉现象的能量提取出来，并做出相应的图像，损伤区域的能量将会得到进一步增强，这样也可实现损伤区域的识别。

从导波能量的表达式出发，导波的瞬时功率表达式如下：

$$w^2(x, y, t) = [w_\mathrm{i}(x, y, t) + w_\mathrm{r}(x, y, t)]^2 =$$
$$w_\mathrm{i}^2(x, y, t) + w_\mathrm{r}^2(x, y, t) + 2w_\mathrm{i}(x, y, t)w_\mathrm{r}(x, y, t) \quad (3.17)$$

在式(3.17)的最右边，表达式的前两项可以分别表示入射波功率和反射波功率，最后一项是由于入射波和反射波互相耦合而引起的瞬时功率分量，也就是干涉的分量。因此，可以得到干涉能量的表达式：

$$E_\mathrm{sw}(x, y) = \int_0^T [w^2(x, y, t) - w_\mathrm{i}^2(x, y, t) - w_\mathrm{r}^2(x, y, t)]\mathrm{d}t \quad (3.18)$$

其中，$E_\mathrm{sw}(x, y)$代表入射波和反射波的干涉叠加形成的能量，与总能量 $E(x, y)$ 不同，它可以在损伤的边界和损伤周围得到较大的值，所以可以采用导波干涉能量成像法对损伤区域进行识别。然而其在损伤边界的干涉会导致损伤的边界情况信息缺失，损伤的具体形状得不到很好得描述。同样对上节中用到的铝板三维数据，进行干涉能量的提取操作，做出其干涉能量图，如图3.16所示。

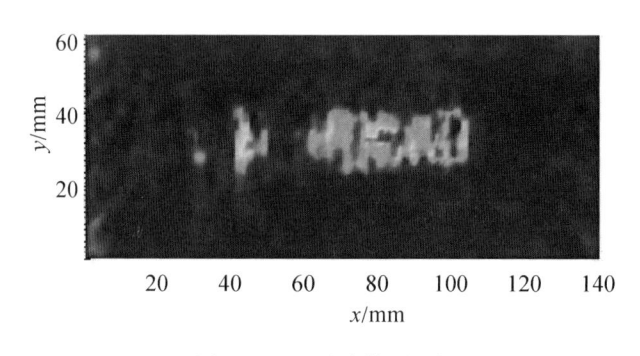

图 3.16 干涉能量图

综上可知，导波干涉能量图与入反射能量图和总能量图相比，直接削弱了入射方向的能量，将损伤区域中的异常能量在图中显示出来。与入射波相邻相减方法相比，它对于损伤区域的上下边界和右边界识别较为清晰，但是在损伤入射边界前的位置，由于反射波能量较大，入反射波的干涉能量也比较明显，较小的损伤边界会带来更好的损伤识别效果。这种方法适用于损伤范围较小的槽类、断裂、冲击等的识别。

3.6 成像定位技术

3.6.1 层析成像算法

导波检测通常会选用基于损伤指数的层析损伤成像算法(RAPID)对结构损

伤进行识别和定位，该方法基于相关性分析，即通过比较损伤信号和基准信号之间的差异性，并利用信号差异程度来识别损伤[18]。

RAPID 算法由两部分组成，第一部分是对损伤指数定义，第二部分是多条路径的图像融合。损伤指数是根据超声导波在传播过程中的波包变化定义的，当波包遭遇结构缺陷时，会导致波形畸变，并且缺陷距离传感器直达路径越近，波形畸变越严重。根据这一传播特性，定义损伤指数 DI 为各传播路径附近存在损伤的概率，采用相关系数 ρ_{ab} 表征无损伤信号和损伤信号的差异。基于相关性的损伤指数 DI 定义如下：

$$DI = 1 - \rho_{ab} = 1 - \left| \frac{\int_{t_1}^{t_2} [a(t) - \mu_a][b(t) - \mu_b] dt}{\sqrt{\int_{t_1}^{t_2} [a(t) - \mu_a]^2 dt \times \int_{t_1}^{t_2} [b(t) - \mu_b]^2 dt}} \right| \quad (3.19)$$

其中，$a(t)$ 为无损伤或基准信号；μ_a 为 $a(t)$ 的均值；$b(t)$ 为损伤后的信号；μ_b 为信号 $b(t)$ 的均值；t_1 为截取波包的起始时刻；t_2 为截取波包终止时刻。

在受检测区域内，相关系数 ρ_{ab} 越小，则损伤指数 DI 越大，表示结构损伤位置距离该传播路径越近。反之，则表明该传播路径离损伤位置越远。在得到损伤指数后，需要将损伤指数直观地呈现在结构上，因此引入权重 R，将 DI 值分布到检测区域内每一点上，权重 R 定义如下：

$$R(x, y) = \frac{1}{2} \begin{cases} \frac{\beta - d}{\beta - 1}, & 1 \leq d \leq \beta \\ 0, & d \geq \beta \end{cases} \quad (3.20)$$

$$d = \frac{\sqrt{(x_a - x)^2 + (y_a - y)^2} + \sqrt{(x_s - x)^2 + (y_s - y)^2}}{\sqrt{(x_a - x_s)^2 + (y_a - y_s)^2}} \quad (3.21)$$

式(3.20)中，d 的定义为检测区域内任一点 (x, y) 到激励点 (x_a, y_a) 和接收点 (x_s, y_s) 的距离之和比上激励点到接收点的直线距离，由式(3.21)求得；β 为控制损伤影响区域的参数，β 值越大，损伤指数辐射范围越大，当 $d \geq \beta$ 时，表示点 (x, y) 超过了损伤指数的辐射范围，权重取为 0。单条传播路径的损伤概率值围绕该路径呈椭圆形由里向外递减至零，椭圆的焦点为相应的激励、接收传感器，图 3.17 表示一条传感路径的分布损伤概率图像，像素最大值位于椭圆焦点连线上，椭圆边缘外部像素为 0，颜色的深浅表示损伤概率的大小。层析损伤成像需要布置传感器网络才能达到对检测区域内的损伤识别，因此需要对多条传播路径的损伤成像结果进行融合，融合方式如下：

$$I(x,y) = \sum_{k=1}^{N} \mathrm{DI}_k R_k(x,y) \tag{3.22}$$

其中，N 为检测区域内所有传播路径的数量；DI_k 为第 k 条传播路径损伤指数。

检测区域内任一点 (x,y) 的 I 值越大，表示在目前路径数量下该点存在损伤缺陷的概率越大。

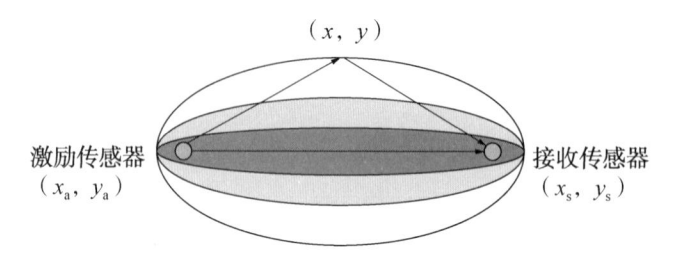

图 3.17　椭圆区域的损伤概率分布图

因此，常规的 RAPID 算法适用于形状规则的薄板结构。

3.6.2　离散椭圆算法

离散椭圆算法在传统椭圆算法的基础上进行了改进，将检测区域或者重点关注区域离散为矩形网格，然后计算每个网格点对应的波包传播时间，找到该时间点处差信号波包包络幅值，然后将该幅值赋予对应网格点，最后对多路径的包络幅值进行融合，得到离散区域内的损伤指数。离散椭圆算法进行损伤识别的基本原理为：当导波在薄板结构中传播，遇到边界或者结构缺陷发生波形畸变的同时，可以将缺陷看作二次波源，在二次波源处发生波的散射，而散射的波包会在结构中继续传播，从而被接收传感器捕捉，因此在超声损伤检测时首先采用基准差法[21]，如式(3.23)所示，用带有损伤信息的波包 $S_D(t)$ 减去基准信号 $S_H(t)$，得到差信号波包 $S_R(t)$。理想情况下 $S_R(t)$ 只包含缺陷散射信号和边界反射信号，但在实际检测过程中得到的波包会包含噪声、串扰以及由于温差导致的干扰信号，因此需要对差信号波包进行时频域信号处理，本研究中采用连续小波变换(CWT)对 $S_R(t)$ 进行处理，得到 $x_R(t)$，然后利用权函数 $w(t_i)$ 只保留散射信号波包，去除边界和串扰信号，得到离散椭圆算法所需的包络幅值，其中各项定义如下[22]：

$$\begin{aligned}S_R(t) &= S_D(t) - S_H(t) \\ S_R(t) &\xrightarrow{\mathrm{CWT}} x_R(t)\end{aligned} \tag{3.23}$$

$$w(t_i) = \begin{cases} 0, & t_a < t_i \text{ 或} t_i > t_b \\ 1, & t_a \leq t_i \leq t_b \end{cases} \tag{3.24}$$

其中，t_a 为串扰结束时间，t_b 为边界反射信号的起始时间。

离散椭圆算法的具体流程如图 3.18 所示。

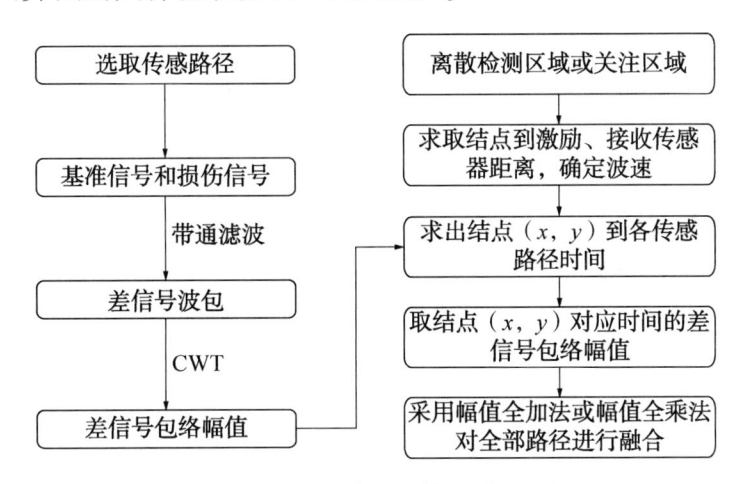

图 3.18 离散椭圆算法流程图

离散区域任一结点 (x, y) 在第 k 条传播路径下散射信号所对应的飞行时间表达式如下：

$$t_k(x, y) = \frac{\sqrt{(x_k^a - x)^2 + (y_k^a - y)^2} + \sqrt{(x_k^x - x)^2 + (y_k^x - y)^2}}{c_x} \tag{3.25}$$

式中，(x_k^a, y_k^a) 为第 k 条路径激励传感器坐标，(x_k^x, y_k^x) 为对应接收传感器坐标，c_x 为导波群速度。根据算法原理可知，若结点 (x, y) 处存在损伤缺陷，则对应该结点的差信号包络幅值 $t_k(x, y)$ 会偏大。同时，为了尽可能提高损伤定位的精确度和可靠性，通常在检测区域对布置传感器网络，选取多条路径进行损伤指数融合，常用的融合方法分为幅值全加法和幅值全乘法[23,24]，表达式如下：

$$I(x, y) = \begin{cases} \sum_{k=1}^{N} x_k[t_k(x, y)] \\ \prod_{k=1}^{N} x_k[t_k(x, y)] \end{cases} \tag{3.26}$$

参考文献

[1] 罗春苟，他得安，王威琪. 基于希尔伯特—黄变换测量超声导波的群速度及

材料厚度[J]．声学技术，2008(5)：674-679．

[2] 刘国强，孙侠生，肖迎春，等．基于 Lamb 波和 Hilbert 变换的复合材料 T 型加筋损伤监测[J]．复合材料学报，2014，31(3)：818-823．

[3] 陆希，孟光，李富才．基于 Lamb 波的薄壁槽状结构损伤检测研究[J]．振动与冲击，2012，31(12)：63-67．

[4] Zhang Y, Shen W, Huang S, et al. Mode recognition of Lamb wave detecting signals in metal plate using the hilbert-huang transform method[J]. Journal of Sensor Technology, 2015, 5(1): 7-14.

[5] Senyurek V Y. Detection of cuts and impact damage at the aircraft wing slat by using Lamb wave method[J]. Measurement, 2015, 67: 10-23.

[6] 李培江．基于 Lamb 超声导波的结构缺陷成像研究[D]．上海：上海大学，2017．

[7] 白生宝，肖迎春，武湛君，等．基于 Lamb 波和典型相关分析的复合材料结构损伤监测[J]．压电与声光，2018，40(1)：149-154．

[8] 张必余，胡中慧，傅中，等．基于 MATLAB 的数字信号滤波器设计与应用[J]．安徽电力，2010(2)：45-46，53．

[9] Cawley P. The accuracy of frequency response function measurements using FFT-based analyzers with transient excitation[J]. Journal of Vibration & Acoustics, 1986, 108(1): 44-49.

[10] 吴霞．CFRP 层板损伤空气耦合 Lamb 波成像检测研究[D]．南昌：南昌航空大学，2019．

[11] 项延训，刘镇清．Lamb 波检测板状材料缺陷的研究[C]．中国声学学会 2001 年青年学术会议[CYCA'01]论文集，2001．

[12] 霍宇森，吴迪，赵振宁，等．薄板中超声导波传播模态的有限元分析[J]．无损探伤，2015，39(4)：1-4．

[13] 张宇，黄松岭，赵伟，等．基于 STFT 的金属板缺陷 Lamb 波检测信号模式识别[J]．电测与仪表，2015，52(4)：19-23．

[14] 周正干，冯占英，高翌飞，等．时频分析在超声导波信号分析中的应用[J]．北京航空航天大学学报，2008，34(7)：833-837．

[15] 屈汉章．连续小波变换及其应用[D]．西安：西安电子科技大学，2001．

[16] 周建，向北平，倪磊，等．基于 Shannon 熵的自适应小波包阈值函数去噪算法研究[J]．振动与冲击，2018(16)：206-211．

[17] Wang L, Yuan F G. Active damage localization technique based on energy prop-

agation of Lamb waves[J]. Smart Structures and Systems,2007,3(2):201-217.

[18] 李德强. 基于超声导波的复杂板结构损伤识别研究[D]. 大连:大连理工大学,2021.

[19] 吴郁程,裘进浩,张超,等. 一种损伤反射波波场可视化的改进方法[J]. 中国激光,2014,41(3):149-156.

[20] 彭海阔. 基于谱元法的导波传播机理及结构损伤识别研究[D]. 上海:上海交通大学,2010.

[21] Croxford A J, Wilcox P D, Drinkwater B W, et al. Strategies for guided-wave structural health monitoring[J]. Proceedings of the Royal Society. Mathematical, Physical and Engineering Sciences, 2007, 463(2087):2961-2981.

[22] Qiu L, Yuan S, Zhang X, et al. A time reversal focusing based impact imaging method and its evaluation on complex composite structures[J]. Smart Materials & Structures, 2011, 20(10):105014-1-105014-11.

[23] 余锋祥. 基于超声导波技术的复合材料板无损检测研究[D]. 北京:北京工业大学,2012.

[24] 王强,胥静,王梦欣,等. 结构裂纹损伤的Lamb波层析成像监测与评估研究[J]. 机械工程学报,2016,52(6):30-36.

第4章 超声导波长距离激励方法研究

由于石油储罐自身结构的特殊性，可在底板边缘侧面、底板边缘上部和壁板三个不同空间位置激发导波进行储罐底板的结构健康监测，分析不同激励方式下接收波形模态以及能量特性是非常重要的，同时，由于导波本身的衰减特性及石油储罐中焊缝的存在，如何最大限度提高传播到底板内部导波的能量，是需要重点研究的内容。

对于大型石油储罐，我国常见的标准系列从 $100m^3$ 到 $12×10^4m^3$ 不等，底板直径可达 6m、10m，甚至 60m 以上，按照实际储罐建立了实验室仿真模型，对导波激励效果进行了研究，如图 4.1 所示。

（a）整体

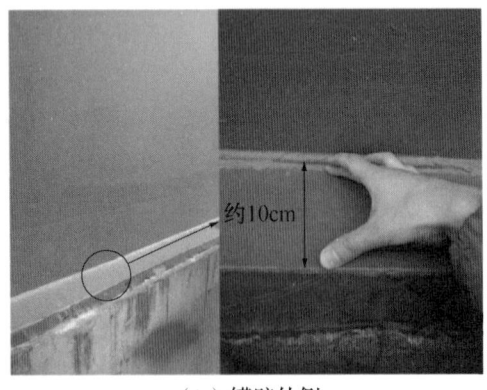

（b）罐壁外侧 　　　　　　（c）罐壁内侧

图 4.1　待检测石油储罐实体图

考虑到其罐壁略微弯曲，曲率（壁的半径和厚度之比）极大，且大曲率管道中轴对称模式的频散曲线接近平板的频散曲线，所以，壁板结构基本可参照平板结构进行处理分析。为实现非侵入式测量，最重要的是研究储罐外周底板附近即壁板与底板由焊接形成的 L 形结构附近导波的激励、接收波形特征。出于结构特征分析以及研究方便，可将石油储罐这一重点研究的局部简化为 L 形焊接板材结构进行分析。进行研究的结构尺寸如图 4.2 所示，底板尺寸为长 650mm、宽 600mm（含底板边缘 50mm），壁板尺寸为长 600mm、宽 600mm，两板厚度均为 5mm。

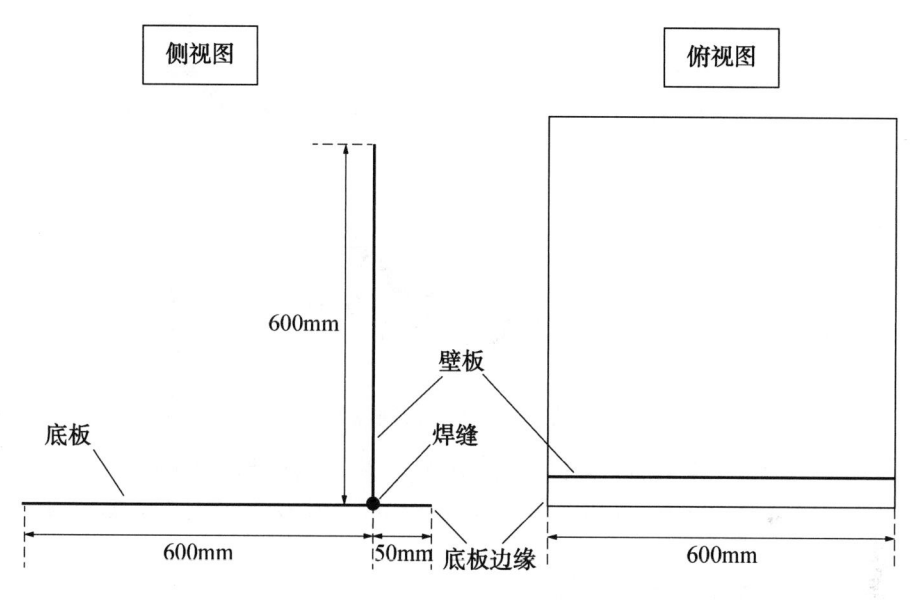

图 4.2 模拟 L 形焊接板材结构示意图

4.1 储罐底板导波单点激励方式

4.1.1 激励位置选择

考虑到底板设计的大面积和结构复杂性特点，导波应尽可能多地传输能量。目前，普通模态传感器安装在底板的边缘部位（图 4.2），以将导波传递到底板上，并使用断层摄影技术绘制底板的结构健康状况。本书中研究的主要激励方式如图 4.3 所示：分别在底板边缘侧面（激励方式 1）、底板边缘上部（激励方式 2）和壁板（激励方式 3）作激励。为避免边界回波，激励点均设置在焊缝所在线段的中垂线上；激励方式 1 中激励点位置无法改变，而激励方式 2 和 3 中激励点与焊缝的距离（以下由 Δl 表示）可以改变。

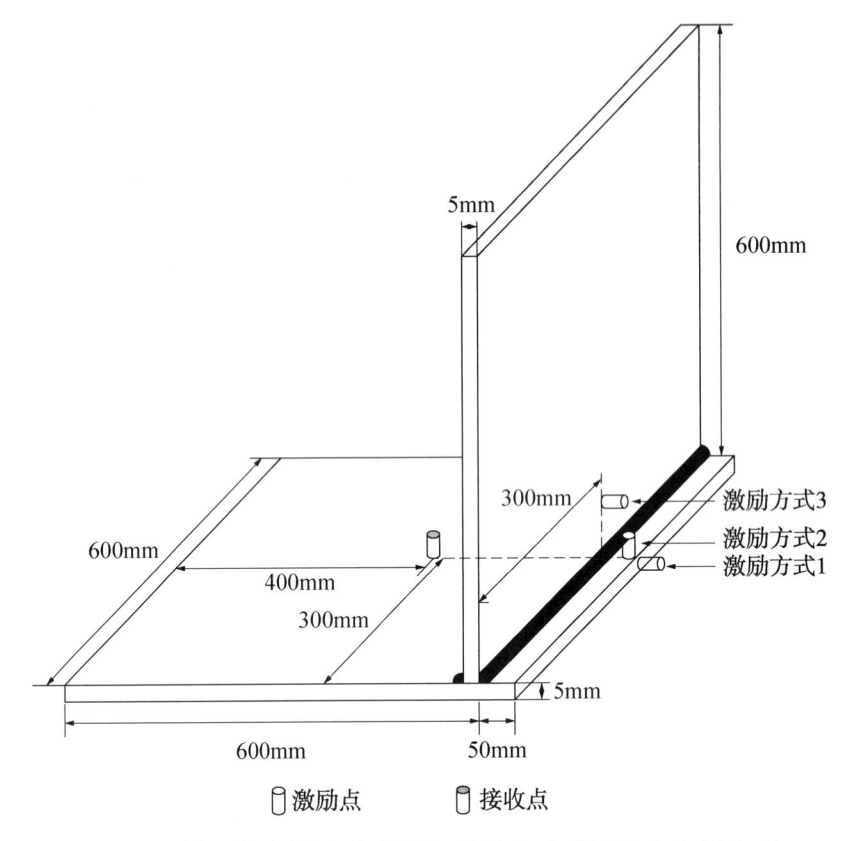

图 4.3 模型的布局以及所研究激励方式的激励点和接收点

激励方式1：从底板边缘侧面激发；激励方式2：从底板边缘上部激发；激励方式3：从壁板激发

4.1.2 单点导波激励有限元建模

为探究导波在石油储罐中传播的相关问题，使用 ABAQUS/EXPLICIT6.13 版本[1]建立了用于有限元分析的一个三维实体、带有自由边界条件的 L 形焊接结构模型，使用的材料的弹性性质如下：密度 ρ = 8000kg/m³，杨氏模量 E = 193GPa，泊松比 ν = 0.31。图 4.3 显示了 L 形焊接板材结构的示意图。

有限元(FE)模型的布局和分析中研究的主要激励方式如图 4.3 所示，为保证实验结果的一致性，均在底板接收波形，且接收点也设置在焊缝所在线段的中垂线上，固定在距离焊缝 200mm 处。为保证准确地模拟相应波长的 Lamb 波在传播过程中的空间迭代，一般情况下，必须保证 Lamb 波的波长跨度内至少含有 7 个有限元仿真的空间步长(Δx)。因此，除焊缝结构外，选用矩形单元划分单元网格，各个单元的尺寸设为 1mm×1mm×1mm，而在弧面模拟的焊缝结构处，设置弯曲的网格单元长、宽、高尺寸均小于 1mm，以保证上述迭代条件。设定时间步长 Δt 为 0.0244μs 以满足时间收敛准则[2]：

$$\Delta t \leqslant \frac{0.8\Delta x}{c} \qquad (4.1)$$

其中，c 为 Lamb 波的最大传播速度。

使用 ABAQUS 网格单元类型 C3D8R(具有降低的积分的线性八节点砖单元)来实现有效的计算时间。在图 4.3 中接收点的位置，将钢板厚度方向上、下两层单元节点设置为感应节点，输出垂直于板厚方向上的位移。在激励点的位置，选择一个大小为 2mm×2mm 的矩形区域，每边均匀分布 3 个单位节点，一个以 250kHz 为中心频率，Hanning 窗调幅的 5 周期正弦调幅脉冲用作激励信号。仿真中选用 250kHz 作为激励频率，主要是因为选用此频厚积时，所激励的 S_0 模态和 A_0 模态的幅值都比较大[3]，便于对比，并为下步实验做出参考。本书中，主要考虑正常模式载荷，以在激励点垂直于板面方向产生基本的 Lamb 模式[4]。

4.1.3 单点导波激励仿真结果与分析

(1) 激励方式 1——在底板边缘侧面单点 A/S 模态激励。

对于这一 L 形焊接板材结构，图 4.4 示出了以图 4.3 中激励方式 1 激励，在不同时间增量下，在底板和壁板中波传播位移输出的数值结果，可用于解释图 4.5 中示出的时域数据。可以看出，由于焊缝的存在，出现多次 Lamb 波的反射和透射，这使得分析变得复杂。结合图 4.4 和图 4.5，可得到如下结论：

① 波形能量：采用幅度峰值代表各接收信号能量值，将所有激励方式下的波形能量总结在表 4.1 中。可以发现，在激励方式 1 下，接收波形能量并不高，且总是小于另外两种激励方式下的最大接收波形能量。

② 波包形态：当激励开始作用 13μs 后，Lamb 波传播到焊缝位置并产生反射，与原始激励出的 Lamb 波叠加作用，并继续向前传播；而 125μs 时，板中已经充斥着边界、焊缝反射等产生的各种波形，尤其在靠近板边和焊缝的地方，各种波包重叠显得混乱。

③ Lamb 波模态：在 23~38μs 之间，Lamb 波信号的波包非常明显，可以看出，后续的 Lamb 波向前传播的形态与最前方波包并不一致，这是原始激励 Lamb 波的 A_0 模态与后续反射产生的 Lamb 波相互作用的结果；在 60μs 时，原始激励的 S_0 模态 Lamb 波已经到达接收点，也将到达钢板边界，后续开始产生回波。此外，根据接收点时域图 4.4 中的波包分析，可以得出 S_0 模态的传播群速度为 5181m/s，A_0 模态的群速度为 2832m/s。该图由仿真软件 ABAQUS 导出，右上角为状态显示，左上角 U 表示位移，单位为 mm。

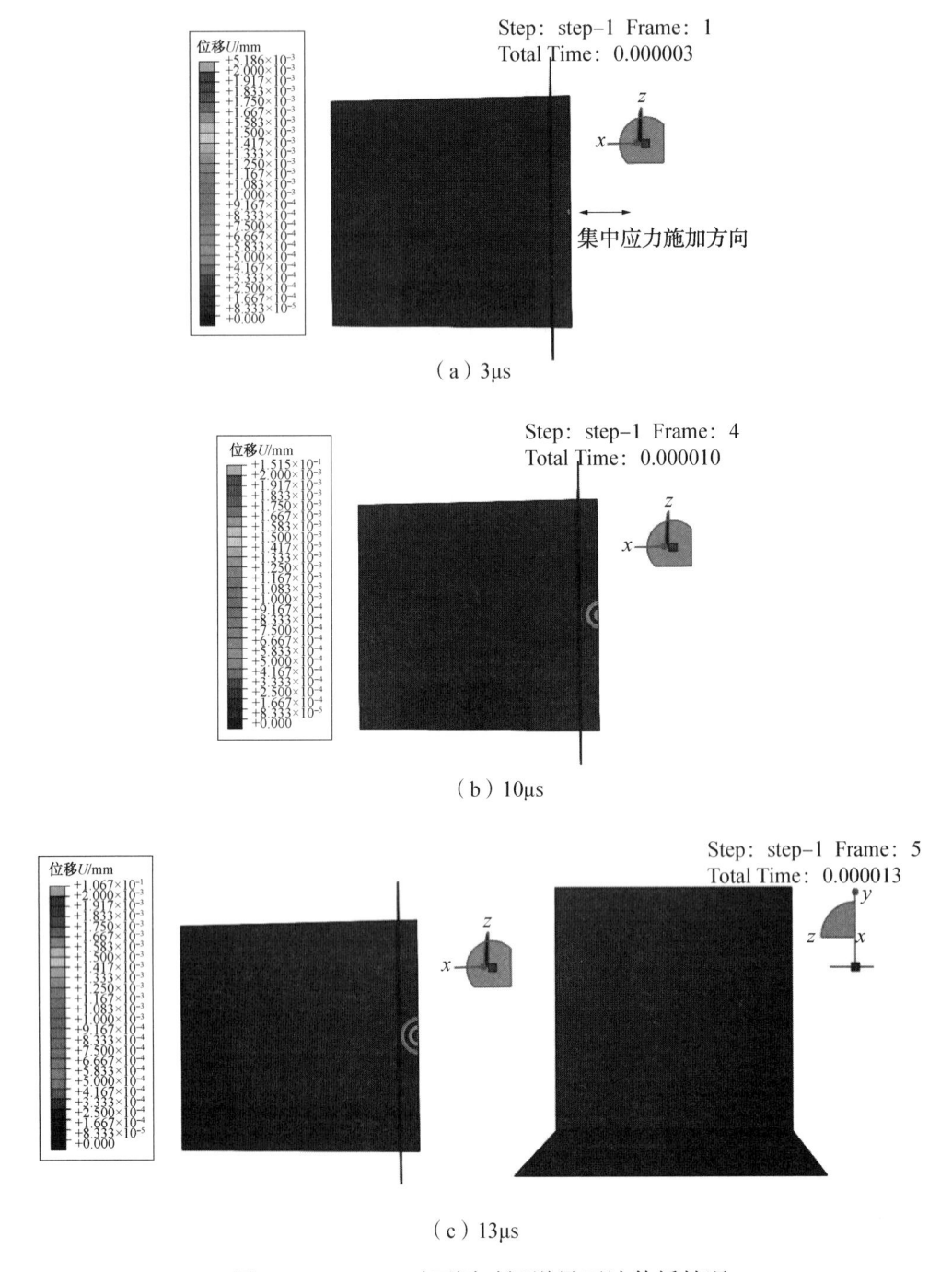

图 4.4 250kHz 时不同时间增量下波传播情况

(d) 23μs

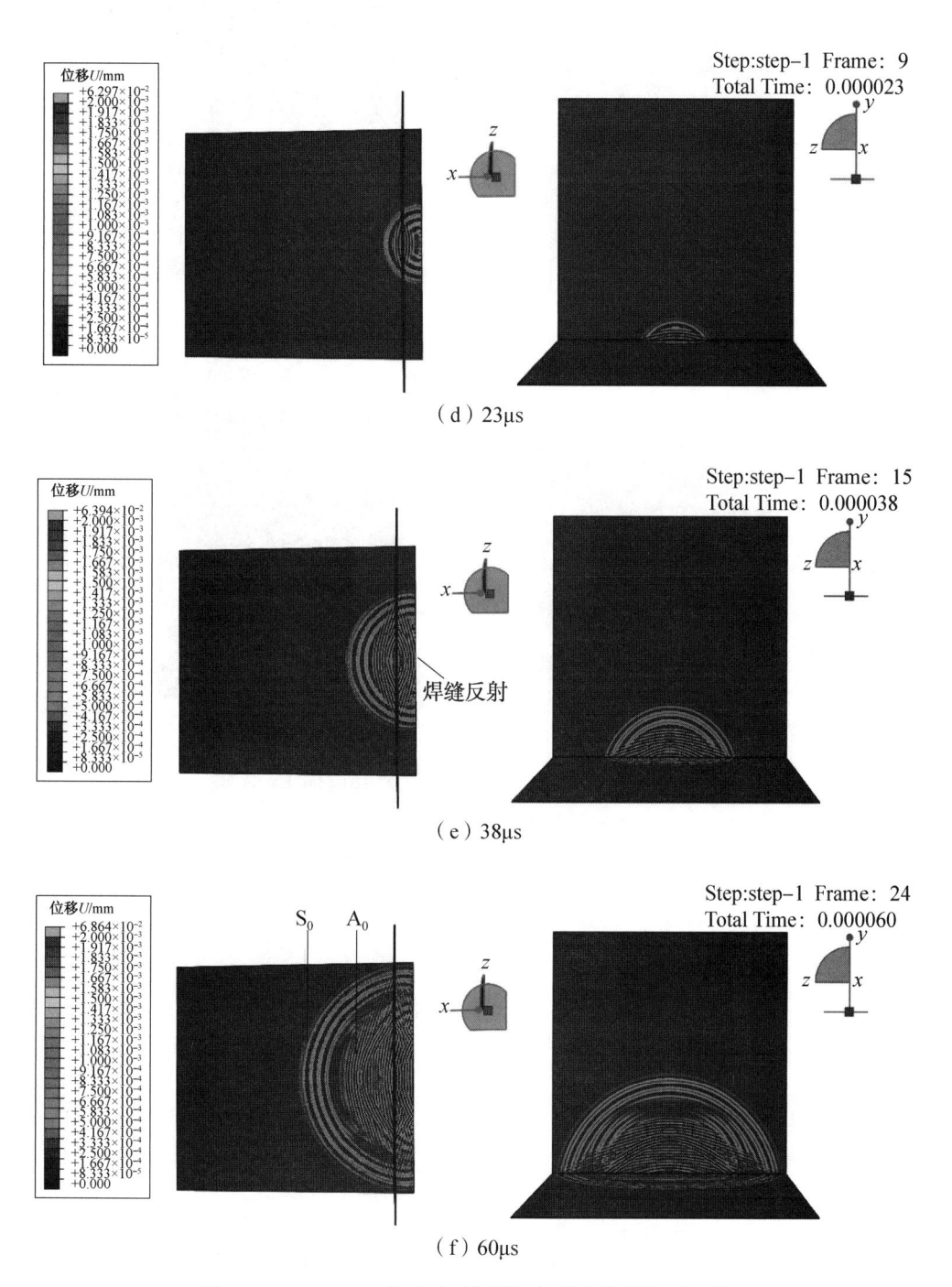

焊缝反射

(e) 38μs

S₀ A₀

(f) 60μs

图 4.4 250kHz 时不同时间增量下波传播情况(续)

(g) 90μs

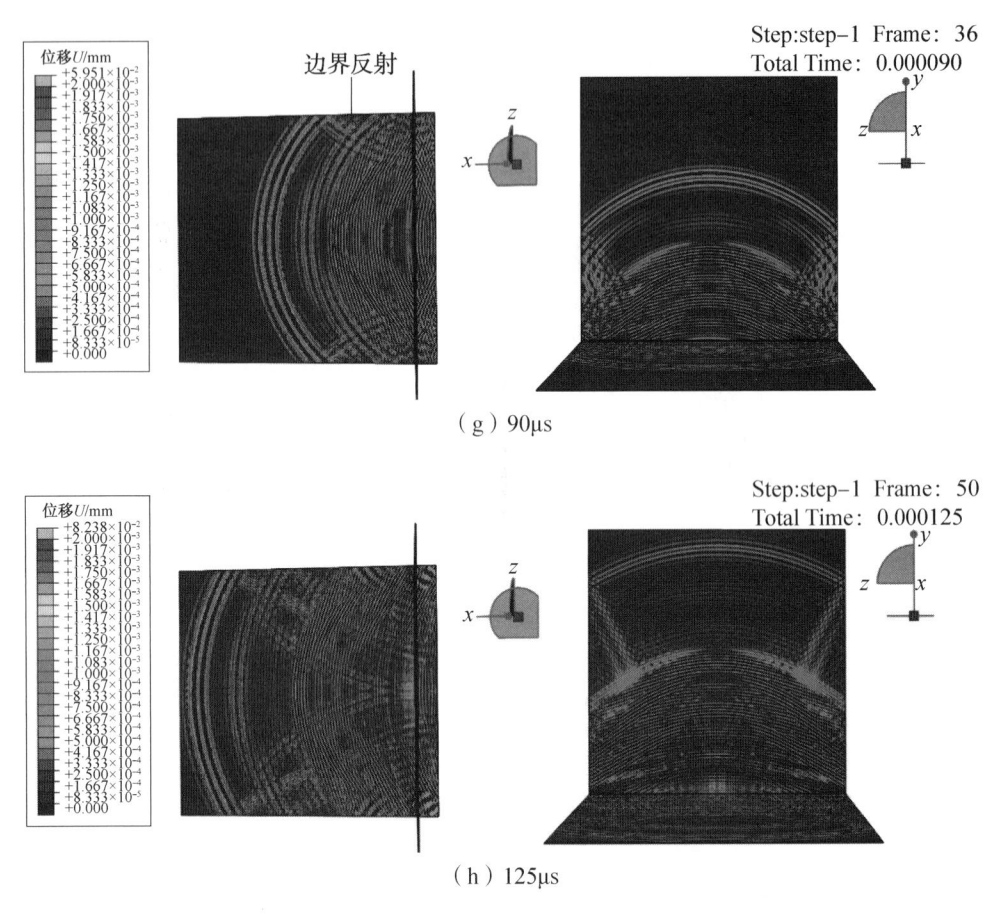

(h) 125μs

图 4.4　250kHz 时不同时间增量下波传播情况(续)

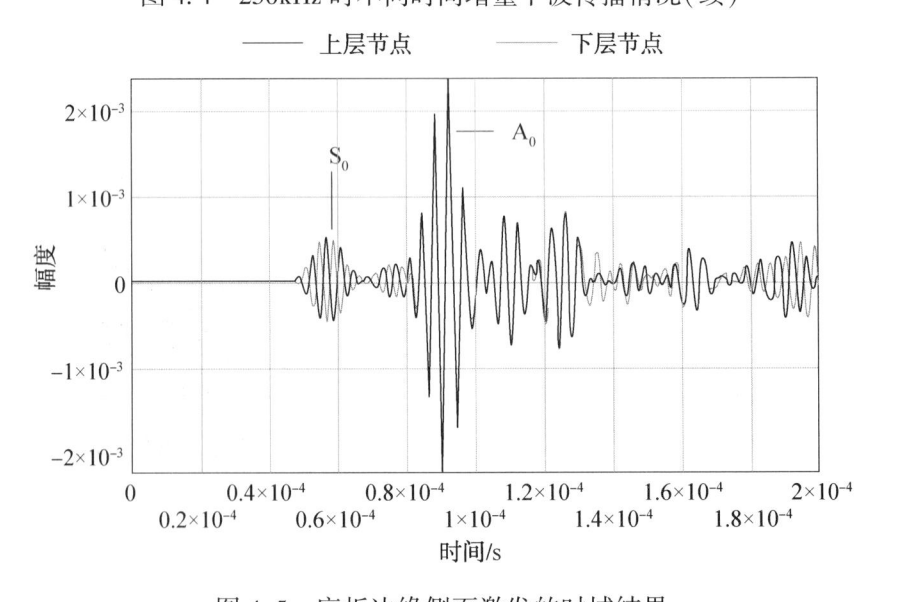

—— 上层节点　　　—— 下层节点

图 4.5　底板边缘侧面激发的时域结果

第4章 超声导波长距离激励方法研究

表 4.1 在有限元仿真中研究的三种激励方式的位移输出能量

激励方式	激发位置	接收点输出位移能量值
1	底板边缘侧面	0.0024
2	底板边缘上部（$\Delta l = 25$mm）	0.0026
2	底板边缘上部（$\Delta l = 48$mm）	0.0011
3	壁板（$\Delta l = 25$mm）	0.0025
3	壁板（$\Delta l = 50$mm）	0.0022

（2）激励方式 2——在底板边缘上部单点 A/S 模态激励。

选择该种激励模式下激励点与焊缝距离为 45mm 时，导波在底板传播的有限元结果（位移输出）如图 4.6 所示，激励点与焊缝距离分别为 45mm 和 48mm 时，在接收点处获得的时域信号如图 4.7 所示。在位移云图中对各个接收波形中各个波包产生、模态的分析，与激励方式 1 基本一致，不再赘述，针对两个与焊缝距离不同的激励位置，主要有以下几点需要注意：

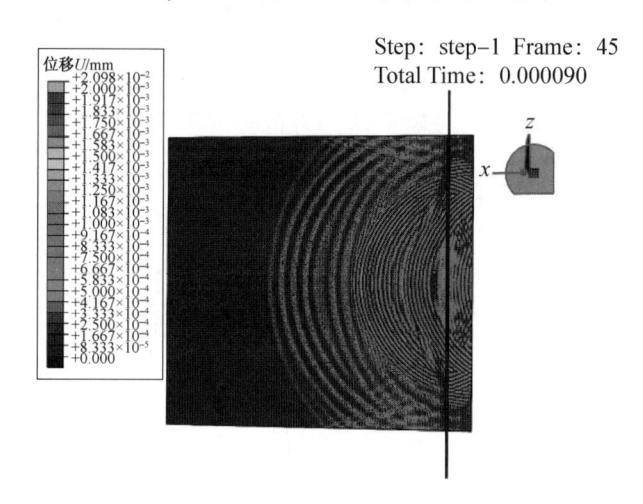

图 4.6 激励在底板边缘上部的有限元结果（位移输出）（距离焊缝 45mm）

① 波形能量：当激励位置与焊缝相距较远时（如 50mm），到达接收点的 Lamb 波能量相对较小。

② 波包形态：随着激励点向焊缝移动，接收波形幅值有所提高，但波包也变得更多更复杂，这是由于 Lamb 波在底板边缘处与焊缝和边界不断反射造成的。

③ Lamb 波模态：把激励位置向焊缝靠近，到达接收点的 Lamb 波中 A_0 模态的能量明显增加，减小到 25mm 时，已经远超在底板边缘侧面施加集中应力的位移输出；但是 S_0 模态，却是一直小于以激励方式 1 得到的位移输出。所

以，如果想在板中激励出 S_0 模态，应该以激励方式 1 施加集中应力激发 Lamb 波。

(a) $\Delta l=25\text{mm}$

(b) $\Delta l=48\text{mm}$

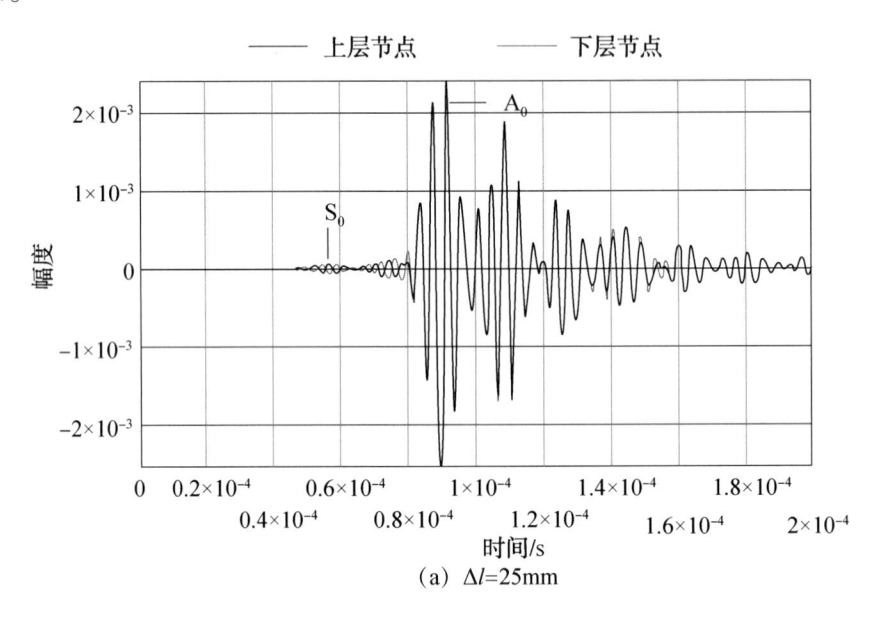

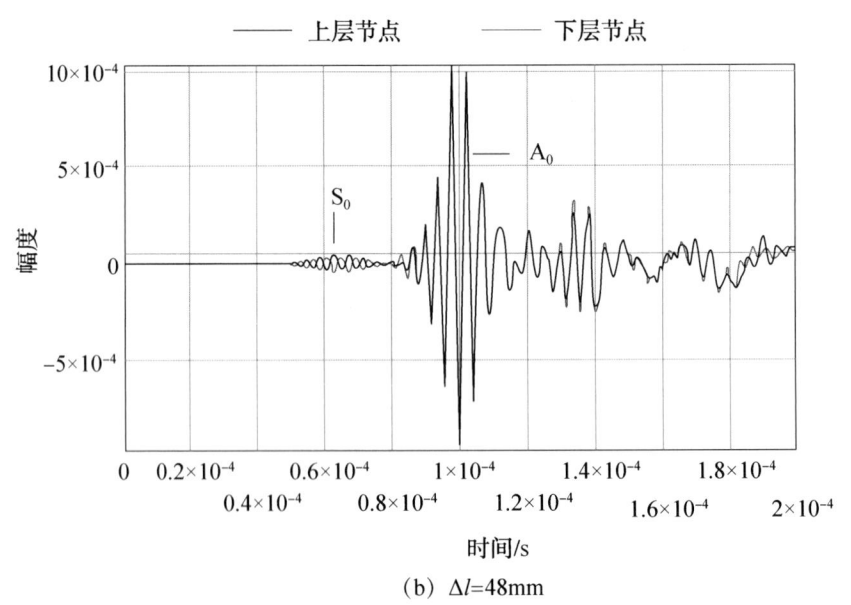

图 4.7 底板边缘上部激发的时域结果

(3) 激励方式 3——在壁板单点 A/S 模态激励。

选择该种激励模式下激励点与焊缝距离为 45mm 时，导波在底板传播的有限元结果(位移输出)如图 4.8 所示，激励点与焊缝距离分别为 45mm 和 50mm 时，在接收点处获得的时域信号如图 4.9 所示。

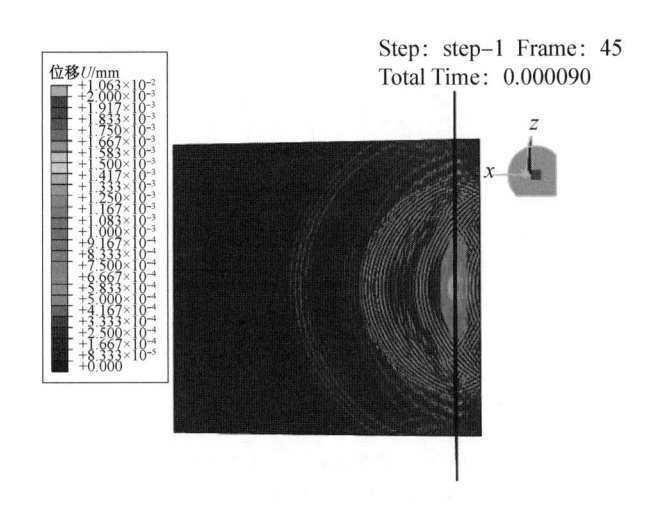

图 4.8　激励在壁板的有限元结果(位移输出)(距离焊缝 45mm)

不难发现，13μs 之前，Lamb 波只在壁板中传播；达到焊缝之后，在 23μs 之前，以焊缝为对称轴，较为对称的在水平板中传播；之后，在焊缝右侧，Lamb 波传播到边界，产生的回波与原始波形相互作用，而焊缝左侧的 Lamb 波则继续向前传播。后续的传播过程与上两种激励方式基本一致，不再赘述。相比前两种激励方式，对于接收点的位移输出分析如下：

① 波形能量：当激励位置与焊缝的距离均为 25mm 时，激励方式 3 所得输出位移比激励方式 2 小；距离增加到 50mm 时，结论则相反。所以，相比激励方式 2，改变激励方式 3 与焊缝的距离时，接收点位移输出的能量差异不再那么悬殊，当然，这也有可能是因为激励位置 2 与焊缝相距 50mm(包含激励点位置矩形区域的长度 2mm)时，正好处于钢板边界，导致所采集到信号的能量特别小。

② 波包形态：激励点与焊缝的距离只是改变波形幅值大小，并不影响波包形态，且相比之下，杂波不算太多。

③ Lamb 波模态：与激励方式 2 一致，该种情况下所得 S_0 模态的能量很小，实验中应该不会采集到。

4.1.4　单点导波激励实验评估

在两块焊接成 L 形的钢板上进行实验，以验证上述 FEA 结果。该结构具有与有限元建模相同的尺寸，激励点和接收点设置如图 4.3 所示，本研究使用正常模式的压电片以在钢板中激发 Lamb 波，尺寸大小为 3mm×3mm×1mm，接收传感器选用日本富士声发射公司生产的 AE144S 系列，两者均通过耦合剂将其黏合到钢板表面上，并且使用永磁体在实验过程中施加负荷，如图 4.10 所示

(a) $\Delta l=25$mm

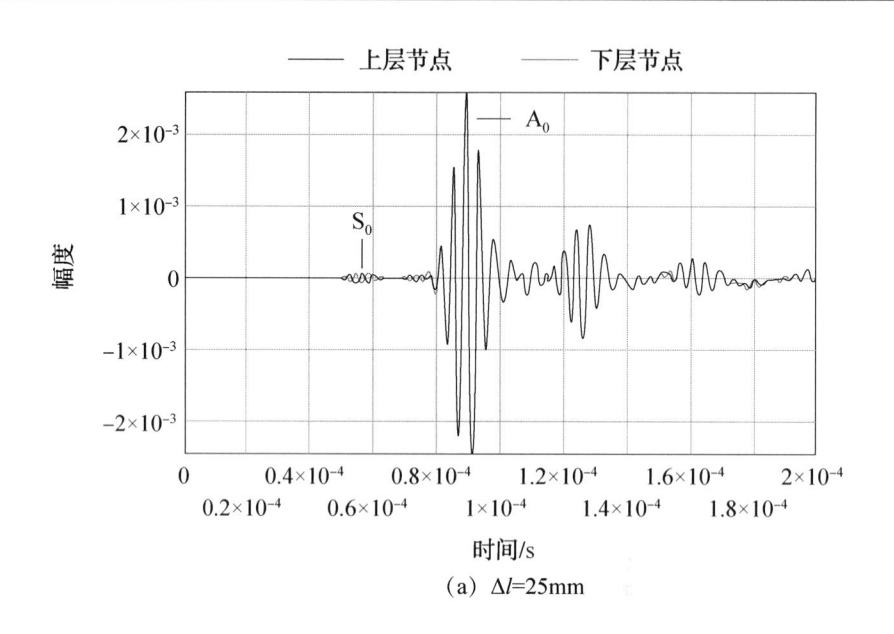

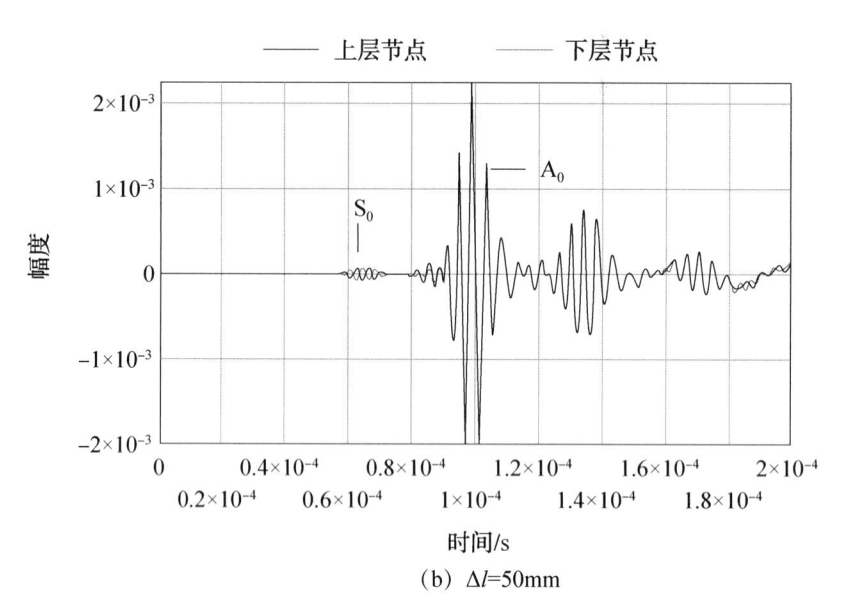

(b) $\Delta l=50$mm

图 4.9 壁板激发的时域结果

(以激励方式 3 的实验过程为例)。

前期实验表明,对于实验室所用金属板,采用 Hanning 窗调幅的 5 周正弦调幅脉冲这一信号作为激励,中心频率从 80kHz 开始增长时,接收传感器获得的信号较好,尤其是在 150kHz 左右时,接收信号幅值达到最大且波形比较饱满。此外,进一步分析数据发现,随着激励信号频率的增加,在 250kHz 以上时,接收信号中 S 模态的能量增大,A 模态则逐渐减小。

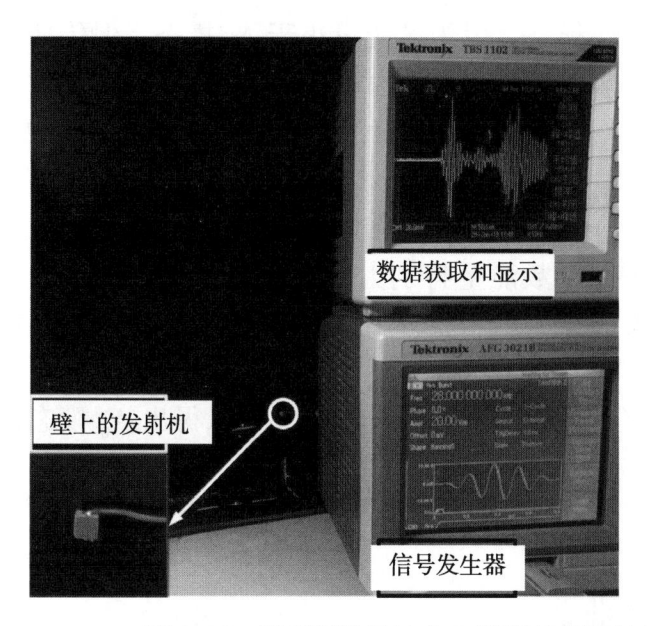

图 4.10 用于研究导波在 L 形焊接板材结构传播的实验装置

考虑到 A_0 模态在垂直板面的方向上，相比 S_0 模态，位移输出具有更大的能量，使其更易被辨别，本书主要研究对象为 A_0 模态。将 80~250kHz 之间（以 5kHz 为增量）的接收信号幅度归一化处理后得到图 4.11。

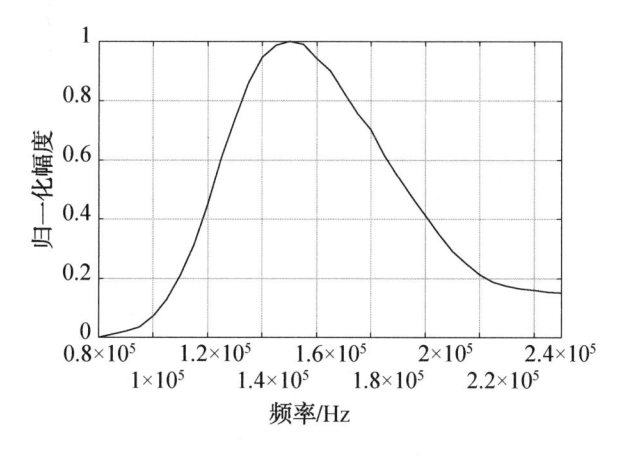

图 4.11 实验用 L 形焊接板材频响曲线

可以看出，对于这一 L 形焊接钢板，接收 A_0 模态的 Lamb 波信号时，存在最佳的激励频率在 150kHz 左右。结合实验中压电片和接收传感器的工作频带范围，选择一个以 140kHz 为中心频率、Hanning 窗调幅的 5 周期正弦调幅脉冲用作激励信号。

（1）激励方式 1——在底板边缘侧面单点 A/S 模态激励。

图 4.12 展示了接收点的时域波形，根据波包形态和达到时间分析可得出结

论:第一个波包为直接激励的S_0模态,因为其能量小于A_0模态,但传播速度较快;后续两个波包均为A_0模态,其中,靠前达到的由原始激励产生,后接焊缝处反射、透射产生的波形;从更长的时间维度上分析,后续波形来源复杂,可能涉及多种Lamb波的混叠,分析起来较为困难。更需说明的是,考虑到实验中所用钢板的材料特性、激励信号的选择以及Lamb波各模态特点,采集到的波形中大部分应该为A模态,少数能量特别大的S模态波形可以被显示出来。此外,与有限元仿真结果相比,由于实际环境中存在噪声,出现了更多小波包。

此外,根据接收点时域图(图4.12)中的波包分析,可以得出A_0模态的群速度为2724.8m/s。

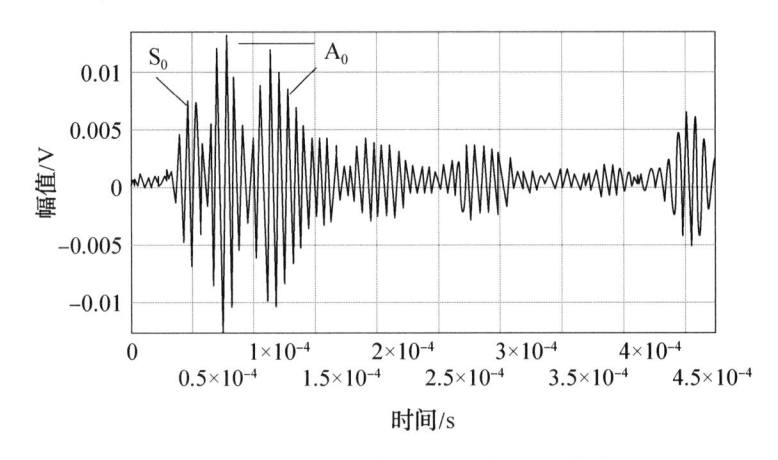

图4.12 在底板边缘侧面激励的时域结果

(2)激励方式2——在底板边缘上部单点A/S模态激励。

显然,这一位置是可以调整的,实验测量中,激励点与焊缝的距离Δl从50mm减少至10mm,以5mm为步长,图4.13展示了所有情况下接收点的时域波形。分析如下:

① 波形能量:与位置的关系总结见表4.2,需要说明的是,表4.2中给出的幅值为多次测量取的均值。可以看出,接收波形的幅值和Δl并不是线性关系,总的来看,最大值出现在激励点与焊缝的距离为40~45mm之间,但当这一距离增加为50mm时,幅值会相比其他情况小很多。

② 波包形态:同样,在激励点与焊缝的距离40~45mm之间时展现出较好结果,在直接到达波包后没有幅值较大的反射、折射波包,有利于后续缺陷定位的分析。当这一距离增加,由于压电片激发出的Lamb波与焊接部位、钢板边缘的不停相互作用,会产生更多幅值递减的波包,这与仿真结果对应。

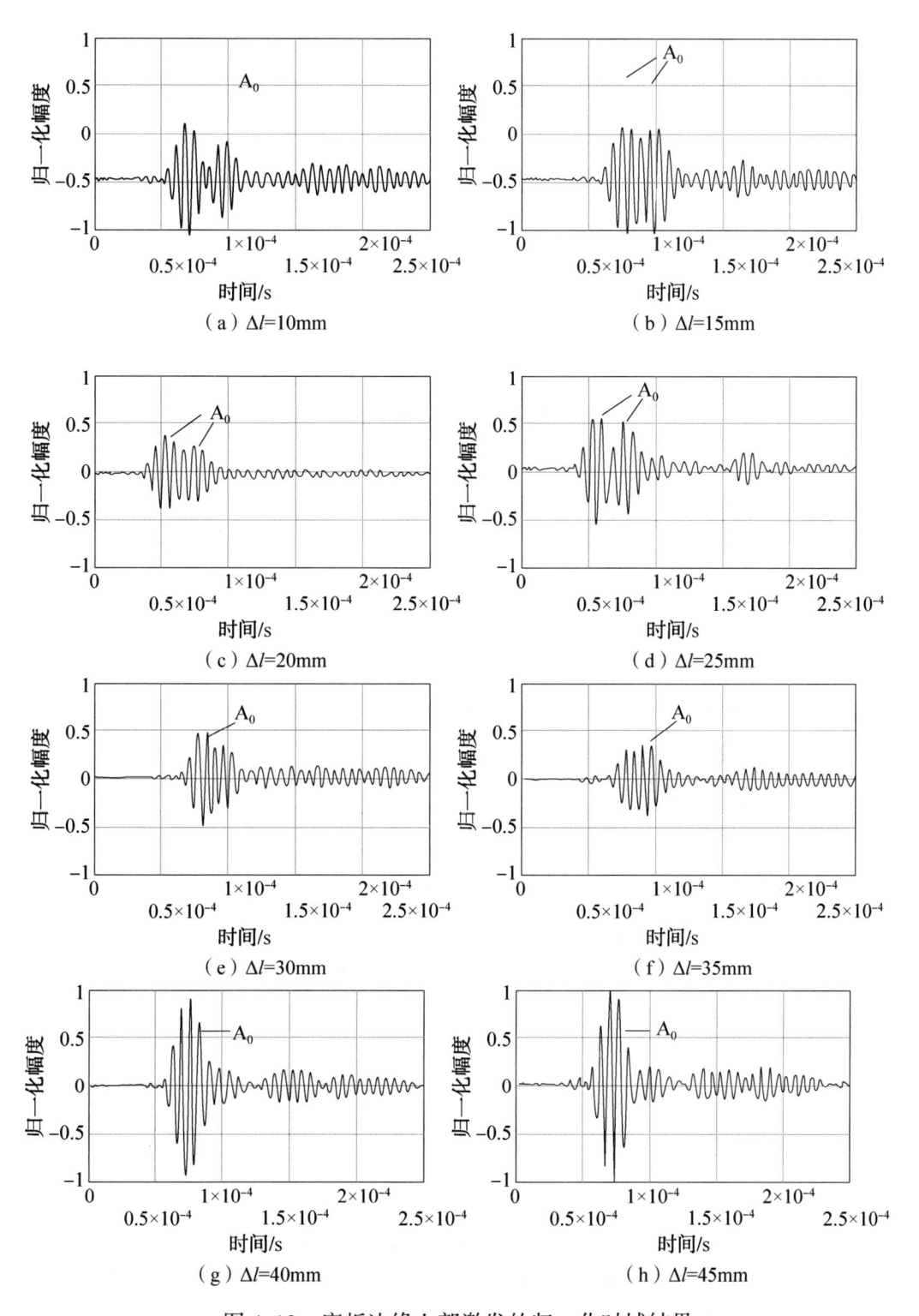

图 4.13 底板边缘上部激发的归一化时域结果

(i) $\Delta l=50$mm

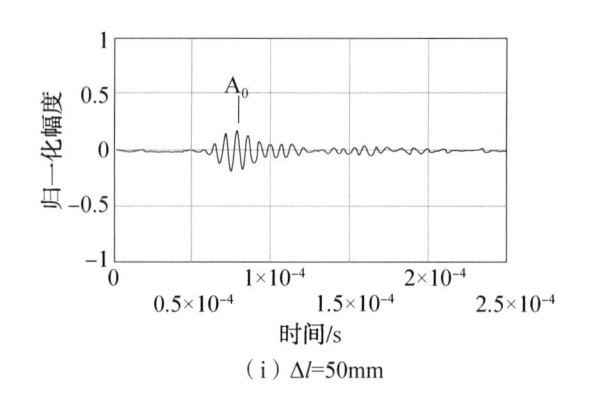

图4.13 底板边缘上部激发的归一化时域结果(续)

表4.2 激励方式2下接收波形幅值与 Δl 关系

激励点与焊缝的距离 Δl/mm	接收点时域波形幅值/mV	激励点与焊缝的距离 Δl/mm	接收点时域波形幅值/mV
50	21.7	25	69.8
45	112.5	20	56.0
40	114	15	58.1
35	54.2	10	74.6
30	55.0		

(3) 激励方式3——在壁板单点 A/S 模态激励。

这一激励位置同样可以调整，实验中，压电片与焊接部位的距离从60mm减小至20mm，以10mm为减量步，对接收点的时域波形分析如下：

表4.3 激励方式3下接收波形幅值与 Δl 关系

激励点与焊缝的距离 Δl/mm	接收点时域波形幅值/mV	激励点与焊缝的距离 Δl/mm	接收点时域波形幅值/mV
20	100.4	50	109
30	96.0	60	100.2
40	115		

① 波形能量：与位置的关系总结见表4.3，由表可见，接收波形的幅值和 Δl 也不是线性关系。

② 波包形态：与激励方式2不同的是，虽然这一距离从20mm变化至60mm，但接收波形的幅值变化并不大，在5个不同激励点单点激励的效果基本相同。分析具体波形发现，不只是幅值，当上述距离变化时，接收波形形态也基本没有变化，激励点与焊缝的距离 Δl 为40mm时测得的接收波形如图4.14所示。

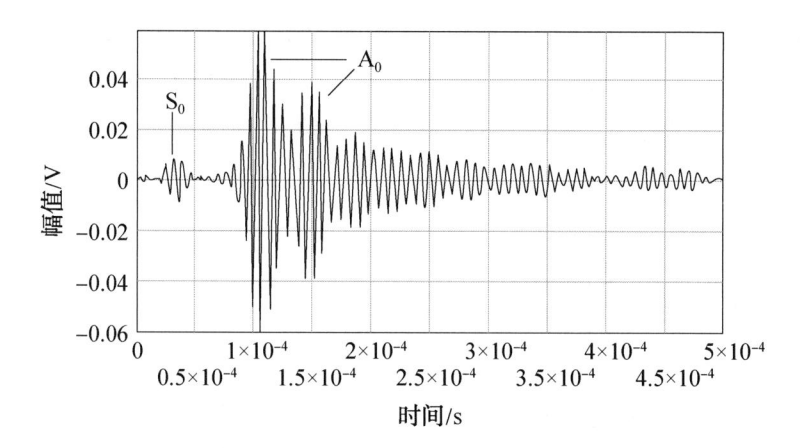

图 4.14　在壁板激励的时域结果

4.2　储罐底板导波组合激励方式

与普通板状结构不同，使用导波对石油储罐底板进行 SHM 的主要困难是长距离传播导致的能量衰减，以及边界处的波的反射和模态转换。另一个要考虑的因素是焊缝，它反射传输的信号并干扰传播，使得经过后的 Lamb 波信号能量大幅度减小。

研究采用空间多点组合激励增强源信号能量的方法，使接收信号能量增加，以增加导波传播距离和检测的有效性。

4.2.1　导波组合激励位置选择

根据仿真及实验结果分析，对于在底板边缘侧面激发时接收点获得的波形，第一个 A_0 模态波包的幅值大小在三种激励方式中偏小，且后续由边界、焊缝反射造成的杂波较多。此外，考虑到实际应用过程中，很有可能不能在该处布置激励致动器，所以，在组合激励点的选择上不予考虑。根据图 4.7 和图 4.13 中波形，对于激励方式 2，接收波形和激励点与焊缝的距离密切相关，随着激励点向焊缝移动，接收波形幅值有所提高，但波包也变得更多更复杂，这是由于 Lamb 波在底板边缘处与焊缝和边界不断反射造成的，综合来看，$\Delta l = 40 \sim 45 \text{mm}$ 时比较合适。而在壁板激发的所得波形则不同，激励点与焊缝的距离只是改变波形幅值大小，并不影响波包形态，可以在组合激励中用于调节细微距离，以获得最佳接收波形能量的一方，且相比较之下，杂波不算太多。

综合考虑，应当在底板边缘上部和壁板的激励点处同时施加激励信号，即综合图 4.3 激励方式 2 和激励方式 3，以形成组合激励的效果。为达到最好的效果,两处激励点与焊缝的距离 Δl 都应当仔细确定。考虑到底板边缘上部激励点移动对接收波形影响更大,应当通过观察单点激励下的接收波形特性,从而进行微调,先确定激励方式 2 中的激励点在距离焊缝 40~45mm 之间的某个点。然后,改变壁板上的激励点与焊缝之间的距离,直到获得组合激励下最佳能量和波包形态的接收波形。

4.2.2 导波组合激励有限元仿真

有限元仿真建模参数及各项设置均一致,而经过大量仿真结果对比,先确定底板边缘上部的激励点位于距离焊缝 45mm 处。然后,改变壁板上的激励点与焊缝之间的距离,直到获得组合激励下第一个 A_0 模态波包幅值最大的接收波形,此时,该激励点与焊缝相距 51mm。在该种组合激励下,导波在 L 形焊接板材结构中传播的有限元结果(位移输出)如图 4.15 所示。

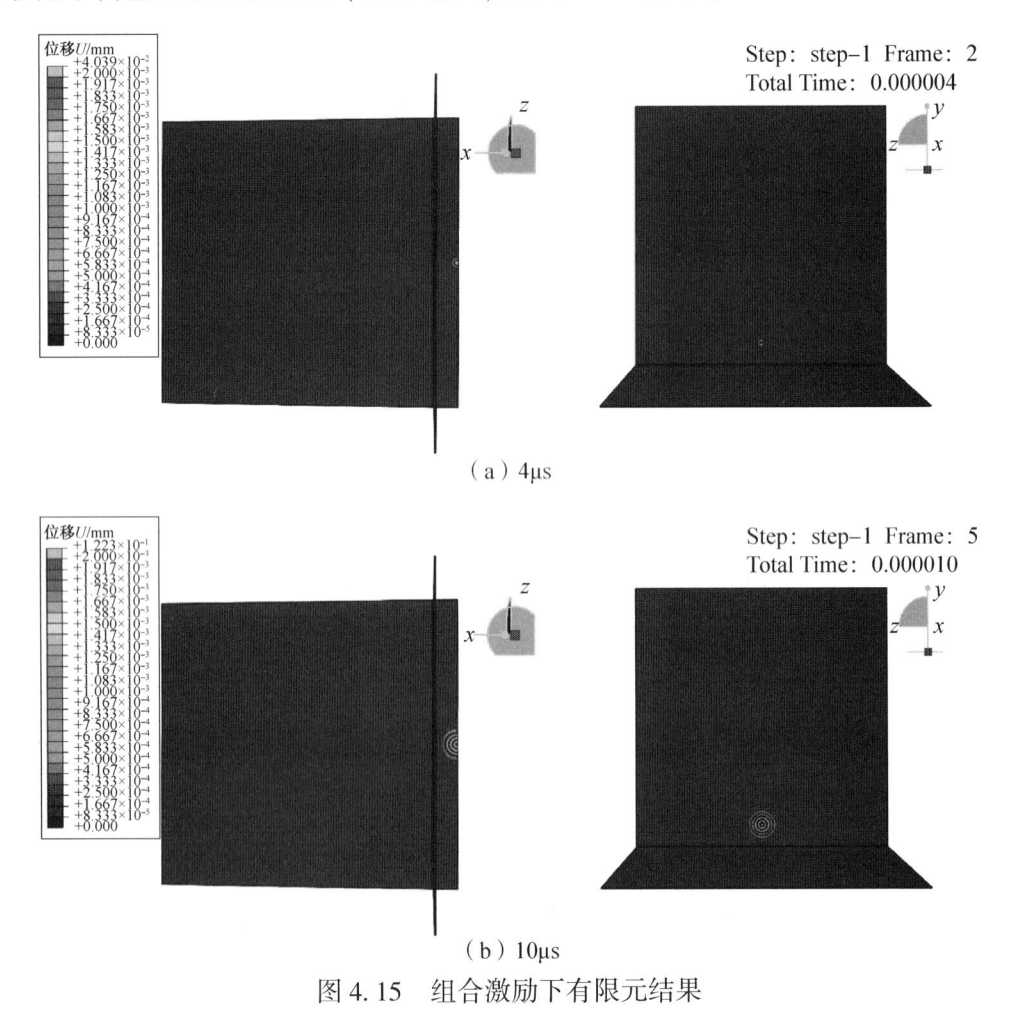

(a) 4μs

(b) 10μs

图 4.15 组合激励下有限元结果

(c) 16μs

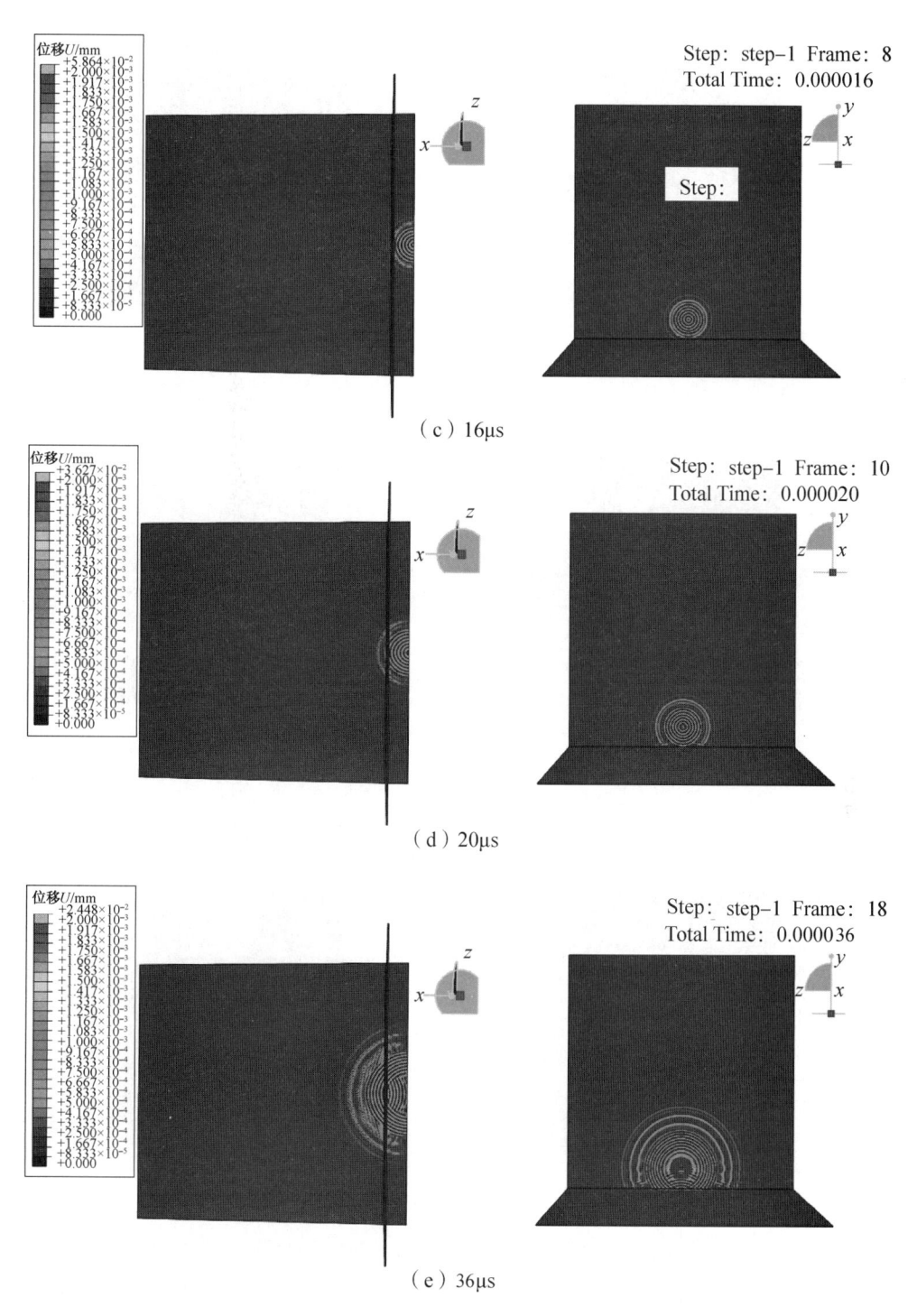

(d) 20μs

(e) 36μs

图 4.15 组合激励下有限元结果(续)

(f) 54μs

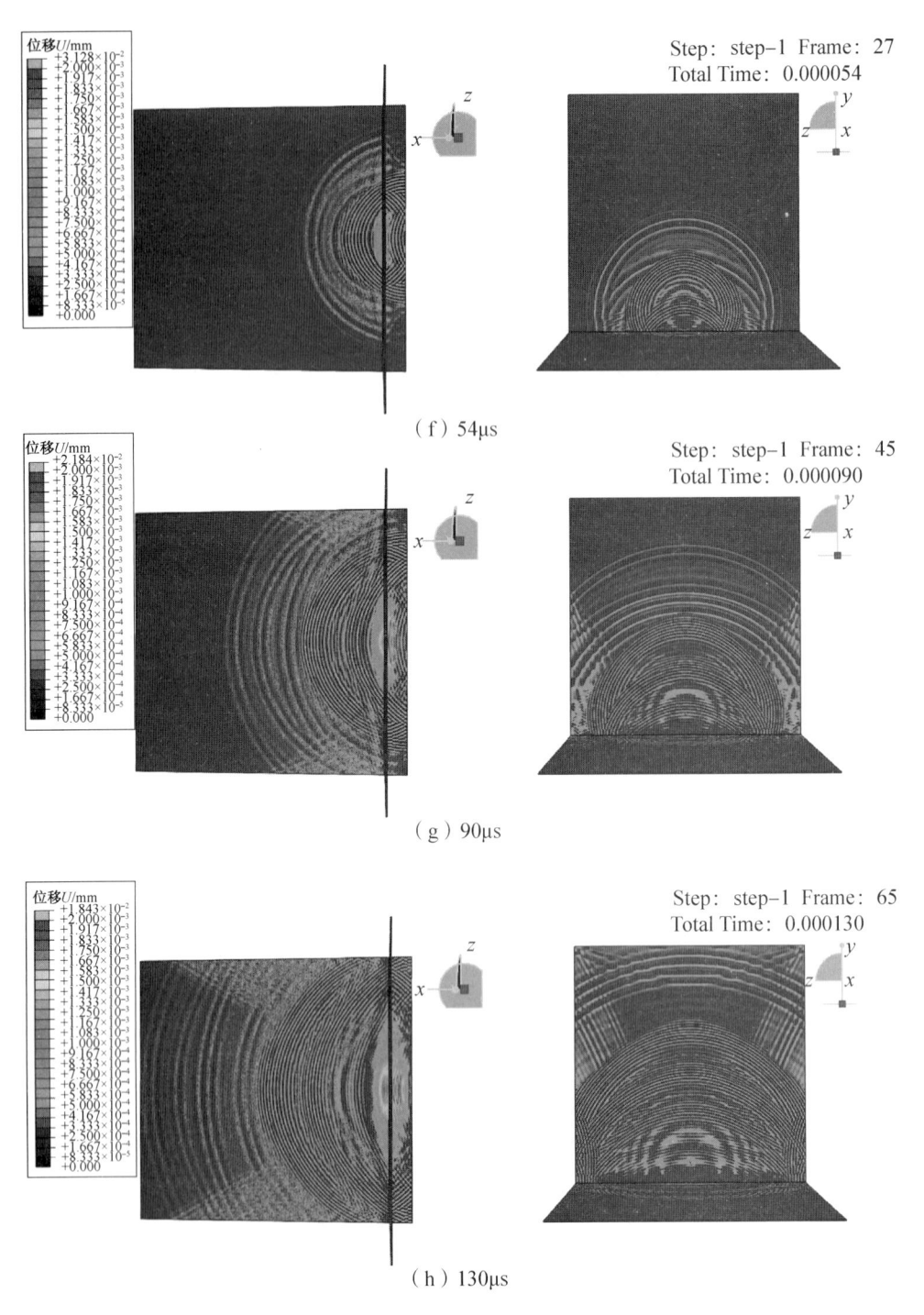

(g) 90μs

(h) 130μs

图 4.15　组合激励下有限元结果(续)

接收点处获得的时域信号如图 4.16 所示,同样,采用幅度峰值代表其中各接收信号能量值,见表 4.4。与在底板边缘上部、壁板布置单点激励的两种方式相比,采用组合激励可以使接收信号能量提高 80%,且波形复杂度并未明显

（a）从底板边缘上部激发

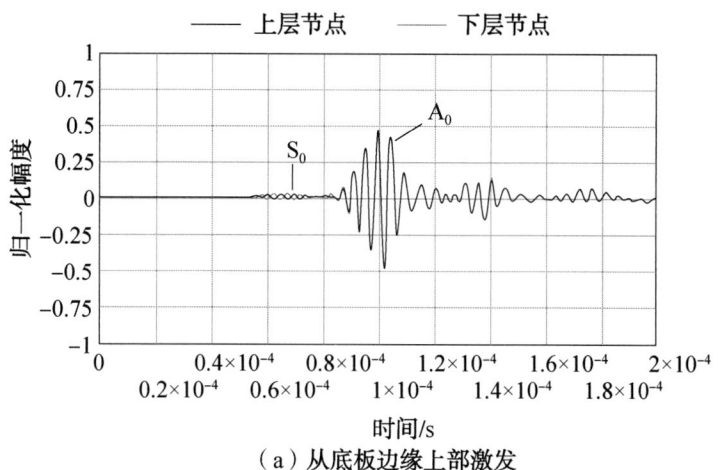

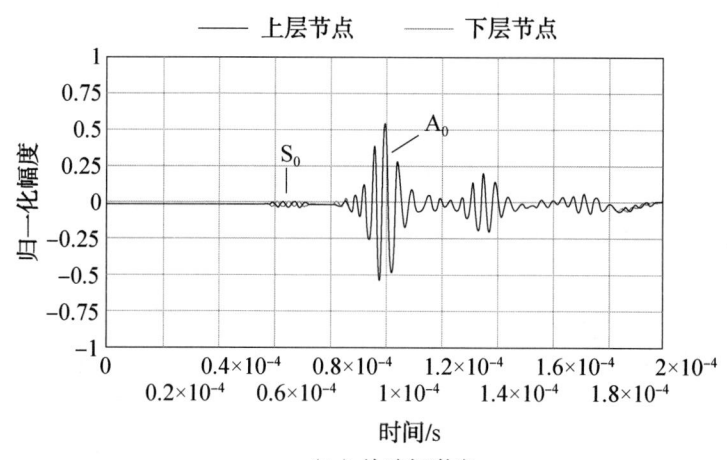

（b）从壁板激发

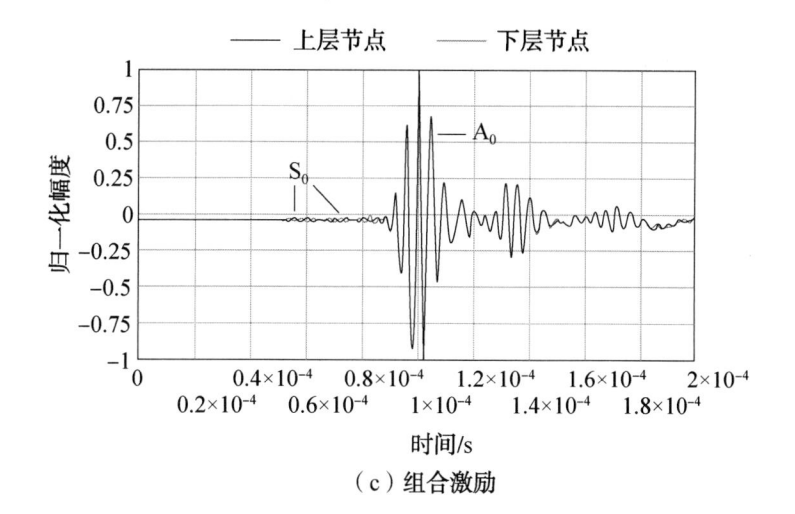

（c）组合激励

图 4.16　底板边缘上部、壁板激发和组合激励的归一化时域仿真结果

增加，仍有利于后续缺陷定位等相关研究的分析处理。这表明，组合激励方式很有可能适用于 L 形焊接板材结构，甚至石油储罐底板的 SHM 中。

表 4.4 在有限元仿真中研究的三种激励方式的位移输出能量

激励方式	激发位置	接收点输出位移能量值
2	底板边缘上部	0.0022
3	壁板	0.0025
2 和 3	组合	0.0045

4.2.3 导波组合激励实验评估

同样，在两块焊接成 L 形的钢板上进行实验，激励点和接收点设置如图 4.17 所示，其余各项设置均一致，以验证 FEA 结果。

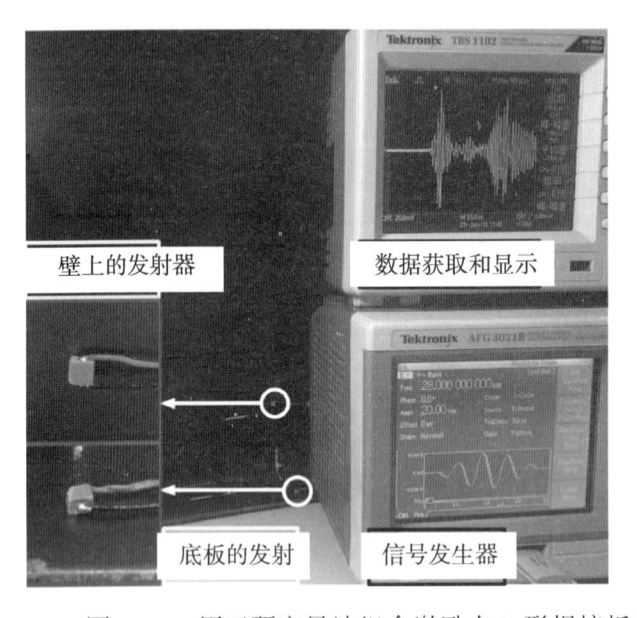

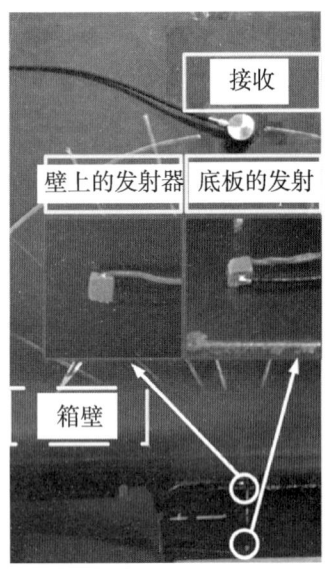

图 4.17 用于研究导波组合激励在 L 形焊接板材结构传播的实验装置

图 4.18 为接收点时域波形，表明实验结果与仿真结果之间存在良好的相关性。同时，需要注意的是，与有限元仿真相比，由于实际环境中存在噪声，出现了更多小波包。

为验证当前导波组合激励点选择的正确性，在底板边缘侧面和壁板的激励点处同时施加激励信号，即综合图 4.3 激励方式 1 和激励方式 3，形成另一种组合激励。图 4.19 为该种组合激励下最佳能量和波包形态的接收波形，此时壁板上的激励点与焊缝相距 50mm。为方便对比，将结果标准化为图 4.18 和图 4.19 中所有信号的最大值。可以发现，由于在底边边缘侧面进行单点导波激励时接

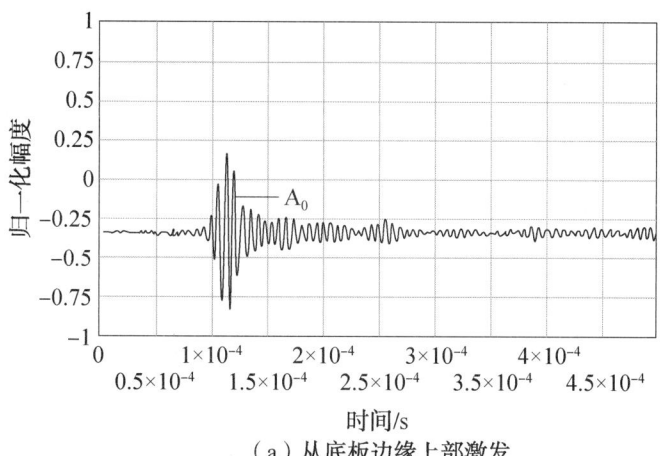

第 4 章　超声导波长距离激励方法研究

（a）从底板边缘上部激发

（b）从壁板激发

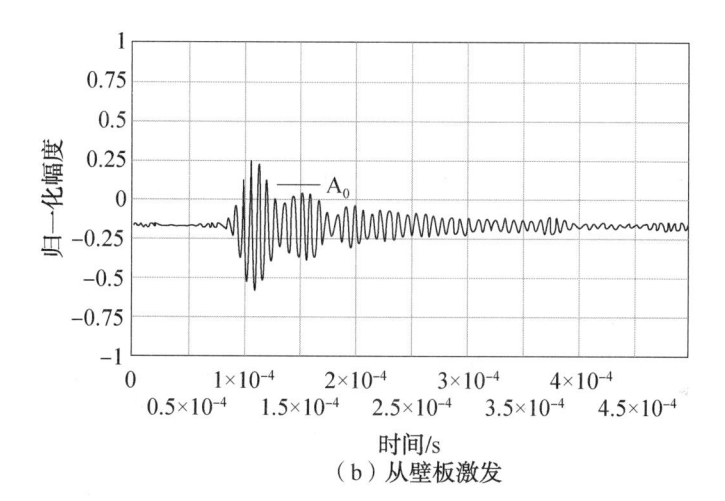

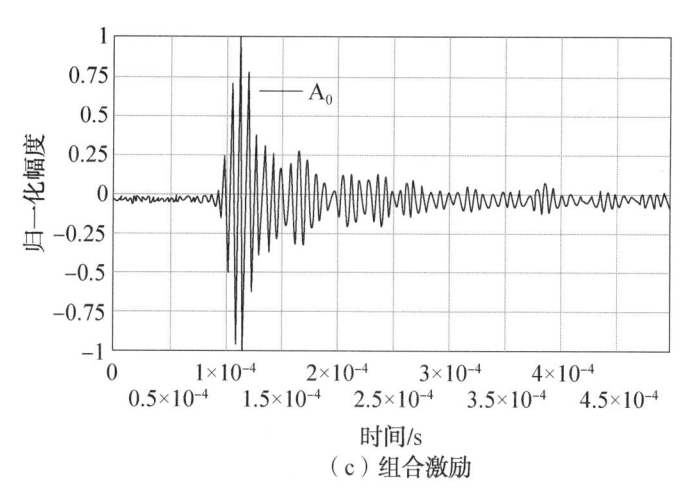

（c）组合激励

图 4.18　底板边缘上部、壁板激发和组合激励的归一化时域实验结果

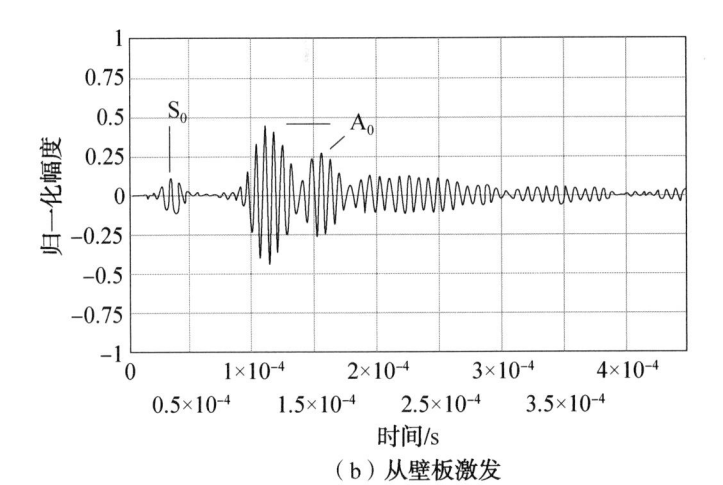

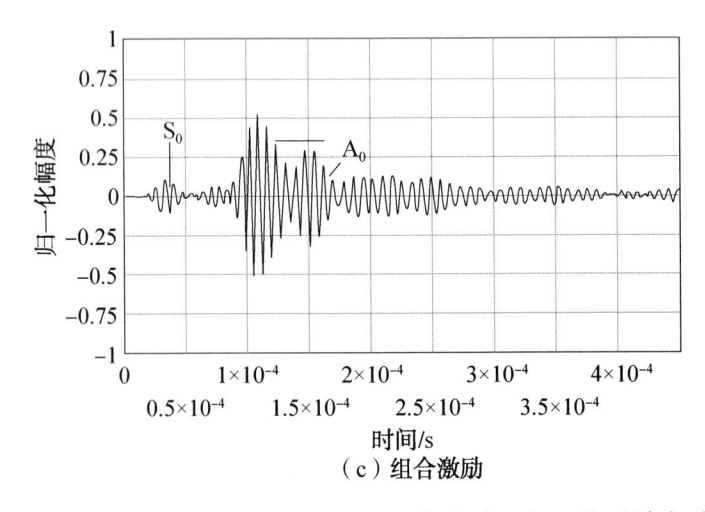

图 4.19 底板边缘侧面、壁板激发和组合激励的归一化时域实验结果

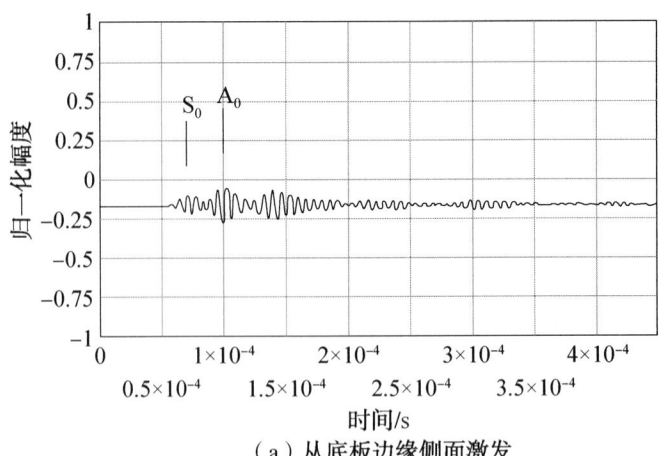

收波形的能量太小(这一特征已得到实验验证),导致该种导波组合激励下的接收波形能量也大大降低,大约只有图 4.18 中组合激励下接收波形能量的一半,因此,不适合选作导波组合激励点。

若在底板边缘侧面和底板边缘上部的激励点处同时施加激励信号,则由于底板边缘上部的激励点与焊缝之间的距离小于底板边缘侧面的激励点与焊缝之间的距离,所以,永远无法满足"两个激励位置单独作用时,所得波形的第一个 A_0 模态波包之间没有相位差"这一条件,因此,不适合选作导波组合激励点。

图 4.18 和图 4.19 中研究的各种激励情况下接收点所得波形幅度见表 4.5。基于上述结果,可以得到如下结论:通过在底板边缘上部和壁板的激励点处同时施加激励信号,形成组合激励方法,可使接收信号幅值提高约 100%,与有限元分析结果呈现出良好的一致性。

表 4.5 在实验中研究的各种激励方式的接收时域波形幅度

激励方式	激发位置	接收点时域波形幅值/mV
1	底板边缘侧面	26.4
2	底板边缘上部	116
3	壁板	104
2 和 3	组合	233
1 和 3	组合	115

本节主要分析石油储罐基于导波技术的 SHM 中激励方式的影响。由于导波本身的衰减特性及焊缝的存在,会出现多次 Lamb 波的反射、透射,使得传播到底板内部的一些波形由于低幅值被淹没在噪声流中。针对这一问题,首先将石油储罐结构中的不同位置作为激励点,包括底板边缘侧面、底板边缘上部、壁板,分析在不同位置进行单独激励时底板接收波形模态以及能量特性。然后基于最大限度提高传播到底板内部导波的能量的目的,研究了在底板边缘上部和壁板两处设置激励点并同时激发 Lamb 可能性,并进行有限元仿真分析和实验测试。结果表明,提出的组合激励方式可用于使用超声导波评估石油储罐底板的结构健康状况。

4.3 单点/组合导波激励方式传播特性研究

在前述的激励方式选择影响因素研究中,为保证其余变量的一致性并避免边界回波,接收点被固定在焊缝所在线段的中垂线上,然而,石油储罐底板中还有更大的区域范围需要进行基于导波的结构健康监测，分析不同区域处的接收波形模态以及能量特性对后续的检测工作尤为重要。

4.3.1 有限元仿真

主要研激励方式2、激励方式3和组合激励。在以焊缝线段中点为圆心、半径为200mm和300mm的半圆上，把每隔15°夹角所对应的上、下两层单元节点设置为感应节点，重点观测板外位移。此时，激励点—接收点连线与焊缝所成角度 θ 从15°以15°为增量加至165°，除 $\theta = 90°$ 所对应的感应节点外，将其余接收点以顺时针为序从1至10命名，图4.20为接收点的布局示意图。

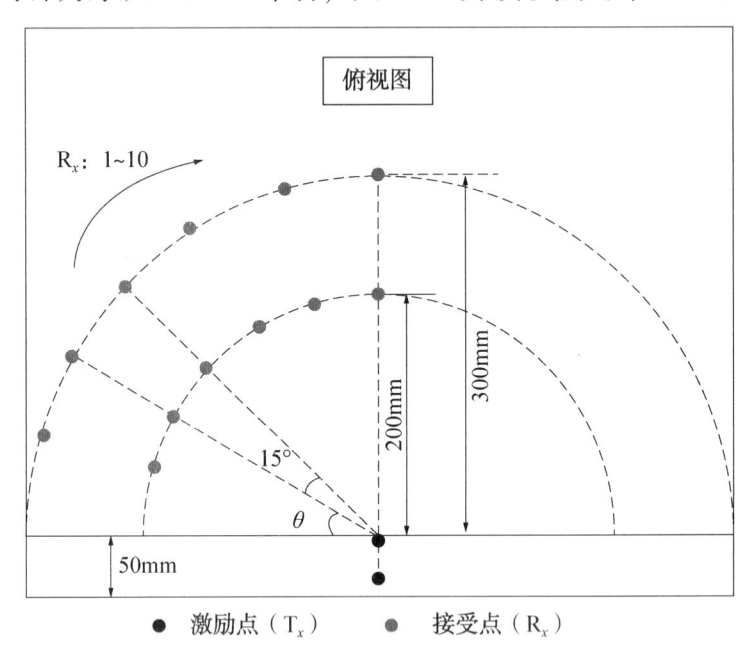

图 4.20 接收点的布局

4.3.2 仿真结果与分析

对于用于模拟石油储罐的L形焊接板材结构，图4.6、图4.8和图4.15分别示出了以图4.3中激励方式2、激励方式3和组合激励，在不同时间增量下在底板和壁板中波传播位移输出的数值结果。仿真结果表现出非常高的对称性，如 $\theta = 15°$ 所对应的感应节点位移输出与 $\theta = 165°$ 时完全一致。

（1）半径为200mm半圆上的接收点

① 激励方式2——在底板边缘上部单点激励。

θ 从15°增至90°（对应接收点1至5和 $\theta = 90°$）的接收点处获得的时域信号如图4.21所示。

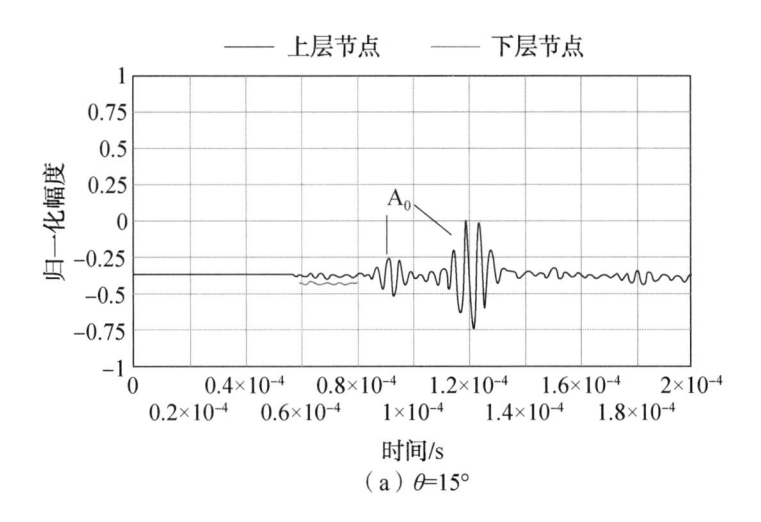

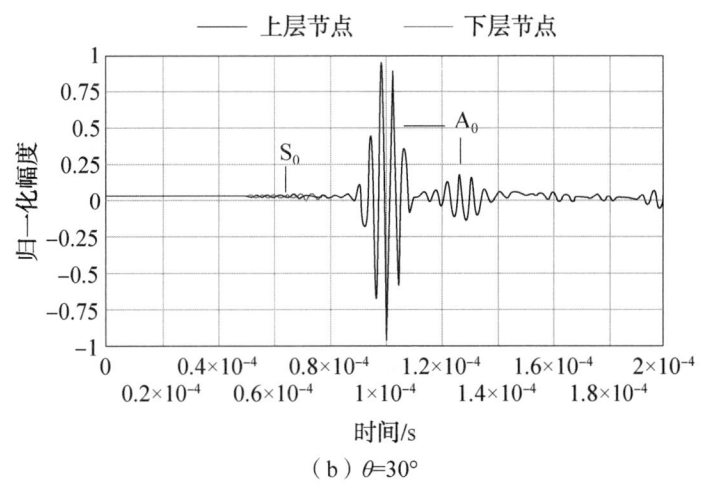

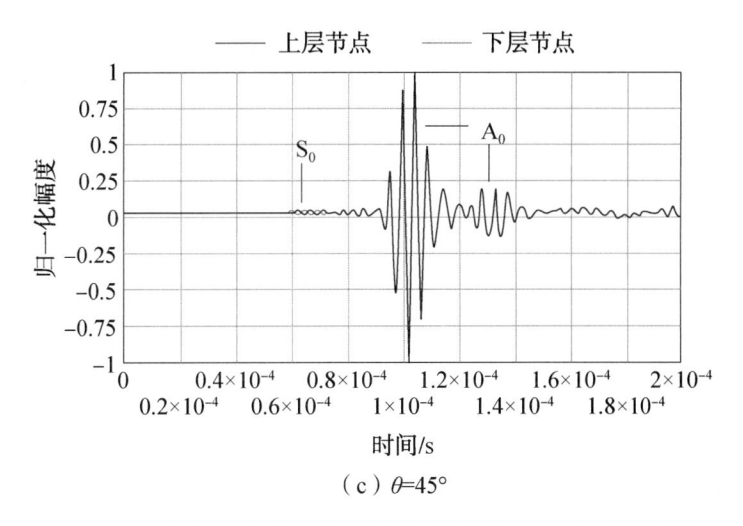

第4章 超声导波长距离激励方法研究

（a）$\theta=15°$

（b）$\theta=30°$

（c）$\theta=45°$

图4.21 从底板边缘上部激发各接收点归一化时域结果

(d) $\theta=60°$

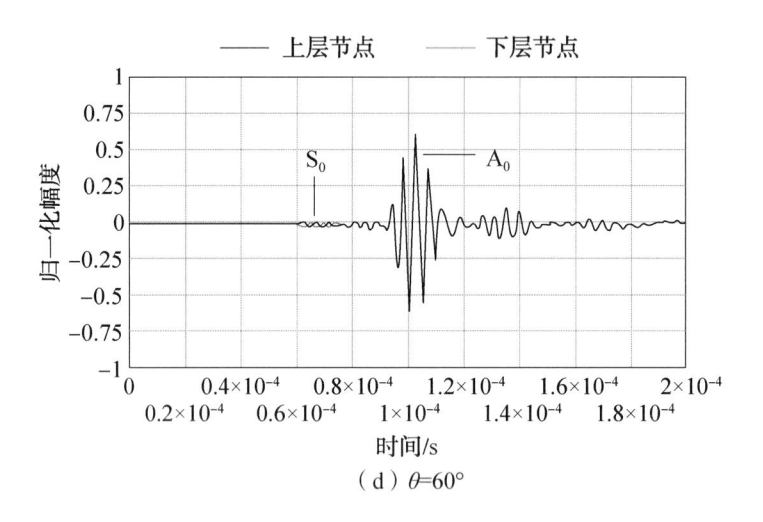

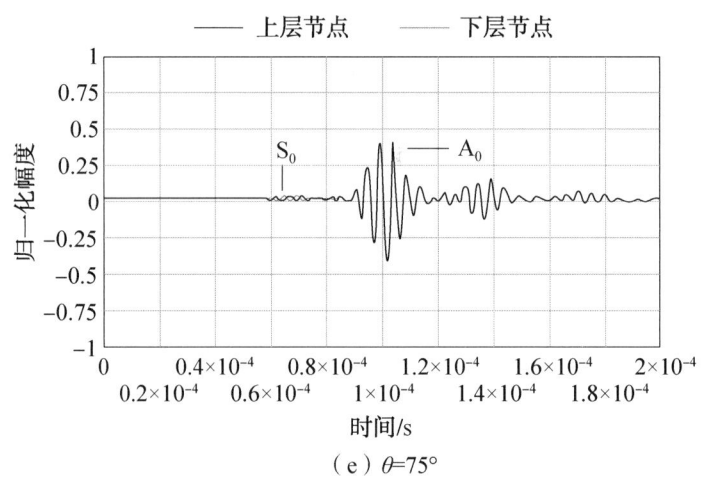

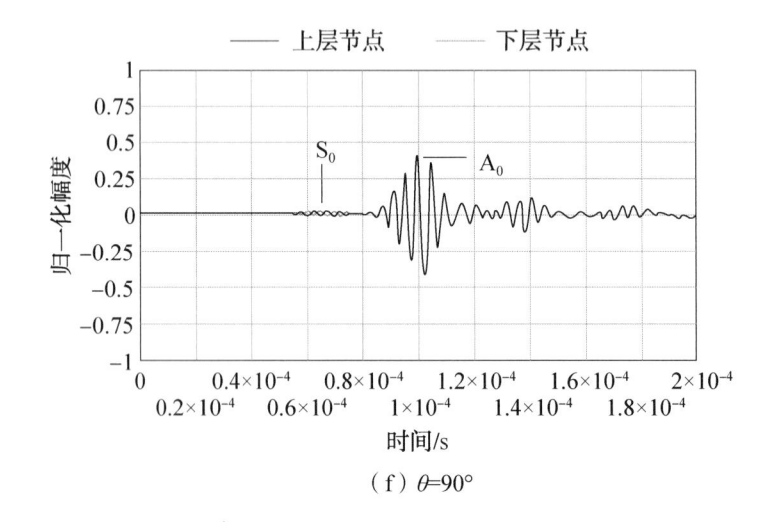

(e) $\theta=75°$

(f) $\theta=90°$

图4.21 从底板边缘上部激发各接收点归一化时域结果(续)

上述波形中，除 $\theta = 15°$ 时，剩余角度上感应节点的位移输出在波包形态方面均表现出较高的一致性，只是在能量大小上有所差异。结合图 3.6 中的底板中波传播位移输出的数值结果，对 $\theta = 15°$ 处接收点的位移输出分析表明：由于其更加靠近仿真中模型的边界，在第一个 A_0 模态波包到达之前，就已经有先前 S 模态在边界处反射产生的 Lamb 波到达；而由于 θ 太小，导致第一个到达的 A_0 模态幅值过小，波包未能被明显观测到；后面到达的能量显著增加的波包是由原始激励出的 Lamb 波与板边界作用后，再经过焊缝到达该接收点的 A 模态。

② 激励方式 3——在壁板单点激励。

在壁板单独激励(激励方式 3)时，位移输出表现不如激励方式 2，$\theta = 15°$、30°、45° 时波形效果均不理想。其中 $\theta = 15°$ 时波形形成原因与之前基本一致，而 $\theta = 30°$、45° 时则是因为在该种激励情况下，第一个到达的 A 模态波包能量在这两个角度下均远小于其他角度，基本与紧接的后续波包能量一致。θ 从 60° 增至 90° 时，波形形态较为理想且具有一致性。θ 从 15° 增至 60°(对应接收点 1 至 4)的接收点处获得的时域信号如图 4.22 所示。

$\theta = 15°$ 和 45° 的接收点处获得的时域信号如图 4.23 所示。

由图 4.23 可知，组合激励下的接收波形，除 $\theta = 15°$ 时，剩余角度上感应节点的位移输出在波包形态方面均表现出较高的一致性，只是在能量大小上有所差异。同样，采用幅度峰值代表各接收信号能量值，仿真中三种激励方式下的输出位移能量与激励点—接收点连线与焊缝所成夹角 θ 的关系见表 4.6。

表 4.6　半径为 200mm 半圆上的接收点在三种激励方式下输出位移能量与 θ 关系

激励方式	接收点输出位移能量值					
	$\theta = 15°$	$\theta = 30°$	$\theta = 45°$	$\theta = 60°$	$\theta = 75°$	$\theta = 90°$
2	①	0.0051	0.0053	0.0032	0.0022	0.0022
3	①	①	①	0.0026	0.0025	0.0025
2 和 3 组合	①	0.0048	0.0069	0.0057	0.0046	0.0045

① 该接收点处波形形态不理想。

表 4.6 中，三种激励模式下的输出位移能量与 θ 的关系与图 3.6、图 3.8 和图 3.15 中给出的位移云图基本一致：在底板边缘上部单点激励时，能量较大的集中在 $\theta = 30° \sim 45°$ 这一区域，θ 继续增加时，能量有所减小，但减幅放缓；在壁板单点激励时，能量较大的集中在 $\theta = 60° \sim 90°$ 这一区域，且数值大小基本

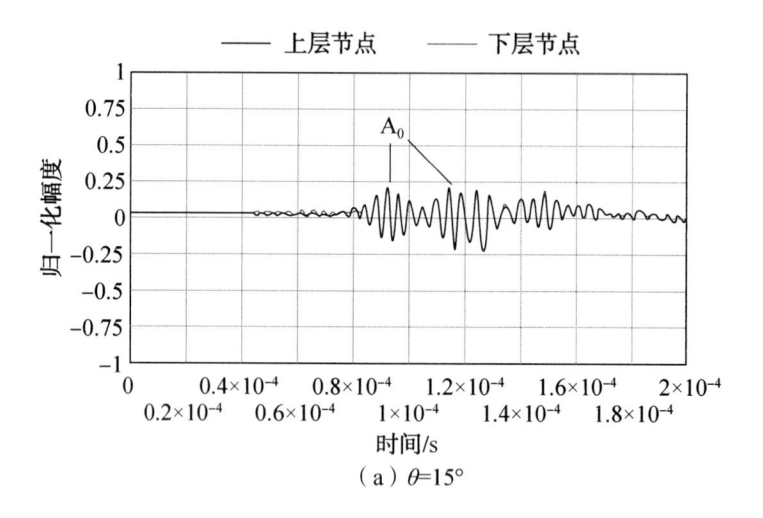

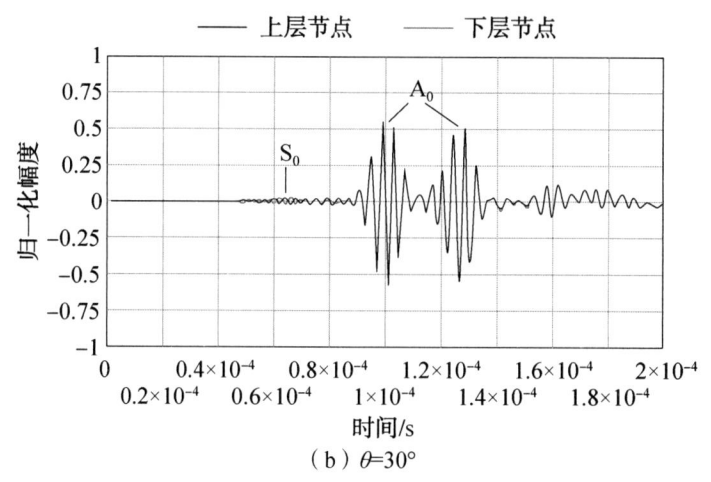

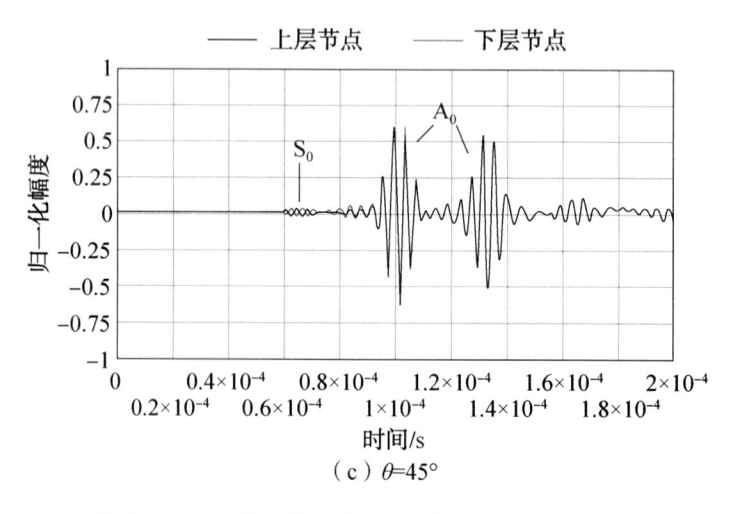

图 4.22 从壁板激发各接收点归一化时域结果

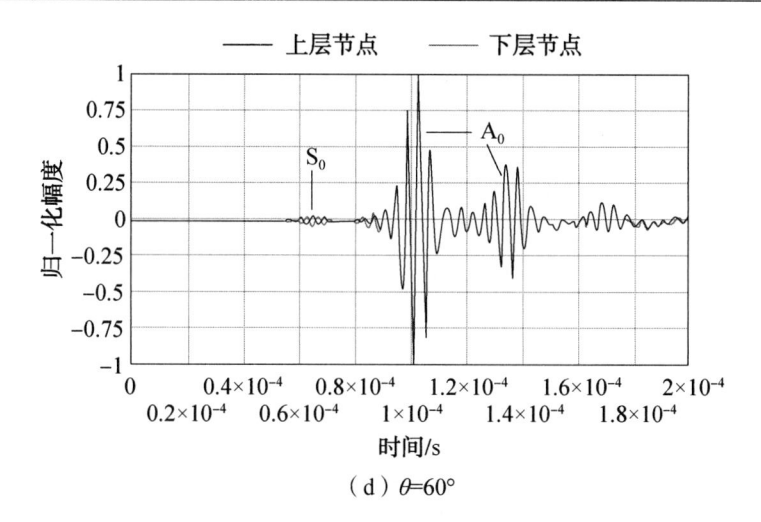

第4章 超声导波长距离激励方法研究

（d）$\theta=60°$

图4.22 从壁板激发各接收点归一化时域结果（续）

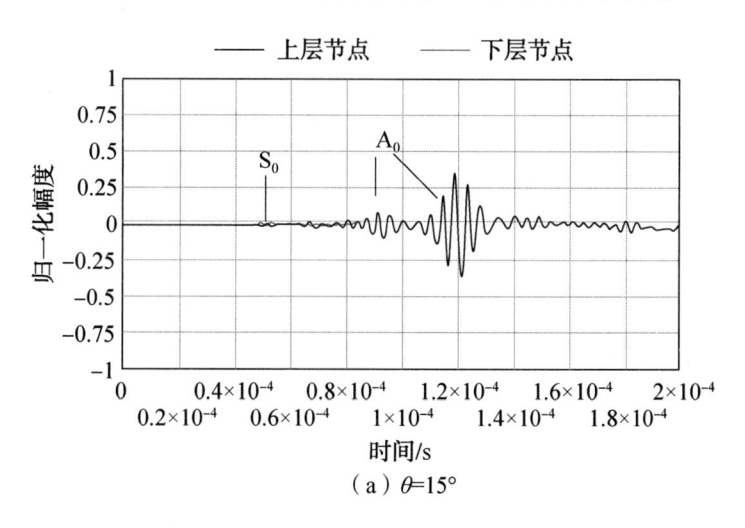

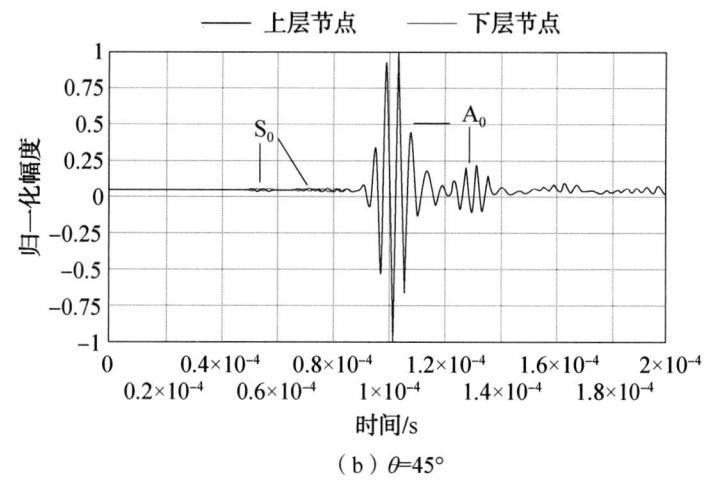

（a）$\theta=15°$

（b）$\theta=45°$

图4.23 组合激励下各接收点归一化时域结果

一致，略大于该区域在以激励方式 2 获得的能量，但明显小于 $\theta = 30° \sim 45°$ 这一区域以激励方式 2 获得的能量；组合激励时，当 $\theta = 60°$、$75°$、$90°$ 时，基本满足"能量大小等于在两个激励位置单独作用时所得输出位移能量的代数和"这一结论，但由于底板边缘上部单点激励在 $\theta = 45°$ 处感应节点产生的较大能量，组合激励的最大值点也出现在此处。

（2）半径为 300mm 半圆上的接收点。

大致情况与半径为 200mm 时相同，两点区别如下：

① 由于半径增加，接收点更加靠近钢板边缘，在底板边缘上部单点激励时，$\theta = 15°$ 和 $30°$ 处接收点的输出位移波形均不理想；

② 由于①中结论，组合激励下，$\theta = 15°$ 和 $30°$ 接收点的输出位移波形也不理想。

同样，三种激励模式下的输出位移能量与激励点—接收点连线与焊缝所成夹角 θ 的关系见表 4.7。

表 4.7 半径为 300mm 半圆上的接收点在三种激励方式下输出位移能量与 θ 关系

激励方式	接收点输出位移能量值					
	$\theta = 15°$	$\theta = 30°$	$\theta = 45°$	$\theta = 60°$	$\theta = 75°$	$\theta = 90°$
2	①	①	0.0047	0.0029	0.0017	0.0017
3	①	①	①	0.0019	0.0019	0.0019
2 和 3 组合	①	①	0.0050	0.0044	0.0035	0.0033

① 该接收点处波形形态不理想。

将表 4.6、表 4.7 中各角度接收点上的输出位移能量进行统一的正则化，例如，半径为 200mm 半圆上的接收点在三种激励方式下的输出位移能量分布如图 4.5（a）、图 4.5（b）、图 4.5（c）所示，半径为 300mm 半圆上的接收点在三种激励方式下的输出位移能量分布如图 4.5（d）、图 4.5（e）、图 4.5（f）所示。不难发现，在半径为 200mm 和 300mm 的半圆上，$\theta > 45°$ 时，组合激励效果均比较理想，$\theta = 30° \sim 45°$ 这一区域，虽然可以获得能量较大的输出位移，但由于在壁板单点激励下所得的位移波形受到边界回波和第一个直达 A_0 模态波包能量过小的影响，并不适合采用组合激励这一方式。此外，需要注意的是，$\theta = 75°$ 和 $90°$ 时，三种激励模式下输出位移特征基本一致，后续工作可以将这两种情况合并处理，如图 4.24 所示。

4.3.3 实验评估

参考仿真设计及结论，为进一步研究底板上不同位置接收点处的波形特点，

(a) 半径为200mm半圆上的接收点：底板边缘上部激发

(d) 半径为300mm半圆上的接收点：底板边缘上部激发

(b) 半径为200mm半圆上的接收点：壁板激发

(e) 半径为300mm半圆上的接收点：壁板激发

(c) 半径为200mm半圆上的接收点：组合激励

(f) 半径为300mm半圆上的接收点：组合激励

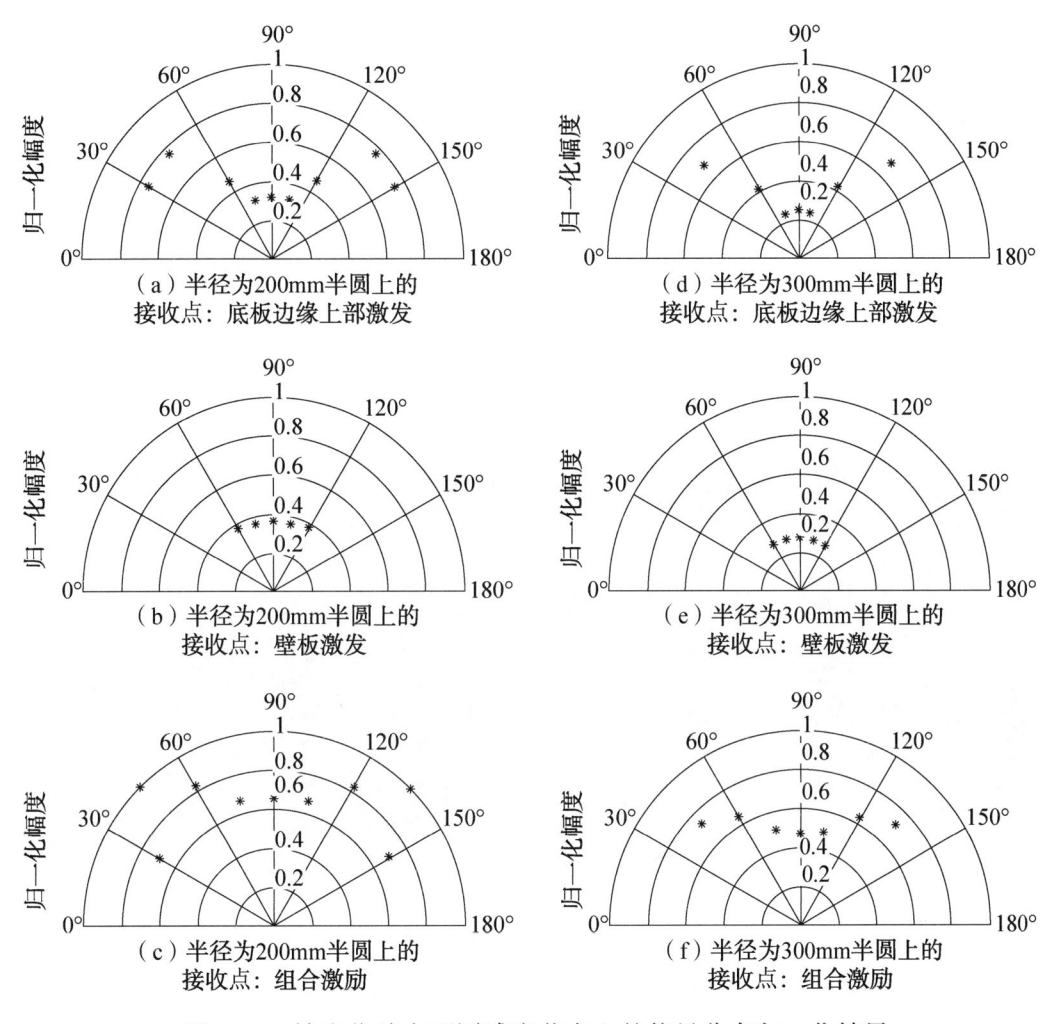

图 4.24 输出位移在不同感应节点上的能量分布归一化结果

在实验室的 L 形焊接板中，设置接收点如图 4.25 所示，4 个接收点所处位置分别对应接收点和激励点连线与焊缝所成夹角 $\theta = 30°$、$45°$、$60°$、$90°$，其余设置一致。

4.3.4 实验结果与分析

图 4.26、图 4.27 和图 4.28 为 4 个接收点在 3 种激励方式下的时域波形，与有限元仿真相比，由于实际环境中存在噪声，出现了更多小波包。

可以看出，同种激励模式下，不同 θ 下接收点的测量波形在波包形态上较为一致，但幅值大小具有明显差异。实验中研究的三种激励情况下各个接收点所得波形幅度与激励点—接收点连线与焊缝所成夹角 θ 的关系见表 4.8，并进行统一的正则化，波形幅度分布如图 4.29 所示。

(a)示意图

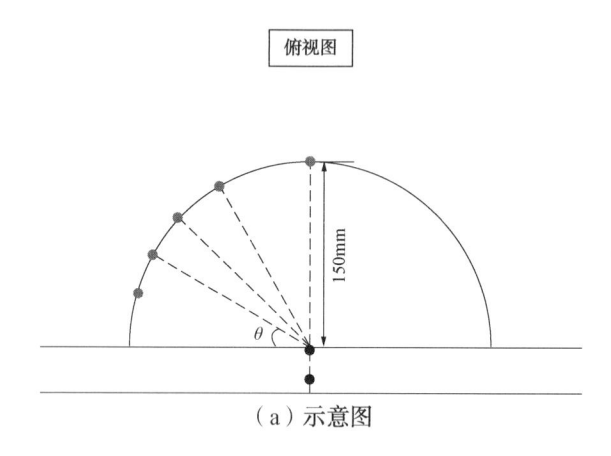

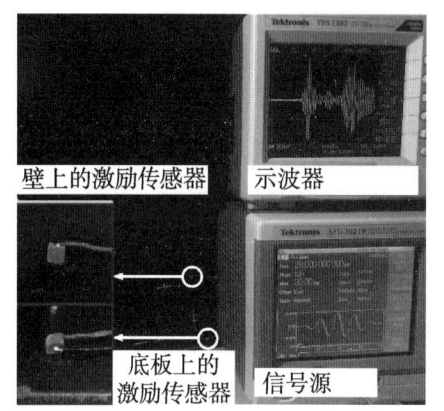

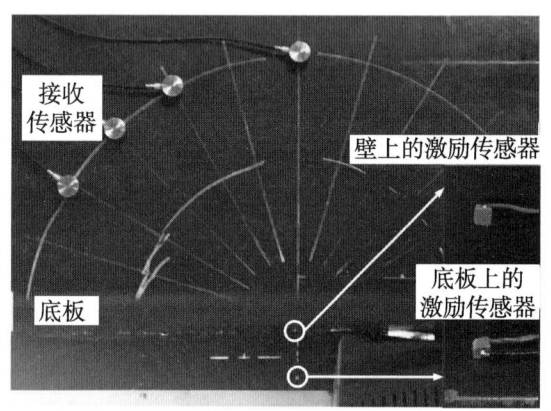

(b)实物图

图 4.25　用于研究导波传播区域影响因素的实验装置

表 4.8　三种激励方式下接收点时域波形幅值与 θ 关系实验结果

激励方式	接收点时域波形幅值/mV			
	$\theta=30°$	$\theta=45°$	$\theta=60°$	$\theta=90°$
2	41.6	185	137	116
3	38.1	84.8	73.6	104
2 和 3 组合	49.0	304	262	233

基于上述结果，当接收点与激励点相距 150mm 时，在激励点—接收点连线与焊缝所成角度 $\theta=45°\sim135°$ 这一区域，使用组合激励方法，可使接收信号幅值提高 64%~100%，有助于后续分析；当半径增加，θ 会向 90° 中心减小；当 $\theta=30°$ 左右甚至更小时，实验中研究的三种激励方式均不能得到能量较大的接收波形，由于低幅值，一些波形被掩埋在噪声流中，无法用于后续分析。对于这一区域的导波检测，可沿底板边缘伸展方向不断移动激励点位置，以形成对

(a) $\theta=30°$

(b) $\theta=45°$

(c) $\theta=60°$

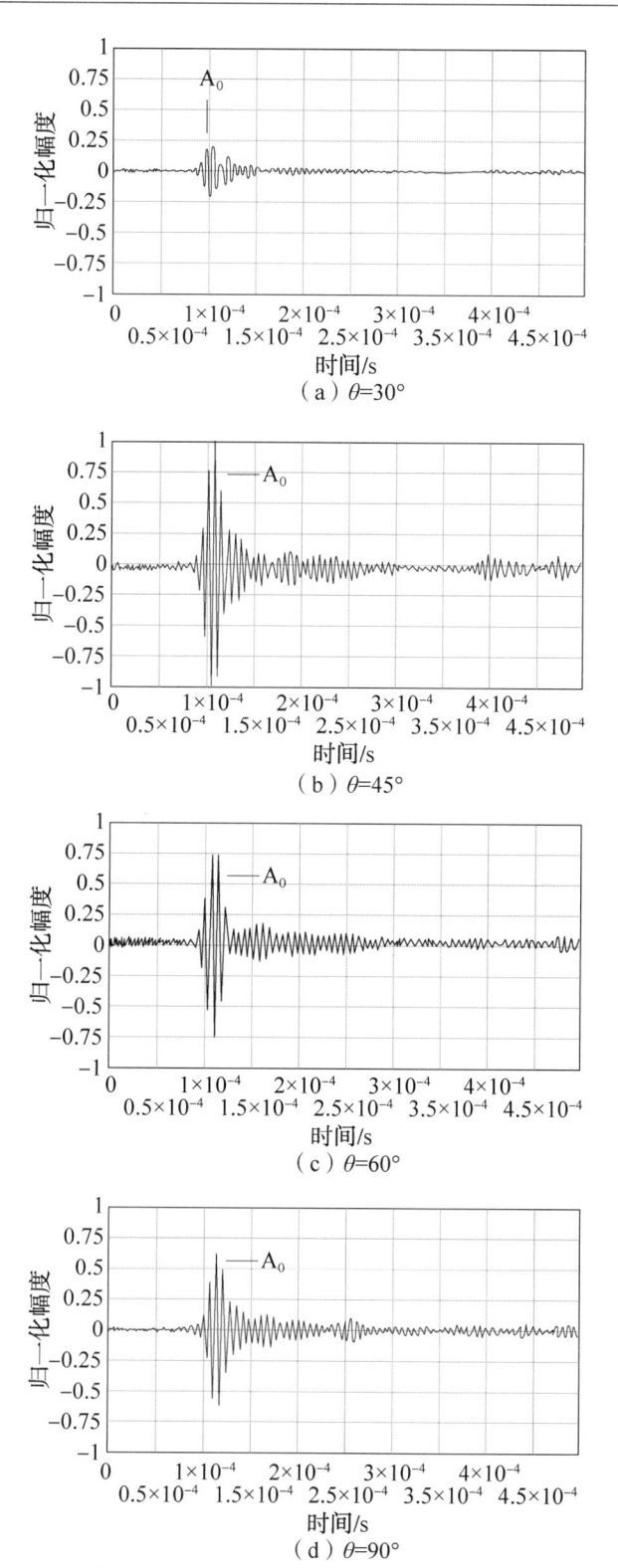

(d) $\theta=90°$

图4.26 从底板边缘上部激发各接收点归一化时域结果

(a) $\theta=30°$

(b) $\theta=45°$

(c) $\theta=60°$

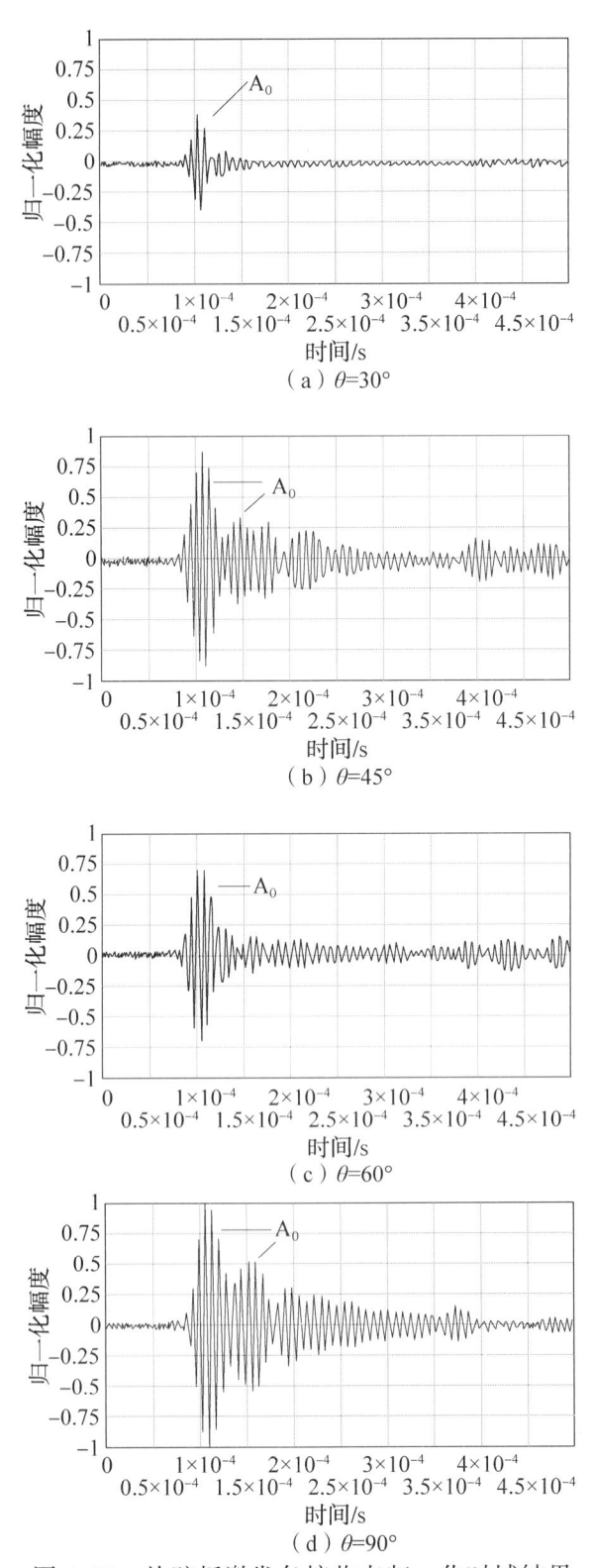

(d) $\theta=90°$

图 4.27 从壁板激发各接收点归一化时域结果

(a) $\theta=30°$

(b) $\theta=45°$

(c) $\theta=60°$

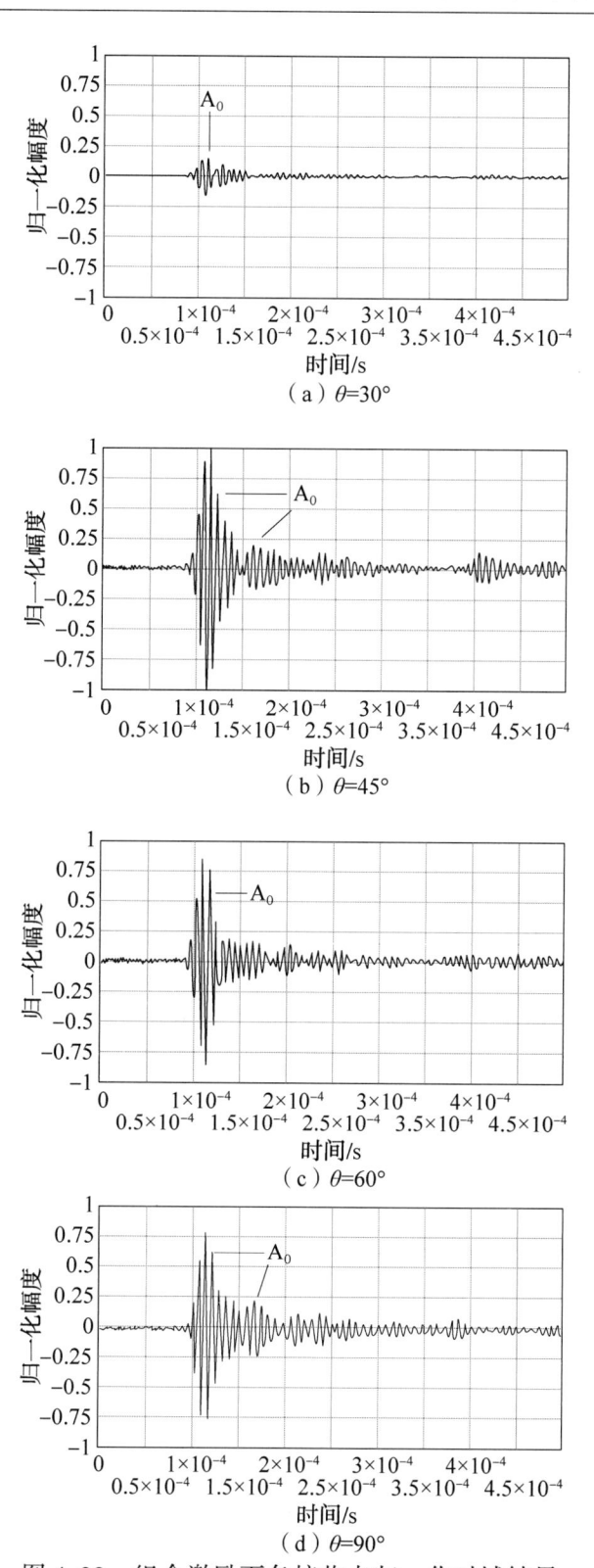

(d) $\theta=90°$

图 4.28 组合激励下各接收点归一化时域结果

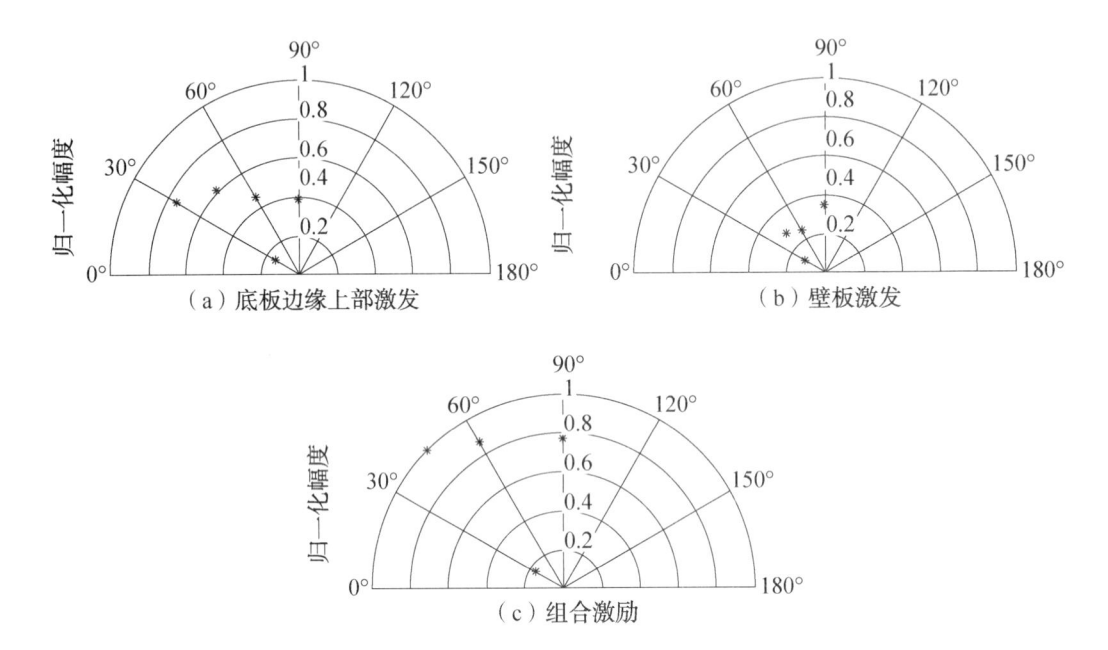

图 4.29 波形幅度在不同接收点上的分布归一化结果

整个底板的扫描。

参考文献

[1] Dassault Systèmes. Abaqus theory guide[EB/OL]. (2013-07-01)[2017-11-04]. http://abaqus.software.polimi.it/v6.13/books/stm/default.htm.

[2] Diligent O, Grahn T, Bostrom A, et al. The low-frequency reflection and scattering of the S_0 Lamb mode from a circular through-thickness hole in a plate: finite element, analytical and experimental studies[J]. The Journal of the Acoustical Society of America, 2002, 112(6): 2589-2601.

[3] Victor G. Tuned Lamb wave excitation and detection with piezoelectric wafer active sensors for structural health monitoring[J]. Journal of Intelligent Material Systems and Structures, 2005, 16(4): 291-305.

[4] Haig A G, Sanderson R M, Mudge P J, et al. Macro-fibre composite actuators for the transduction of Lamb and horizontal shear ultrasonic guided waves[J]. Insight: Non-Destructive Testing and Condition Monitoring, 2013, 55(2): 72-77.

第5章 超声导波与腐蚀缺陷的调制机理

对于 Lamb 波缺陷检测而言，不同模式 Lamb 波对板中不同位置、不同类型缺陷的检出能力不同，对有效检测距离和检测灵敏度存在重要影响的另一个因素就是 Lamb 波的衰减，较大的衰减会使其探伤范围减小，探伤灵敏度急剧降低。因此，研究不同模态 Lamb 波随探测距离的衰减变化是十分必要的。此外，如何对缺陷做出定性与定量评价是超声 Lamb 波探伤研究的重点，通过研究缺陷大小与回波信号幅值之间的关系有助于对缺陷的定量评价。

5.1 腐蚀板中导波特性仿真分析

5.1.1 有限元建模

基于动态有限元分析(FEA)，利用 ABAQUS/EXPLICIT 件，研究 A_0 模态与不同深度下的矩形、圆形和圆锥形腐蚀缺陷相互作用的现象。分析了腐蚀缺陷对波场的调制作用，缺陷深度的改变对波场传播方向、波场能量和反射及透射幅值的影响。

如图 5.1 所示，建立了一个三维实体带有腐蚀缺陷的钢板模型，钢板的尺寸为 1200mm × 1200mm × 3mm，钢板的特性参数设置见表 5.1。为了研究不同缺陷类型以及与缺陷作用的不同路径下的导波传播特性，设置了矩形缺陷、圆形缺陷和圆锥形缺陷，缺陷的俯视图及侧视图如 5.1(b) 所示，矩形缺陷的截面尺寸为 20mm × 10mm，圆形和圆锥形缺陷的截面均为直径 20mm 的圆。为得到不同缺陷深度下损伤因子的变化趋势，在有限元模拟中设置不同缺陷深度 h。导波从板边界向前传播过程中经过缺陷后与缺陷发生调制作用，会发生反射与透射，因此设置了接收点分别接收含有缺陷信息的反射信号及透射信号，传感器布置为线性阵列，此阵列可以选择不同的传感器组检测此传播路径上的缺陷。由于超声导波在介质中传播时，随着距离的增加导波能量逐渐减弱，即超声导波固有的衰减特性，因此为了研究衰减特性对损伤因子的影响程度，在距离板边界 650~1050mm 范围内(间隔 100mm)分别设置不同传播距离下的接收点，其中接收透射信号与反射信号的传感器关于缺陷位置对称。

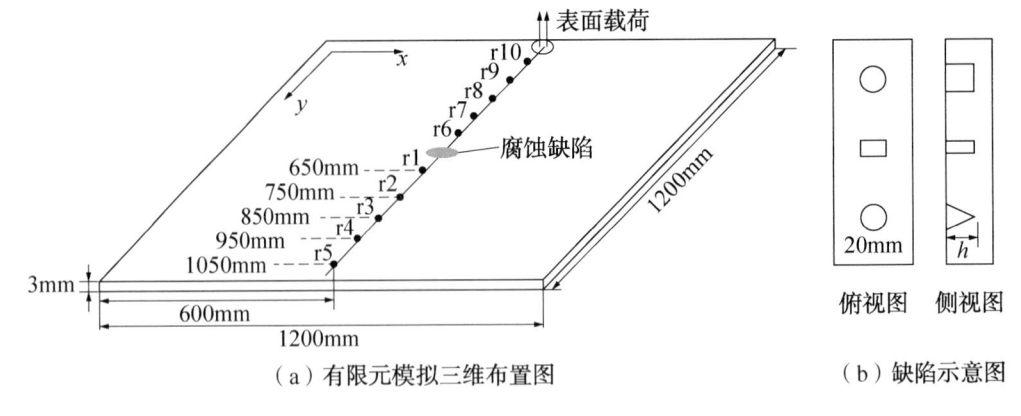

（a）有限元模拟三维布置图　　（b）缺陷示意图

图 5.1　钢板模型

在有限元分析软件的材料属性设置中，三维实体的材料属性设置见表 5.1。

表 5.1　有限元设置中钢板的材料属性

材料	密度/(kg/m³)	泊松比	弹性模量/GPa
钢板	7850	0.3	210

5.1.2　激励信号及时间步长的选择

在激励信号的激发过程中，Lamb 波的激励信号可以分为宽频信号和窄频信号，激励方式又分为脉冲波和连续波。当激励信号选取连续激励信号时，响应信号在时域上非常复杂，无法得到独立的波包，不利于数据的处理和分析。当激励信号选取宽频激励信号时，在频域上存在多个频率成分且数据的处理更复杂，同时还会加重导波的频散现象，给后续信号的分析增加了难度。因此，综合考虑检测的效果和数据处理的便捷性，最终选用脉冲式窄频信号，该激励信号是由 Hanning 窗调制的正弦信号，其表达式如下：

$$y = \frac{1}{2}\left[1 - \cos\left(\frac{2\pi ft}{n}\right)\right]\sin(2\pi ft) \tag{5.1}$$

其中，f 为单频激励信号的频率，n 为 Hanning 窗调制的单频信号的周期数。n 越大，激励信号的能量越大，频带相对越窄。但是波峰个数越多，相对应的信号长度越长，各个模式之间的波形可能会叠加，加大了信号处理难度。因此，激励信号周期个数不宜过少或过多。经查阅资料和实验总结，最终选定周期数为 10 的激励信号。

合理选取 Lamb 波传播的有限元仿真时空间步长（Δx）可保证正确地模拟相

应波长的 Lamb 波在传播过程中的空间迭代，一般原则为必须保证 Lamb 波的波长跨度内至少包含 7 个 Δx。因此，选用方形单元划分单元网格，各个单元的尺寸设为 1mm×1mm×1mm，以保证所存在的最短波长的跨度内至少包含 7 个单元。设定时间步长 Δt 为 0.02μs 以满足时间收敛准则：

$$\Delta t \leqslant \frac{\max(\Delta x, \Delta y, \Delta z)}{c_{\max}} \tag{5.2}$$

其中，$c_{\max}$ 为声波传播过程中的最大速度，Δx 为相邻两节点在 x 方向的间距，Δy 为相邻两节点在 y 方向的间距，Δz 为相邻两节点在 z 方向的间距。

5.1.3 激励频率的选择

由于 Lamb 波具有频散特性，即激励出的信号中心频率不同会导致 Lamb 波具有不同的模式。如果激励信号的中心频率增大，那么 Lamb 波的模式就会增多，从而导致后续的信号分析与处理更为复杂。因此，为了降低信号处理的复杂度，通过激励频率的仿真实验来选取合适的中心频率。在有限元仿真软件中对 3mm 厚的钢板施加垂直于板结构的表面载荷，激励范围为直径 20mm 的

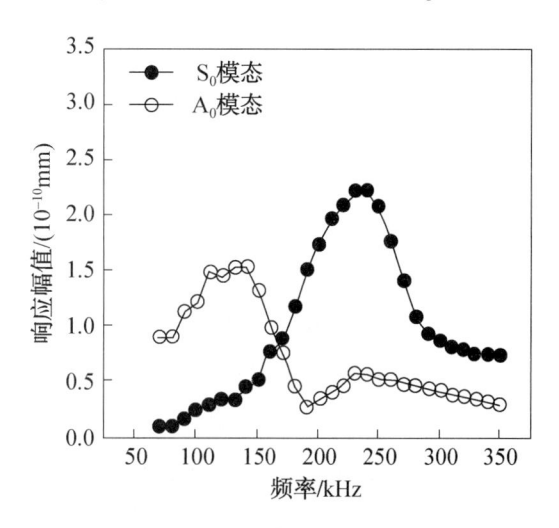

图 5.2 不同模态下频率—幅值曲线图

圆，激励信号的频率范围为 70~350kHz，单位增量为 10kHz，得到不同激励频率下 S_0 和 A_0 模态波的位移幅值变化如图 5.2 所示。导波的 A_0 模态在厚度方向上与空洞、裂缝作用时，仅产生散射的 A_0 模态。为避免导波的多模态现象对检测结果的判断造成影响，这里采用 A_0 模态作为检测模态。观察数据可知 S_0 模态主要集中在 50~150kHz 低频之间，而 A_0 模态主要集中在 150~270kHz 高频之间，综合考虑压电传感器的频响测试曲线，最终选择激励频率 200kHz。

5.2 有限元仿真结果分析

5.2.1 钢板中导波的传播特性研究

通过变缺陷深度板的仿真模型可以得到有限元模拟仿真在深度 $h = 2.2$mm 时的某一时刻下，无缺陷、矩形缺陷、圆形缺陷和圆锥形缺陷的应力云图，如

图 5.3 所示。由图 5.3 中可知，在没有缺陷的板结构中传播时，只出现了与板边界的反射现象且无模态转换发生；在有缺陷的板中传播时，经缺陷作用后波束的能量及方向会发生变化，且产生新的波包。同时缺陷的类型不同，与导波作用后波束能量的变化不同，即反射波 A_0 和透射波 A_0 波包幅值等不同。

根据导波与不同缺陷作用后波场传播情况可知，在无缺陷时导波以圆周散射的方式向前传播且在与激励垂直方向的中心线上能量最大；而与矩形缺陷作用后会产生向后传播的散射波，即缺陷的反射波，同时沿着中心线继续向前传播的直达波产生能量减弱的现象，即缺陷的透射波；与圆形缺陷作用后产生与矩形缺陷作用相同的现象，但反射波能量相对分散、不集中，相比于矩形缺陷的反射波能量较小，同时透射波在主方向上的能量值衰减。

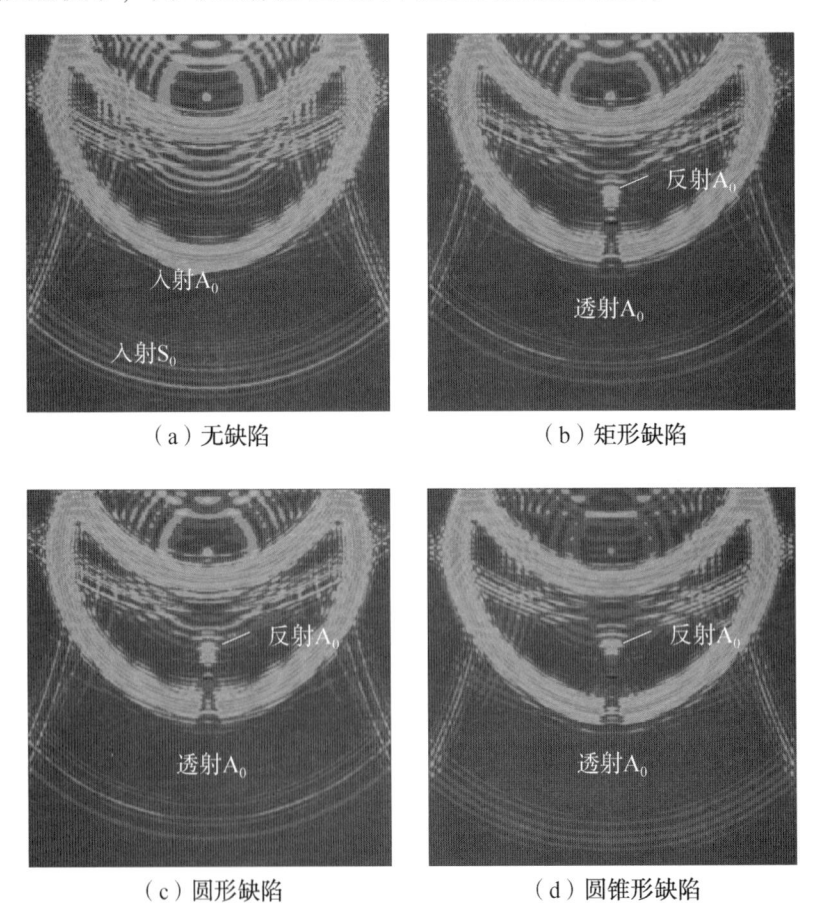

（a）无缺陷　　　　　　　　（b）矩形缺陷

（c）圆形缺陷　　　　　　　（d）圆锥形缺陷

图 5.3　有限元仿真在 $h=2.2\text{mm}$ 时某一时刻的云图

图 5.4 为无缺陷、缺陷深度为 1.5mm 和 3mm 时的波场传播云图，分析可知，钢板中传播的模态为 A_0 和 S_0。S_0 模态传播速度比 A_0 模态速度快，但 A_0 模态能量更大。缺陷深度较浅时，A_0 基本掠过缺陷仍按照原始传播方向，反射

回波能量较小；而缺陷深度越深，波束能量分散现象越严重，且在缺陷处能量急剧衰减，原波场传播方向的能量减小，反射回波的能量变大。经计算，A_0 模态波长为 12.5mm，缺陷尺寸大于波长。

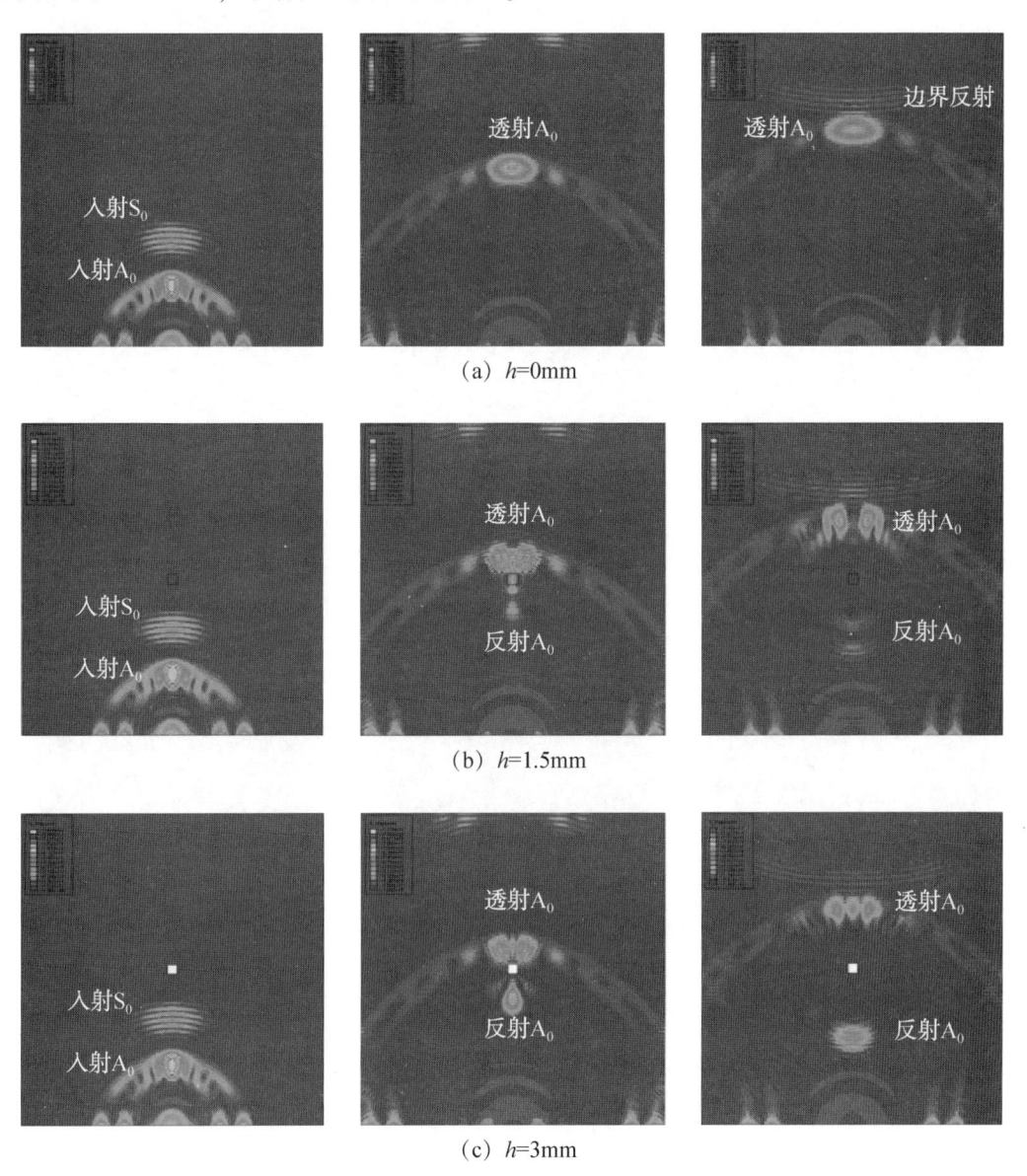

图 5.4　矩形缺陷在不同深度下的波场传播云图

从图 5.5 中圆形缺陷在不同深度下的传播云图可知，板中 A_0 为主要模态，边界回波以及缺陷的散射波会引起波束能量的叠加。有缺陷时波束能量会分散，且缺陷深度较浅时，波束越过缺陷沿着原始传播方向运动；缺陷深度较深时，波束能量在缺陷处衰减大，原始传播方向能量以不同角度分散传播，能量减小。

同时缺陷深度越深，反射回波能量值越大。

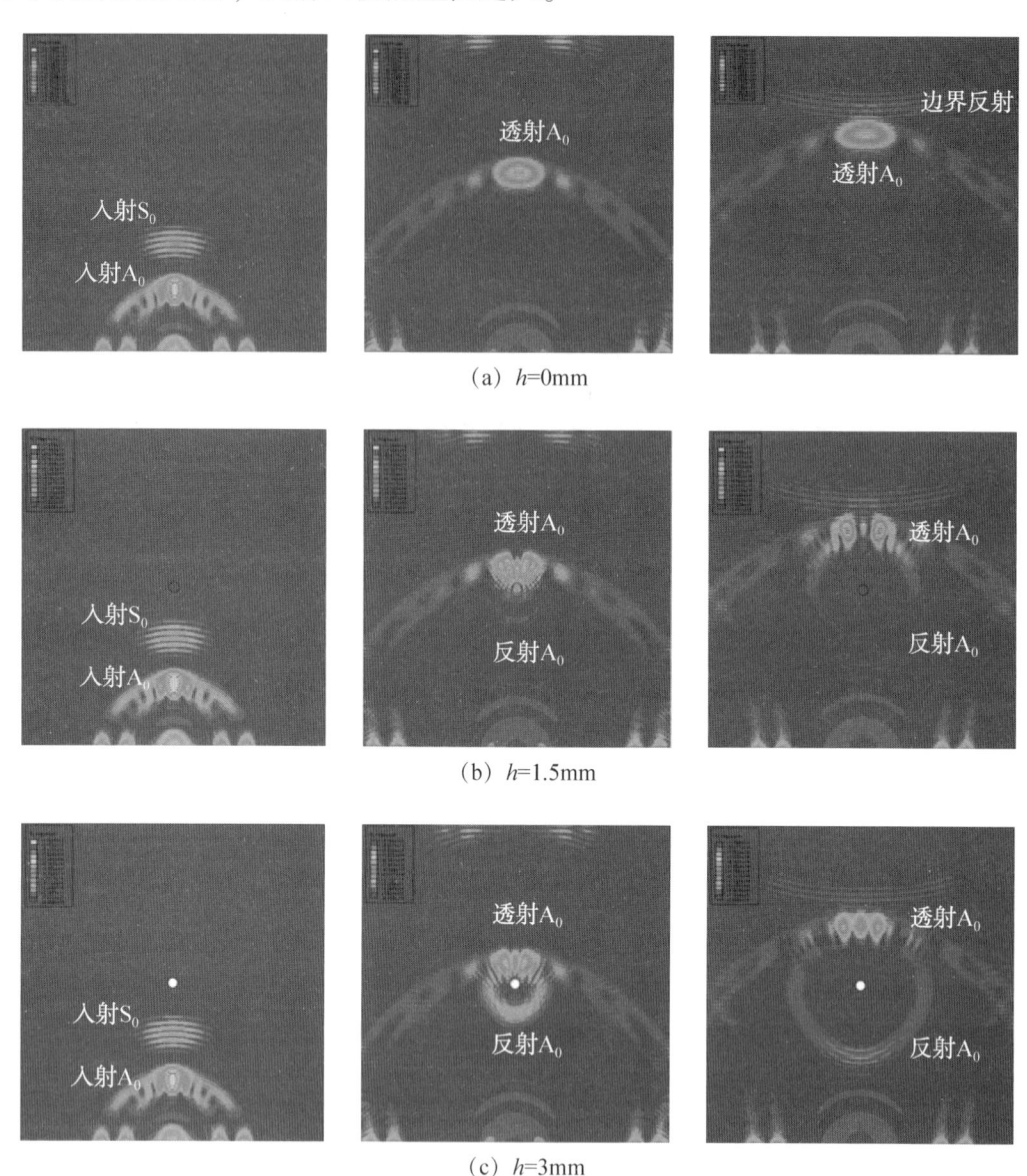

(a) h=0mm

(b) h=1.5mm

(c) h=3mm

图 5.5 圆形缺陷在不同深度下的波场传播云图

5.2.2 缺陷深度对反射和透射幅值的影响

图 5.6 为有限元仿真结果中某一缺陷深度下接收点的时域波形，直达波峰值到达时间为 95.6μs，透射波峰值到达时间为 257.3μs。其中，信号①是激励源传播到接收点的直达波，信号②是缺陷引起的反射波，信号③是接收点的透射波。由于整个分析时间长，边界回波与直达波的叠加导致波形分析复杂，因

此为了进一步研究缺陷深度对反射及透射幅值的影响，提取了波包②和波包③的包络幅值，分别绘制了矩形和圆形缺陷深度与反射波、透射波幅值的变化曲线。该有限元仿真模型默认单位尺寸为 mm，而声波的本质是介质的机械振动。因此获得的如图 5.6 所示的波形纵轴即为该位置点处由于声波振动导致的位移振动幅度，其单位尺寸为 mm。默认以下变化率单位为 1，即 mm/mm。

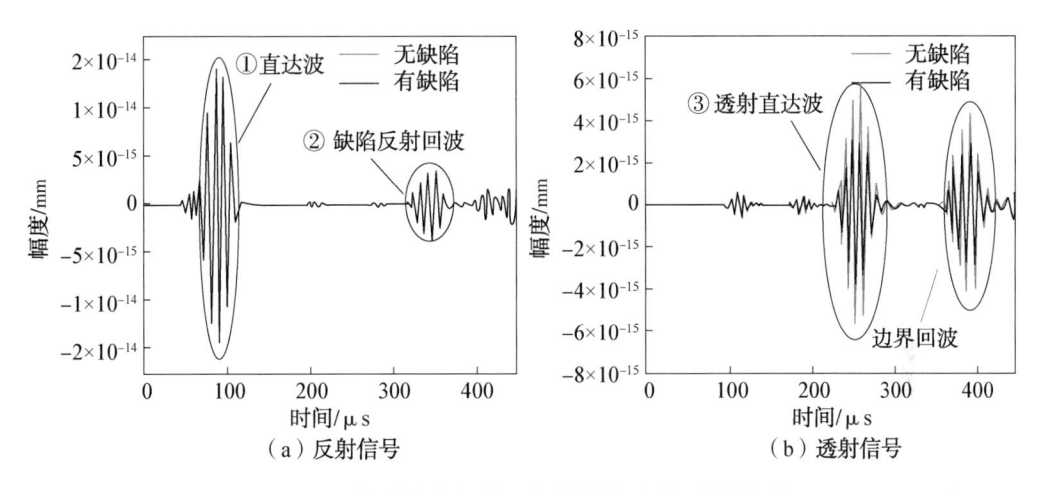

(a) 反射信号　　　　(b) 透射信号

图 5.6　深度相同时矩形腐蚀缺陷的时域波形

图 5.7 为矩形缺陷的腐蚀深度与反射波峰峰值的关系曲线，从图 5.7 中可知，缺陷引起的反射波幅度随缺陷深度的增加而增大，近似正比例关系增长，其中缺陷深度不到板厚的一半时，增长速度较缓慢；当缺陷深度在板厚一半附近时，由于非对称模态传播遇到对称结构导致能量增长速率变快；当缺陷深度在 1.6～2.4mm 时，反射波幅度增长速率变缓；当缺陷深度在 2.4～3mm 之间

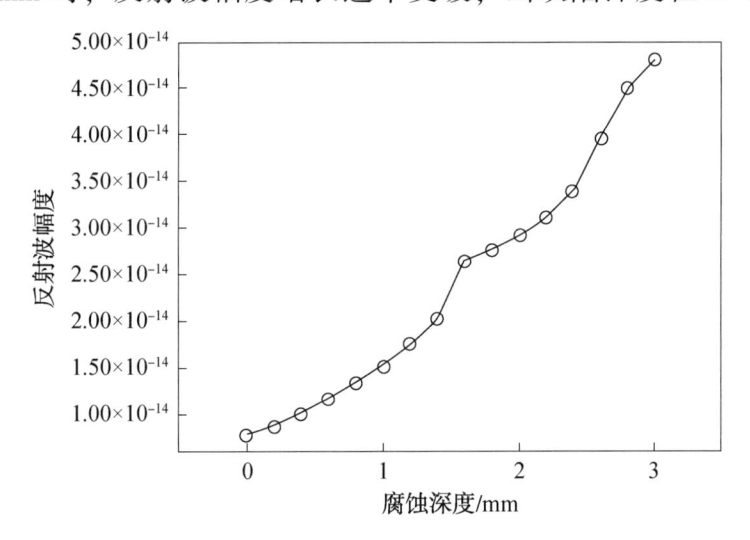

图 5.7　矩形腐蚀缺陷的反射幅度与深度的关系曲线图

时，增长速率变为 2.34×10^{-14}。

图 5.8 为矩形缺陷的腐蚀深度与透射波峰峰值的关系曲线，从图 5.8 中可知，缺陷引起的波位移幅度随缺陷深度的增加呈现非线性变化——先减小后增加。当缺陷深度为 0~0.4mm 时，波位移幅度以 7.25×10^{-14} 的增长率变化；当缺陷深度为 0.4~1.4mm 时，波位移幅度以 7.76×10^{-14} 的减少率变化；当缺陷深度在 1.4~1.6mm 时，缺陷深度在板厚一半附近，声波振动幅度变大；当缺陷深度在 1.6~2.6mm 时，声波振动幅度以 1.59×10^{-14} 的增长率缓慢增加；当缺陷深度在 2.6~3mm 时，缺陷反射回波振动幅度增大，直达波幅度减小。

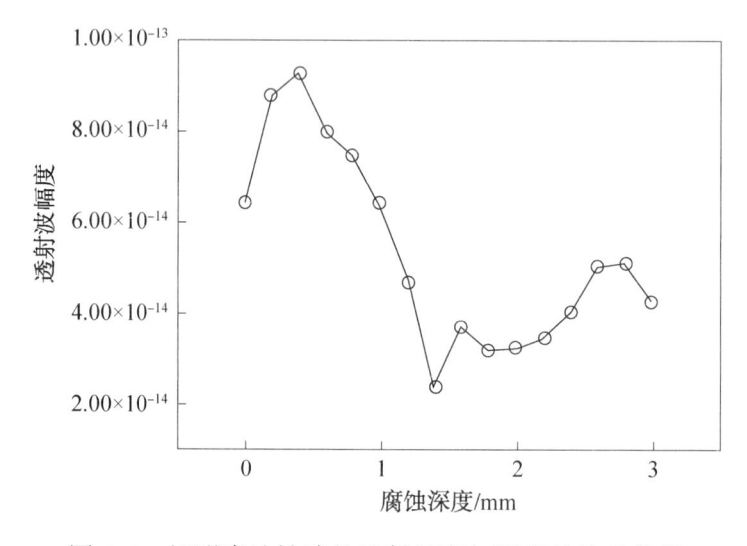

图 5.8 矩形腐蚀缺陷的透射幅度与深度的关系曲线

依据仿真结果统计圆形腐蚀缺陷在不同缺陷深度下的反射波幅值，绘制成图 5.9 所示的圆形腐蚀缺陷的反射波变化幅度与深度的关系曲线。数据表明，反射波变化幅度整体与缺陷深度呈正比例关系变化，且当缺陷深度为 0~1.4mm 时，反射波幅度随缺陷深度的增加而增加，且增长率为 2.8×10^{-15}；当缺陷深度为 1.4~1.6mm 时，缺陷深度为板厚的一半左右，反射波幅度增长率变高，为 1.1×10^{-15}；当缺陷深度为 1.6~2.8mm 时，反射波幅度以 3.52×10^{-15} 的增长率增加。

依据仿真结果统计圆形腐蚀缺陷在不同缺陷深度下透射波 A_0 的幅度，绘制图 5.10 所示的圆形腐蚀缺陷的透射波幅度与深度的关系曲线。从图 5.10 中数据可知，波幅值整体不随缺陷深度线性变化，呈现先增后减的趋势。当缺陷深度在 0~0.4mm 之间时，波振动幅度随缺陷深度的增加而增加，增长率为 7.28×10^{-15}；当缺陷深度在 0.4~1.4mm 时，波振动幅度随缺陷深度的增加而减小，且衰减率为 5.9×10^{-14}。缺陷深度位于板厚一半附近时，接收点 A_0 直达波幅度

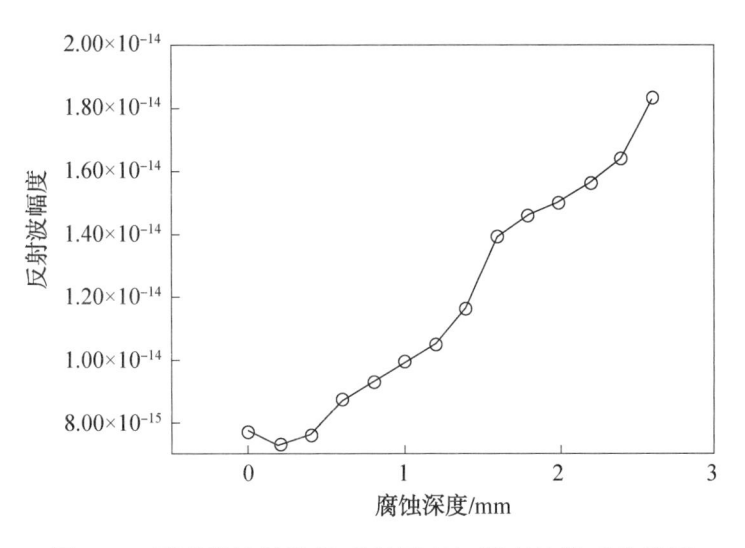

图 5.9　圆形腐蚀缺陷的反射幅度与深度的关系曲线图

值最低。

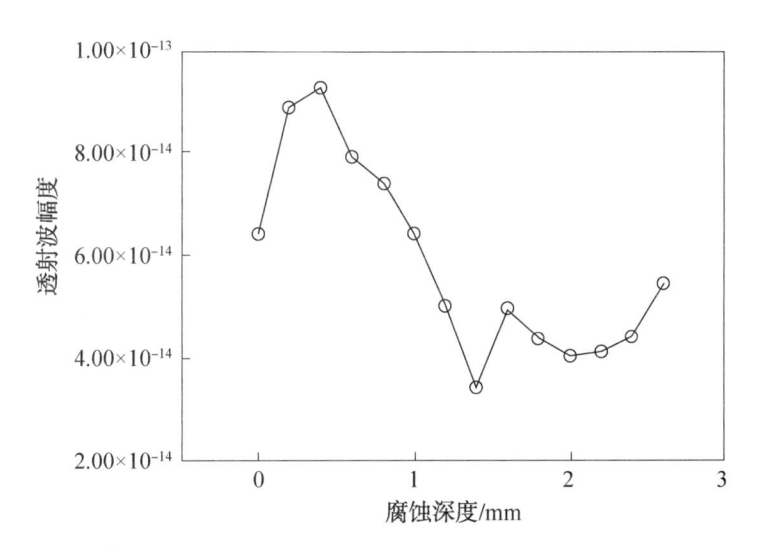

图 5.10　圆形腐蚀缺陷的透射幅度与深度的关系曲线

5.2.3　传播距离对波形信号的影响

超声导波在板中传播时，随着传播距离的增加，能量逐渐衰减，本书选取了矩形腐蚀缺陷的有限元仿真数据，绘制了如图 5.11 所示的不同距离接收点的时域波形图，矩形缺陷深度为 1.5mm，激励源中心频率为 200kHz，施加低表面载荷得到的接收信号为红色波形，高表面载荷得到的接收信号为蓝色波形，红色虚线框内为透射波 A_0。由图 5.11 可知，导波在不同传播距离下，透射波 A_0

的幅值不同。

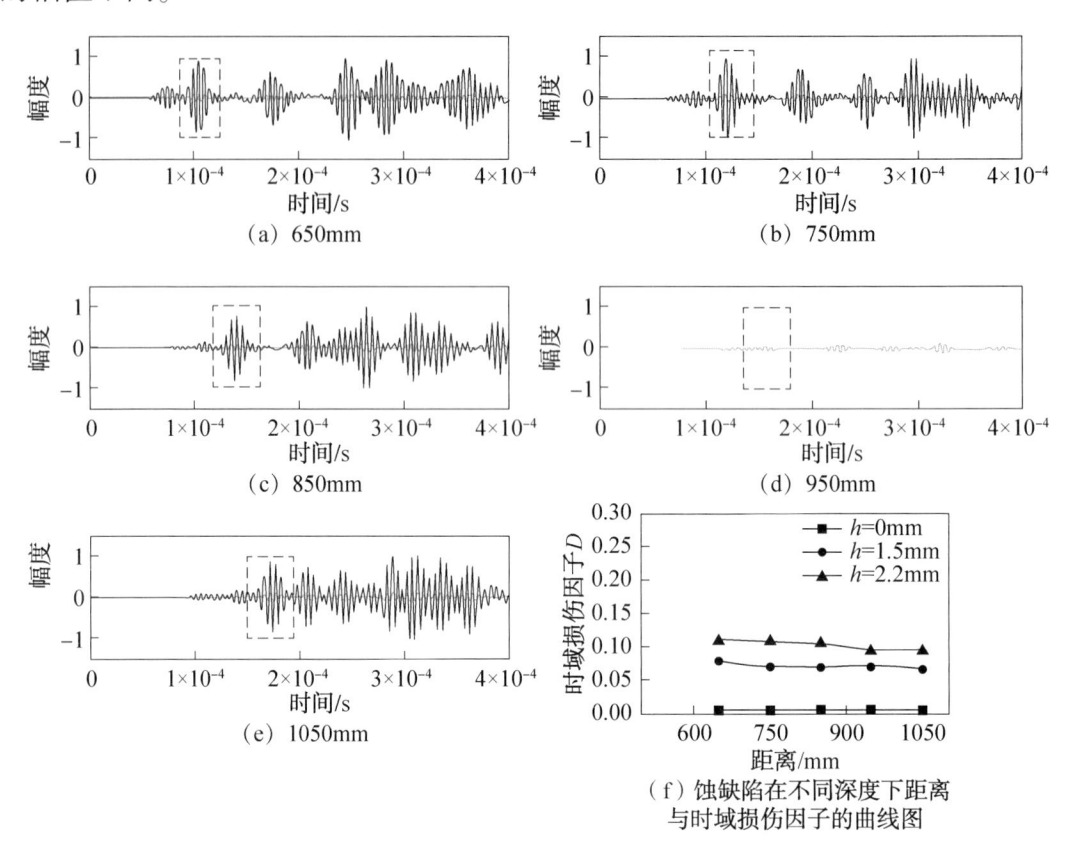

图 5.11 不同距离接收点的时域波形图

超声导波在板中传播时,随着传播距离的增加,能量逐渐衰减,因此为了研究传播距离对等比例相减后差值信号的损伤因子的影响,选取了矩形缺陷深度为 0mm、1.5mm 和 2.2mm、激励频率为 200kHz 且激励载荷放大 10 倍的数据,分别对传播距离 $L=650$mm、750mm、850mm、950mm 以及 1050mm 接收点处的数据按照公式(2.39)进行处理,并绘制了如图 5.11(f)所示的传播距离与差值信号时域损伤因子的曲线图。

从 5.11 图中可知,无论是何种类型的缺陷,随着波场传播距离 L 的增加,时域损伤因子 D 都存在上下波动的情况,但整体幅值几乎一致。从图 5.11(f)可知,矩形缺陷的深度一定时,差值信号的时域损伤因子 D 随波场传播距离 L 的增加基本保持不变,同时波场传播距离 L 一定时,差值信号的时域损伤因子 D 随缺陷深度 h 的增加而增加。在缺陷深度为 0mm 和 1.5mm 时,时域损伤因子在均值线上波动的最大比率为 8%,且深度 1.5mm 下时域损伤因子的均值相对于深度 0mm 下的环比增长率为 217%。缺陷深度为 2.2mm 时,时域损伤因子在均值线上波动的最大比率为 13%,且深度 2.2mm 下时域损伤因子的均值相对于深度 1.5mm 下的环比增长率为 44%。从图 5.11(b) 可知，在缺陷深度为 0mm 时，时域损伤因子在均值线上波动的最大比率为 11%，在缺陷深度为 1.5mm 时，时域损伤因子在均值线上波动的最大比率为 9%，且深度 1.5mm 下时域损伤因子的均值相对于深度 0mm 下的环比增长率为 899%。缺陷深度为 2.2mm 时，时域损伤因子在均值线上波动的最大比率为 6%，且深度 2.2mm 下时域损伤因子的均值相对于深度 1.5mm 下的环比增长率为 43%。从图 5.11(c) 可知，在缺陷深度为 0mm 时，时域损伤因子在均值线上波动的最大比率为 8%，在缺陷深度为 1.5mm 时，时域损伤因子在均值线上波动的最大比率为 9%，且深度 1.5mm 下时域损伤因子的均值相对于深度 0mm 下的环比增长率为 877%。缺陷深度为 2.2mm 时，时域损伤因子在均值线上波动的最大比率为 8.9%，且深度 2.2mm 下时域损伤因子的均值相对于深度 1.5mm 下的环比增长率为 45%。

综上所述，腐蚀缺陷深度对时域损伤因子 D 的影响大于对波场传播距离 L 的影响。因此，在腐蚀缺陷深度检测的判断中，通过无基准检测的方法可以很好地表征出缺陷的深度值。

5.2.4 缺陷深度对波形信号的影响

根据上述仿真研究以及结果分析可知，波场传播距离对缺陷损伤因子的影响小于缺陷深度对损伤因子的影响，载荷放大倍数越大，检测效果越好，检测灵敏度越高，因此，在研究腐蚀缺陷深度对损伤因子的影响时忽略距离产生的影响，选用放大倍数为 10 的应力载荷数据，同时选取传播距离 $L=850$mm 的 r_{10} 处的接收点数据进行特征量的提取。

图 5.12 为矩形腐蚀缺陷在不同深度下与时域和频域特征量的关系曲线，从图 5.12 中可知，无论是时域特征量还是频域特征量，都随缺陷深度的增加而增加。从图 5.12(a) 可知，当缺陷深度在 0~2.2mm 时，透射波的时域均值 P 随深度的增加而缓慢上升，增长速率为 3×10^{-8}/mm；当缺陷深度高于 2.2mm 时，时域均值随深度的增加而快速上升，增长速率变为 2.08×10^{-7}/mm。从图 5.12(b) 可知，透射波的时域损伤因子 D 随深度的增大而增大，且近似以 0.046/mm 的增长率等比例增加。从图 5.12(c) 可知，频域损伤因子 D_f 随深度的增大而增大，在缺陷深度小于 2.2mm 时几乎以 0.045/mm 的增长率线性增长；在深度在 2.2mm-3mm 之间时，频域损伤因子 D_f 随深度的增加快速增加，增长率为 0.061/mm。从图 5.12(d) 可知，深度在 0~0.8mm 之间时，频域幅度差损伤因子 D_p 随深度的增加而上升，增长率为 0.125/mm；当缺陷深度大于 0.8mm 时，频域幅度差损伤因子 D_p 以 0.032/mm 的增长率随深度增大。

(a）时域均值

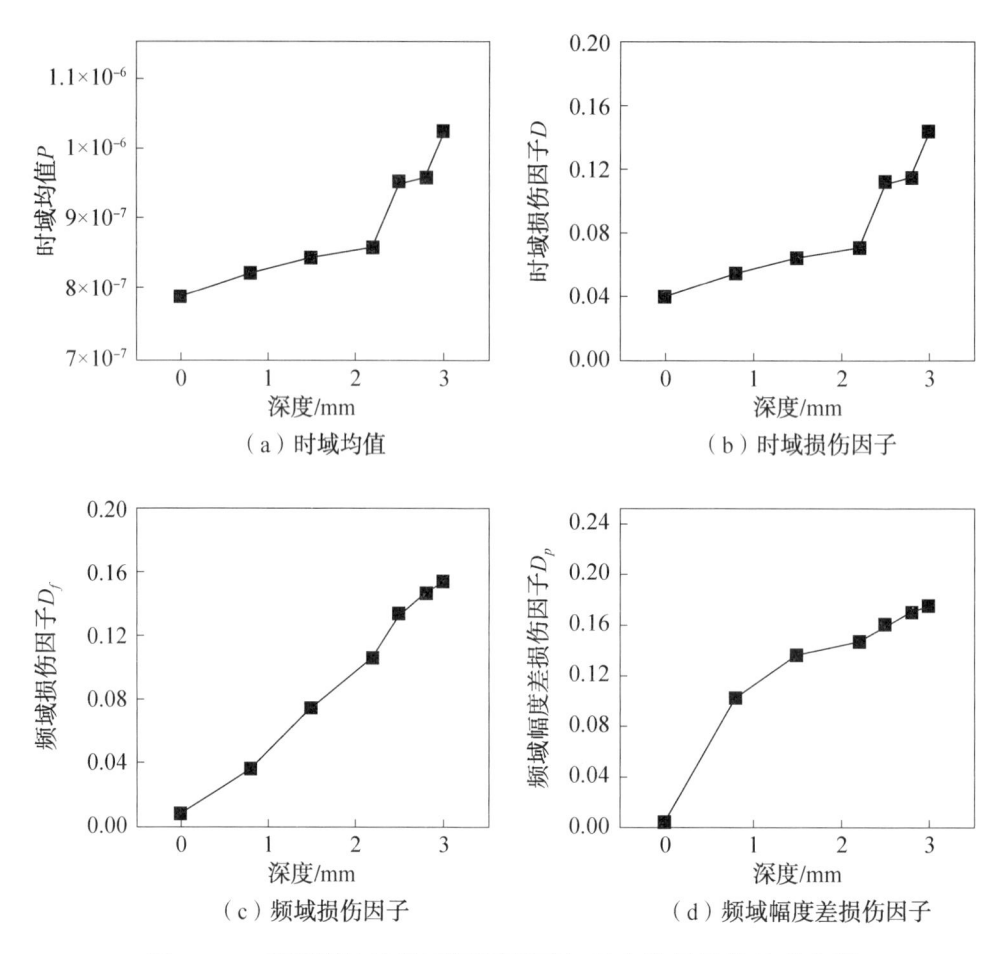

(b）时域损伤因子

(c）频域损伤因子

(d）频域幅度差损伤因子

图 5.12　矩形腐蚀缺陷不同深度下与相应特征量的关系曲线

5.2.5　试件板厚对波形信号的影响

上述仿真研究中模型板均采用尺寸为 600mm × 600mm × 3mm 的钢板，在本节中，研究不同厚度的钢板在同一比例深度情况下幅值比系数变化情况，选择直径为 20mm 的圆形缺陷，针对 3mm、4mm、5mm、6mm、7mm 和 8mm 板厚钢板模型进行仿真研究，分别取无缺陷，25%、50%、75% 和 100% 板板厚对应的深度缺陷进行对比取值研究。将不同板厚，不同缺陷深度缺陷进行归一化后以 3mm 厚钢板为基准进行百分比转换，获得如图 5.13 所示图像。

由图 5.13 可知，在缺陷深度占板厚百分比相同情况下，随着板厚的增加，对应的特征参数不断降低。同时，从 3~7mm 板厚变化过程中，折线斜率较大，意味着板厚对此特征参数的影响较大，从 7~8mm 后，曲线变化变缓，即厚度对此特征参数的影响较小。由此关系可以获得不同板厚间特征参数转换的转换系数，有助于后续缺陷检测不同厚度钢板下缺陷深度的判断。

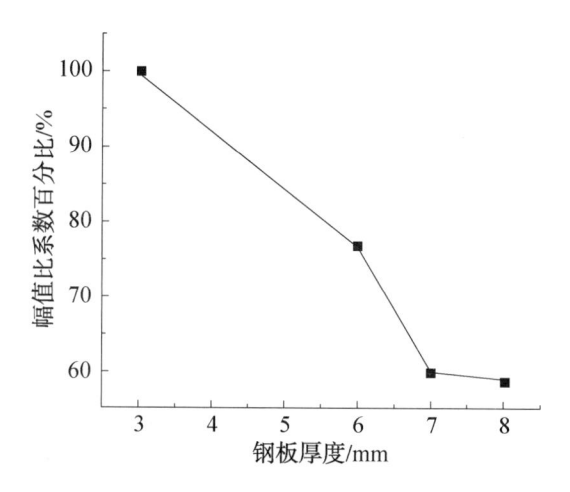

图 5.13　不同板厚下幅值比系数的百分比变化

本章介绍了超声 Lamb 波在腐蚀缺陷板中的传播特性，选用了合适的激励信号、时间步长及激励频率，建立了基于超声导波无基准法研究波场传播特性的三维有限元仿真模型，采用边界端面施加表面载荷的方式进行数值仿真，分析了超声 Lamb 波在腐蚀缺陷板中的传播特性以及缺陷深度引起的波形影响。在钢板中心模拟了常见的矩形腐蚀缺陷、圆形腐蚀缺和圆锥形腐蚀缺陷，通过仿真结果得到了检测的主要模态和实验频率。同时分析了质心位置对判断缺陷是否存在的影响，以及各个特征参数与腐蚀缺陷深度之间的关系。

第6章　基于幅值比系数法的储罐底板腐蚀缺陷损伤程度评估

目前对储罐底板腐蚀缺陷损伤评估的方法一般分为开罐(离线)检测和不开罐(在线)检测，其中离线检测是利用停产大修或清罐等条件，对储罐内部底板腐蚀严重部位进行直接地腐蚀检测。根据检测数据判别检测部位的腐蚀程度，并对单罐的腐蚀严重性进行综合评价，为维修措施提供依据。离线检测方法主要包括：漏磁检测法、射线检测法、涡流检测法、超声测厚检测法以及红外热成像法[1]。漏磁检测是通过检测缺陷外部的漏磁信号对罐底表面的缺陷进行检测，但检测结果受防腐层的影响，需打磨防腐层后再进行检测；射线检测对于工件内部及体积型缺陷较敏感，但检测设备和工艺复杂；涡流检测是检测工件中变化的涡流来对板结构中的缺陷进行检测，适合近表面的缺陷检测，不适合腐蚀缺陷的定性和定量检测；超声测厚检测是根据超声波脉冲反射原理来进行厚度测量，但检测结果受底板表面覆盖层的影响；红外热成像法适用于检测局部缺陷，但无法实现缺陷类型的识别。在线检测是在不影响储罐正常运行的条件下进行的检测。在线检测主要以声发射检测和超声导波检测为主，声发射检测是通过接收罐底板缺陷形成时以声信号的形式释放产生的能量来判断罐底板的缺陷情况，该方法的优点是能对被检测工件进行全范围的实时动态监测，但是检测结果容易受到外部噪声的影响，无法检测出已形成的腐蚀缺陷[2]。超声导波检测法具有传播距离远、检测效率高且受环境影响小等优点，是检测储罐底板腐蚀缺陷状况最具潜力的一类结构健康监测技术。

本书讨论的腐蚀评估方法只限于超声导波的在线检测。常规的超声波检测法主要是利用超声波的脉冲反射原理来测量管壁受蚀后的厚度，然而在液体或气体不排空的情况下，容器内壁的大部分腐蚀缺陷很难被检测到。由于超声导波在板中传播时声场遍及整个壁厚，传播距离较长并且衰减较小，因此超声导波常用于板状材料的检测，是一种快捷方便的无损检测方法，可用于对这种隐藏并无法接触到的腐蚀缺陷进行在线检测。运用超声导波法评估腐蚀缺陷深度时主要有导波反射或透射系数法和导波层析成像法。

第6章 基于幅值比系数法的储罐底板腐蚀缺陷损伤程度评估

6.1 导波反射系数和透射系数法

景永刚等[3]基于混合边界元的模型，分别从理论和实验方面开展了对 S_0 模态透射系数和台阶状体厚度变化的深入研究，结果表明，S_0 模式的透射情况可以反映材料的厚度变化。有限元仿真部分设置了台阶形板模型；同时结合边界元法来计算出不同厚度板下导波的透射系数，如图6.1所示。

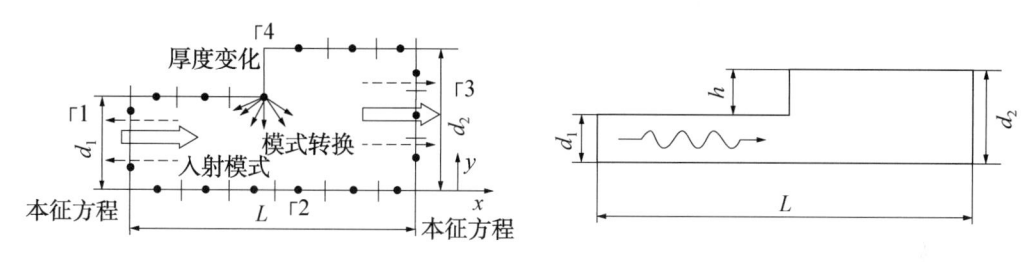

图6.1 台阶板仿真混合边界元模型示意图

仿真部分利用混合边界元法求出在 S_0 模式入射时它的透射系数变化情况，同时分两种情况进行了计算：（1）从薄的一端（d_1 端）入射，d_1 取三种不同的厚度：0.5mm、1.0mm 和 1.5mm，入射频率从 0.2~1.4MHz 变化，计算 d_2 端的透射系数；（2）从厚的一端（d_2 端）入射，d_2 取三种不同的厚度：0.5mm、1.0mm 和 1.5mm，入射频率从 0.2~1.4MHz 变化，两种情况下透射系数的计算结果如图6.2所示。由图6.2中可知，在 d_1 变大时，在某一频率条件下，透射系数也变大，其原因在于 d_1 增大，d_1 与 d_2 之间的厚度差减小，在台阶处模式转换的程度降低，从而透射系数增大。选取一定的入射频率，能很好地区分这种情况。

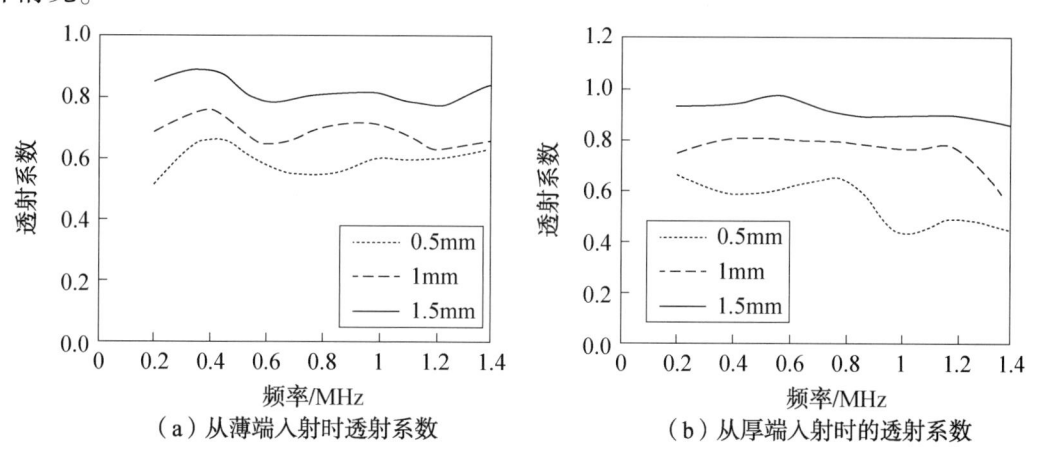

（a）从薄端入射时透射系数

（b）从厚端入射时的透射系数

图6.2 透射系数曲线

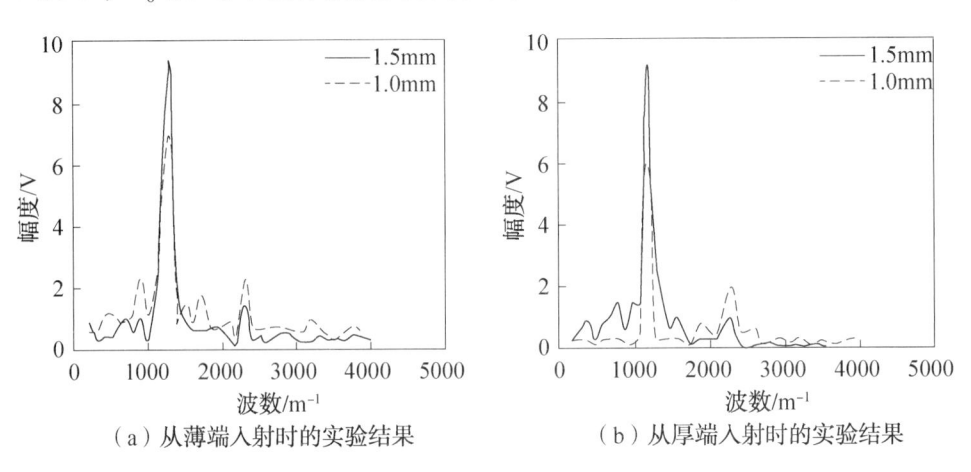

实验部分发射和接收传感器中心频率均为 1MHz。用可变角传感器发射，接收传感器用直探头，传感器与检测试样（铝板）间用水耦合。发射传感器固定，移动接收传感器，从两者相距 175mm 处开始以步长为 1mm 滑动，总采样点为 64 个，时域采样点 2000 个，采样频率 20MHz。实验中试样均为铝板，第一块（记为 1 号试样）厚的一端厚度为 2.0mm，薄的一端厚度为 1.0mm，第二块（记为 2 号试样）两端厚度分别为 2mm 与 1.5mm。1 号试样从厚的一端（2.0mm）以 31°角向薄的一端发射 S_0 模式 Lamb 波，从薄的一端（1mm）以 27°角向厚端发射 S_0 模式 Lamb 波；2 号试样从厚的一端（2.0mm）以 31°角向薄的一端发射 S_0 模式 Lamb 波，从薄的一端（1.5mm）以 28°角向厚的一端发射 S_0 模式 Lamb 波。信号经二维傅里叶变换后得到频率取固定值 1MHz 时，随波数变化的透射信号幅度如图 6.3 所示，S_0 模式的透射幅度随台阶厚度的增加而增大。

（a）从薄端入射时的实验结果　　（b）从厚端入射时的实验结果

图 6.3　随波数变化的透射信号强度

Alleyne[4]等人应用有限元方法分析了 Lamb 波与缺陷的相互作用规律，并采用二维傅里叶变换识别由缺陷引发的模态转换，引入反射比率和透射比率评价缺陷的深度和频厚积对 Lamb 波传播特性的影响，研究结果显示，薄板表面的缺陷宽度小于波长时，缺陷宽度变化对 Lamb 波反射比率的影响并不明显，频厚积与缺陷深度是影响 Lamb 波传播特性的两个重要因素，如图 6.4 所示。

智达等[5]对尺寸为 600 mm×600 mm×5mm 的铝合金板中的人工腐蚀缺陷进行了有限元模拟，腐蚀缺陷为具有锥形深度剖面的圆坑，其中心位于几何对称线且距离圆孔激励中心 300mm。改变腐蚀缺陷的腐蚀深度、有效直径和剖面倾角三个参数，研究锥形深度剖面腐蚀缺陷与超声导波相互作用机理，分析不同腐蚀深度、剖面倾角及直径对导波信号的影响，如图 6.5 所示。结果表明：超声导波与腐蚀缺陷相互作用时伴随着反射和透射，发生波型转换；反射系数和

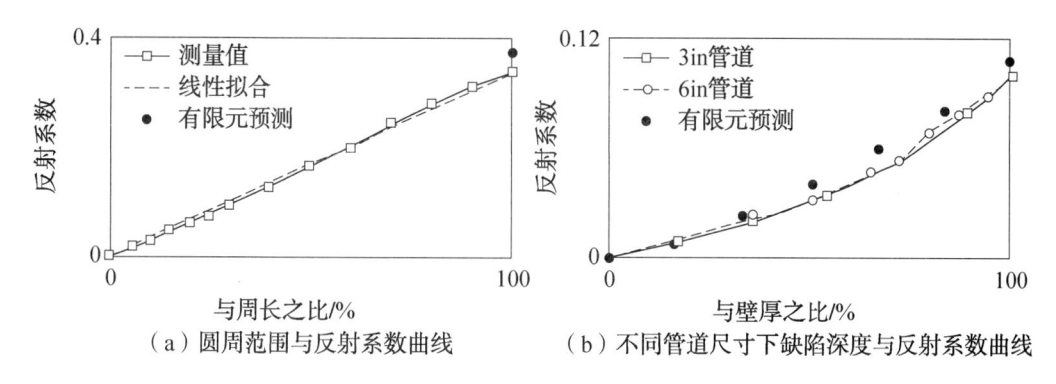

第6章 基于幅值比系数法的储罐底板腐蚀缺陷损伤程度评估

(a)圆周范围与反射系数曲线

(b)不同管道尺寸下缺陷深度与反射系数曲线

图6.4 实验分析结果

散射系数在一定范围内随腐蚀缺陷深度的加深而明显增大,随腐蚀缺陷剖面倾角的增加而逐渐增大,随腐蚀缺陷直径的变化呈周期性变化;腐蚀缺陷深度较其剖面倾角和直径对导波信号更敏感。

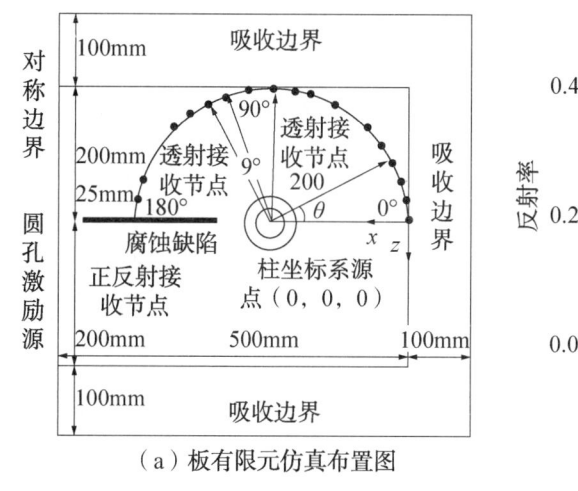

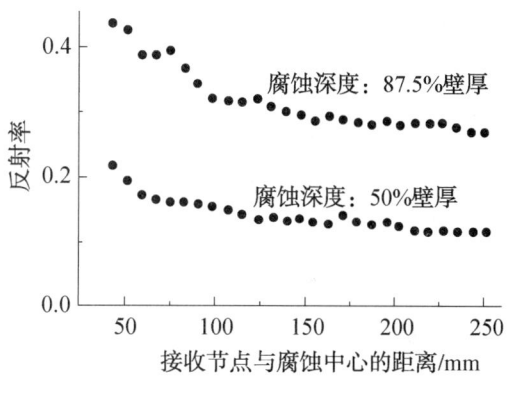

(a)板有限元仿真布置图

(b)腐蚀缺陷一次反射与二次反射干涉曲线

图6.5 有限元分析

研究人员不仅想得到缺陷的位置,也同样想得到缺陷的大小。Liu和Lam[6]首先将频域样条单元法应用于解决夹层板中SH导波遇规则缺陷的散射问题。运用该方法,Wang等[7]研究了不同缺陷长度对散射波位移分布模式的影响,并用"损伤因数"反映损伤对结构的破坏程度。Liu和Chen[8]以及Wu[9]则利用频域样条单元法计算得到的谐波响应作为输入参数,利用遗传算法计算板类结构中缺陷的位置和大小。然而,"损伤因数"太过抽象,而遗传算法耗时较长,并不确定是否能得到结果。与此同时,Rose和Wang[10-11]研究了平板模型的逆问题反演的可行性。他们推导了针对点力和点力偶的Green函数,并借助Born假定,建立了远端散射场和近端弱不均匀函数的关系。然而,该模型仅适用于波长比板厚大得多的情形,从而限制了应用范围。

超声导波在检测和评价腐蚀缺陷时，具有传播距离远、声场覆盖范围广等特点，其检测信号包含了所有的缺陷信息，具有灵敏度高、速度快、成本低等优点。通常采用反射波和透射波信号来表征腐蚀缺陷的深度，从而判断腐蚀缺陷的损伤程度。但是，由于腐蚀缺陷的存在，导波的传播波场会发生变化，仅凭反射波或透射波的信息来评价缺陷是不准确的，而且反射系数和透射系数也与波场的传播距离有关，因此，如何综合缺陷信息对腐蚀缺陷深度进行评估显得尤为重要。

6.2 导波层析成像法

Lamb 波可在结构的一点发射，另一点接收，对感兴趣的检测区域沿不同方向扫描，得到多源发射—多源接收的 Lamb 波投影数据，利用这些不同方向的投影数据可以重建缺陷区域的图像。赵辉[12]等人为了定量描述盲孔缺陷特征，提出层析成像滤除赝像方法提取缺陷二维轮廓边界数据，并依次计算 A_0、S_0 模式 Lamb 波走时和幅值信息成像误差；然后，对比 A_0、S_0 模式 Lamb 波走时和幅值信息成像特点和成像误差，采用双模式走时和幅值信息融合的方法重新定量描述缺陷二维轮廓并提取其边界；最后，依据提取的缺陷二维轮廓边界数据调整走时成像信息权重，利用基于改进 SIRT 的缺陷定量描述方法提取缺陷厚度曲线，并依据误差计算公式评估定量描述方法。基于上述方法对 2mm 厚铝板带有直径 26 mm、深 1 mm 的盲孔缺陷进行实验，成像效果图如图 4.6 所示。利用误差公式评估成像效果，图 6.6(c) 中缺陷厚度曲线误差 e_h = 0.083 mm，尺寸偏差 10%~20%。相比于基于传统 SIRT 的缺陷定量描述方法量化厚度曲线偏差 50%~60%，基于改进 SIRT 的缺陷定量描述方法量化厚度曲线精度提高了 40% 左右，验证了改进方法的有效性。

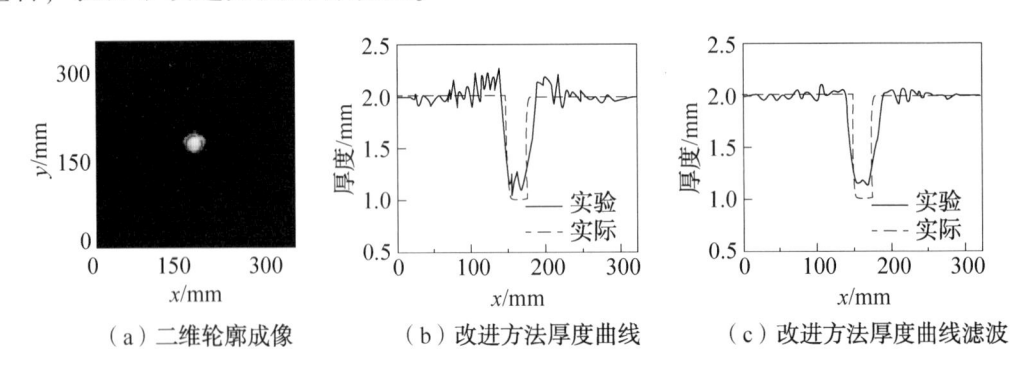

(a) 二维轮廓成像　　(b) 改进方法厚度曲线　　(c) 改进方法厚度曲线滤波

图 6.6　基于改进 SIRT 的缺陷定量描述方法成像效果

张海燕等[13]利用Lamb波层析成像技术检测了薄板中横穿孔缺陷,采用的是代数重建方法(ART)。Lamb波CT成像中走时的提取不可避免地会存在误差,甚至某条射线投影数据失真。另外,RT算法对速度初值的依赖性很强,Lamb波的频散特性及多模态决定了其速度很不稳定,很难估计出初值。采用代数重建的方法对实际铝板中的缺陷进行了检测,实验样品厚度为1.4mm的铝板上存在8mm直径的横穿圆孔缺陷。用普通的可变角超声纵波和横波传感器发射和接收Lamb波,发射和接收传感器的中心频率均为1MHz,对应的频厚积为1.4 MHz·mm,发射传感器和接收传感器的发射角和接收角均为270°,传感器的步长为8mm,则各边共有9个收发位置。以左边为发射位置,其对边为接收位置采集走时数据,共得到9×9=81个走时数据。图6.7为圆孔缺陷的直射线和弯曲射线ART Lamb波层析成像结果,图像尺寸均为64×64 mm^2,弯曲射线ART重构得到的缺陷尺寸更接近于其真实尺寸。

(a)圆孔缺陷　　　　(b)直射线ART　　　　(c)弯曲射线ART

图6.7　圆孔缺陷铝板S$_0$模式实验走时层析成像

Ho等[14]采用10mm直径的电磁超声螺旋线圈对厚度为0.69mm铝板上直径11mm的圆形缺陷进行了层析成像实验,由于螺旋线圈不存在模式选择性,得到的信号是多种模式Lamb波的混合信号,然后采用小波变换的信号处理算法对信号进行分离并提取走时特征值进行成像,得到的结果存在一定的误差。Belanger等[15-16]研究了基于Lamb波层析成像的腐蚀区域厚度测量问题,通过仿真和实验证明基于射线理论的低频Lamb波层析成像具有较大误差,而衍射层析成像则更适用于低频Lamb波成像场合;通过Lamb波层析成像、截止频率等方法对腐蚀区域的最深部位进行了估算。Cawley和Belanger等[17]使用压电探头产生A$_0$模式Lamb波对厚度为10mm铝板上直径为60mm的圆孔形缺陷进行了衍射层析成像,同时采用有限元仿真取得的数据进行分析对比,得到的结果显示,仿真数据得到的成像效果优于实验数据得到的成像效果,在实验中得到的成像效果中存在大范围的赝像,是由于压电超声探头所用耦合剂引入的误差所致，使用无耦合剂探头，例如电磁超声探头能够有效地提升成像质量。张海燕等[18]采用压电超声激发 Lamb 波，利用代数重建算法对金属薄板中的通孔缺陷进行了超 Lamb 波层析成像实验。魏云飞等[19]对金属薄板的 Lamb 波成像检测方法进行了研究，采用压电超声纵波直探头垂直激发 Lamb 波的方式，采用信号处理方法提取 Lamb 波走时，利用直射线成像方法对铝板缺陷给出了成像结果，但其采用信号处理算法从多模式中分离出单一模式，信号处理过程中引入的误差较多，最后的成像结果仍需改善。为了验证该方法的可行性，利用有限元仿真对尺寸为 50mm×50mm×1mm 的铝板进行了缺陷成像模拟，其中人工缺陷长 8mm、宽 6mm、深 0.5mm，上端边界布置发射探头，下端布置接收探头，探头步长 2.2mm，左端和上端各边 14 个发射位置，下端和右端各 14 个接收位置，共采集 14×14 组信号。如图 6.8 所示，基于 SIRT 算法 Lamb 波成像检测效果图基本能反映缺陷大小和位置。

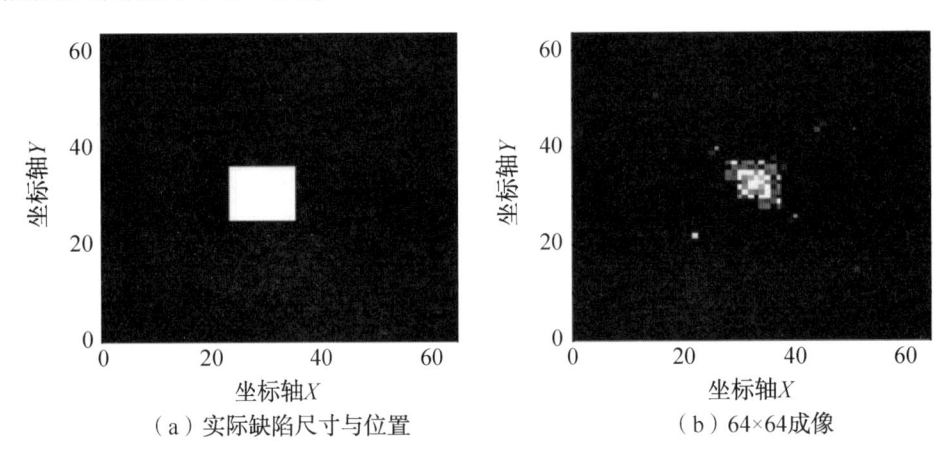

（a）实际缺陷尺寸与位置　　（b）64×64 成像

图 6.8　Lamb 波腐蚀缺陷成像检测效果

Huang 等[20]提出了一种新的全向电磁传感器，用于金属板缺陷的超声波 Lamb 波层析成像，利用电磁超声激发 A_0 模式 Lamb 波，使用跨孔扫描方式和 SIRT 算法进行 Lamb 波层析成像时，可以达到理想的成像质量，人工腐蚀缺陷的估计大小与其实际缺陷大小非常吻合，也分析了重构分辨率与使用电磁传感器数量之间的关系，但最终的成像效果存在较为明显的赝像，需要进一步提高成像效果。实验利用跨孔扫描方式对厚度为 3mm 铝板上直径 30mm、深 2mm 的缺陷进行了成像，成像的区域可等分为 128 × 128 个小网格，每个小网格是一个 5mm×5mm 的正方形，成像区域的一侧有 14 个发射器位置，对面有 14 个接收器位置，每两个相邻的电磁传感器之间的距离为 45.7 mm。成像结果如图 6.9 所示，由图 6.9 可知，慢度的值在缺陷区域内有变化，通过选择阈 TH = 0.1 可以估计出缺陷的大小，缺陷大小的估计值约为 4cm，这与缺陷的实际大小基本一致。

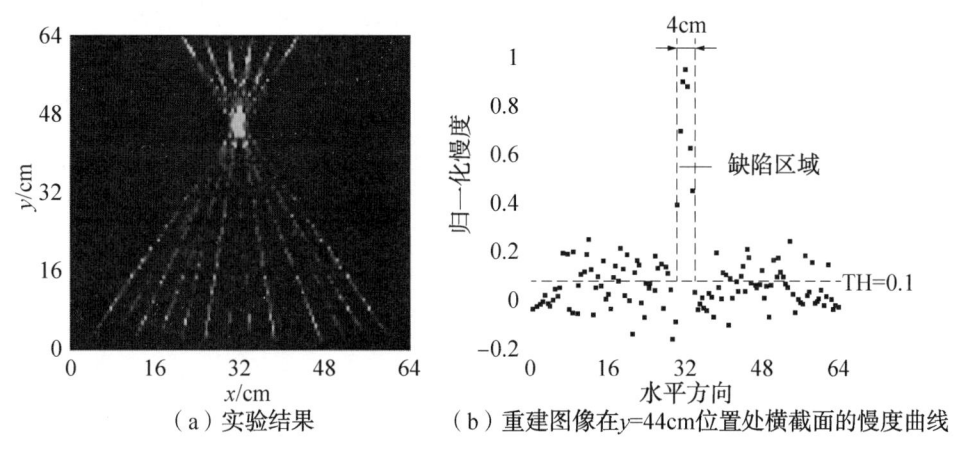

(a) 实验结果

(b) 重建图像在 $y=44cm$ 位置处横截面的慢度曲线

图 6.9 成像结果分析

超声导波层析成像方法不仅能获得缺陷二维轮廓信息，还能获得缺陷厚度信息，对于分析缺陷特征能提供更多直观信息，因此研究导波层析成像方法有助于实现对金属板材腐蚀缺陷的评估。但缺陷深度评估方法阈值和修正系数等与缺陷种类有关，为了获得更为精确的频散曲线，需要对大量的实测缺陷样本进行训练以获取修正系数。

上述学者主要研究了超声导波某一特性与腐蚀缺陷程度的对应关系，但较少考虑实际应用过程中的影响因素，比如腐蚀缺陷与反射和透射接收传感器相对空间距离的影响等，因此，还需进一步开展不同相对距离下腐蚀缺陷深度的评价参数及定量研究。本书考虑导波传播距离衰减因素，研究了如何利用缺陷的反射波和透射波信号实现缺陷深度的评价，并利用端面加载的传感器激励 A_0 模态导波对典型腐蚀缺陷深度进行检测和分析，从而研究了传感器不同接收位置下的反射与透射幅值比系数与腐蚀深度的关系，为储罐底板腐蚀状况的监测和评价及预防危险事故的发生提供有力的保障，为预测储罐底板的使用寿命提供支撑，同时为科学的管理与决策提供依据。

6.3 反射/透射波幅值比系数法

由于缺陷的存在，板结构的刚度发生改变，当导波通过缺陷时，因抵抗变形和介质的不连续性等原因，会发生反射、透射和模态转换的现象。当腐蚀缺陷的深度和距离发生改变时，相应的散射波信号幅值也会发生改变，因此，为了准确表征腐蚀缺陷深度对导波信号幅值的影响，定义反射/透射波幅值比系数

δ 作为评价参数。利用超声波传感器在结构的一点激励超声导波,并考虑导波在传播过程中的频散特性,假设传感器所在位置为时间—空间域的零点,则入射波在沿 x 轴方向的位移分量为:

$$u_x = A_1 e^{i(kx-\omega t)} + A_2 e^{-i(kx+\omega t)} \tag{6.1}$$

其中第一项表示沿着 x 轴正方向传播的波,第二项表示沿着 x 轴负方向传播的波,且 $k = \dfrac{\omega}{c_L}$,$c_T^2 = \dfrac{\mu}{\rho}$,$c_L^2 = \dfrac{\lambda + 2\mu}{\rho}$。

若仅考虑单方向直入射到缺陷位置的波,则入射波的位移 $u_x^{(I)}$ 表达式可表示为:

$$u_x^{(I)} = I e^{i(k_1 x - \omega t)}, \quad k_1 = \dfrac{\omega}{c_L^2} \tag{6.2}$$

这种情况下,在时间—空间域内任意点 (x, t) 处的反射回波 $u_x^{(R)}$ 和透射波 $u_x^{(T)}$ 的位移可以分别表示为:

$$u_x^{(R)} = A_R e^{-i(k_1 x + \omega t)} \tag{6.3}$$

$$u_x^{(T)} = A_T e^{i(k_2 x - \omega t)}, \quad k_2 = \dfrac{\omega}{c_L^2} \tag{6.4}$$

气固两相介质中的声衰减按照不同损失机制主要分为三种类型:吸收衰减、散射衰减和扩散衰减。在这里主要考虑板状结构的扩散衰减,振幅随传播方向和距离 L 的函数拟合为以下方程式:

$$A(L, x) = \dfrac{A_0(x)}{\sqrt{L}} \tag{6.5}$$

$A_0(x)$ 是入射波的峰值幅度,L 为沿传播方向与激励源的距离,$A(L, x)$ 是在 x 方向上距离激励源 L 的波包峰值幅度。

假设缺陷所在位置为时间—空间域的零点,传播示意图如图 6.10 所示,入射波沿着传播方向向前传播遇到缺陷时,由于介质的不连续性,发生波的反射、透射和散射等现象,根据能量守恒原理可知,缺陷处的反射波能量、缺陷处的透射波能量与缺陷处的散射波能量之和为缺陷处的总能量。对于在板状结构中传播的特定导波模式,结合式(6.6)至式(6.8),在距离缺陷 L_1 处接收点 r_1 的反射波幅值 U_R,在距离缺陷 L_2 处接收点 r_5 的透射波幅值 U_T 可分别表示为:

$$U_R = \dfrac{A_R}{\sqrt{L_1}}, \quad U_T = \dfrac{A_T}{\sqrt{L_2}} \tag{6.6}$$

其中 A_R 为入射波在缺陷处的反射波包幅值,A_T 为入射波在缺陷处的透射波包幅值。频率相同的条件下,反射波和透射波的能量只与接收反射波和透射波的传感器距离有关。定义缺陷处的反射信号与透射信号幅值比系数 δ 为：

$$\delta = \frac{A_R}{A_T} = \frac{U_R}{U_T} \times \frac{\sqrt{L_1}}{\sqrt{L_2}} = \frac{U_R}{U_T} \times \beta \tag{6.7}$$

其中，$\beta = \frac{\sqrt{L_1}}{\sqrt{L_2}}$ 定义为导波传播衰减因子，由反射波和透射波传播距离决定。公式(6.7)中的接收点与缺陷之间的距离 L_1 和 L_2 可以通过实测数据的波时信息得出，该公式适用于任意相对距离下的腐蚀缺陷检测。

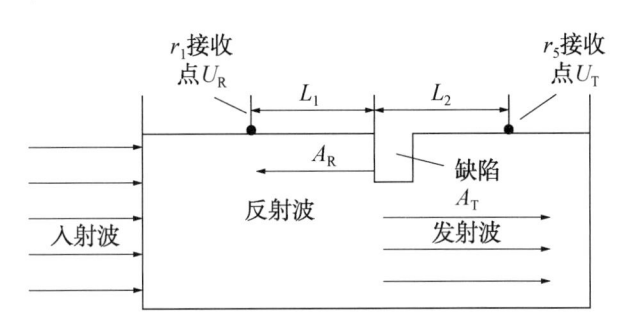

图 6.10　Lamb 波与缺陷作用的波场传播图

6.4　幅值比系数法检测腐蚀深度仿真分析

利用 Abaqus 软件进行动态有限元分析，研究不同深度的腐蚀缺陷与导波的相互作用。钢板的基本参数为：密度为 7850kg/m³，泊松比为 0.3，弹性模量为 210GPa。模型布置如图 6.11 所示，其中仿真模型尺寸为 600 mm × 600 mm × 3mm。为了减小边界回波对接收信号的影响，在除激励源边界的其他三个边均设置宽度为 80mm 的吸收层，吸收到达边界的导波。为研究缺陷深度引起传播

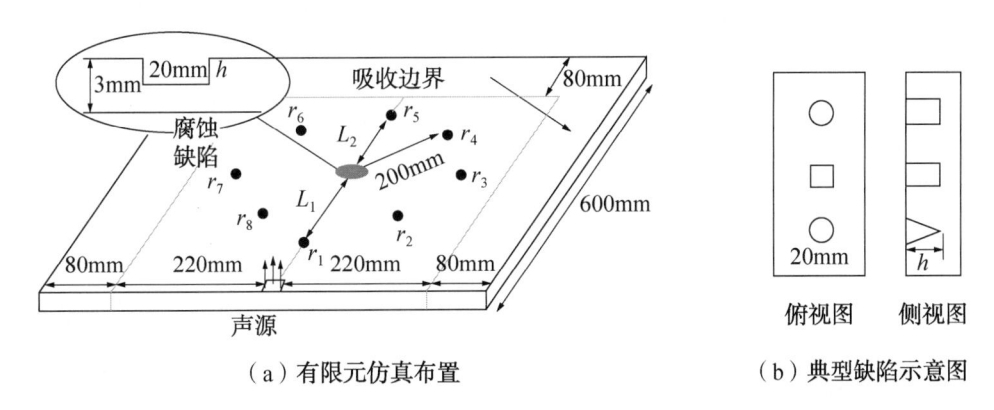

（a）有限元仿真布置　　（b）典型缺陷示意图

图 6.11　有限元仿真模型

场的反射及透射信号的变化，典型腐蚀缺陷类型设为圆形、矩形和圆锥形，其中心位于几何对称线且距离激励中心300mm。其中矩形缺陷的尺寸为20mm×20mm，圆形缺陷的直径 $D=20$ mm，圆锥形缺陷的直径为20mm。仿真过程中改变缺陷的深度 h，且 h 从0~3mm以间隔0.2mm的规律变化。同时考虑导波的衰减特性，改变反射距离 L_1 和透射距离 L_2，使得导波传播衰减因子 β 为 $\sqrt{0.5}$、1和 $\sqrt{2}$。网格尺寸设为1mm，时间步长0.0005μs，分别满足有限元求解过程中空间迭代和时间收敛准则的稳定条件需要，施加载荷的力为 1×10^{-8} N。

6.4.1 矩形腐蚀有限元仿真

分别选取了无缺陷、矩形缺陷深度为0.2mm、1.5mm、3mm时的波场传播图，如图6.12所示。从图6.12中可知，钢板中传播的模态为 A_0 和 S_0，S_0 模态

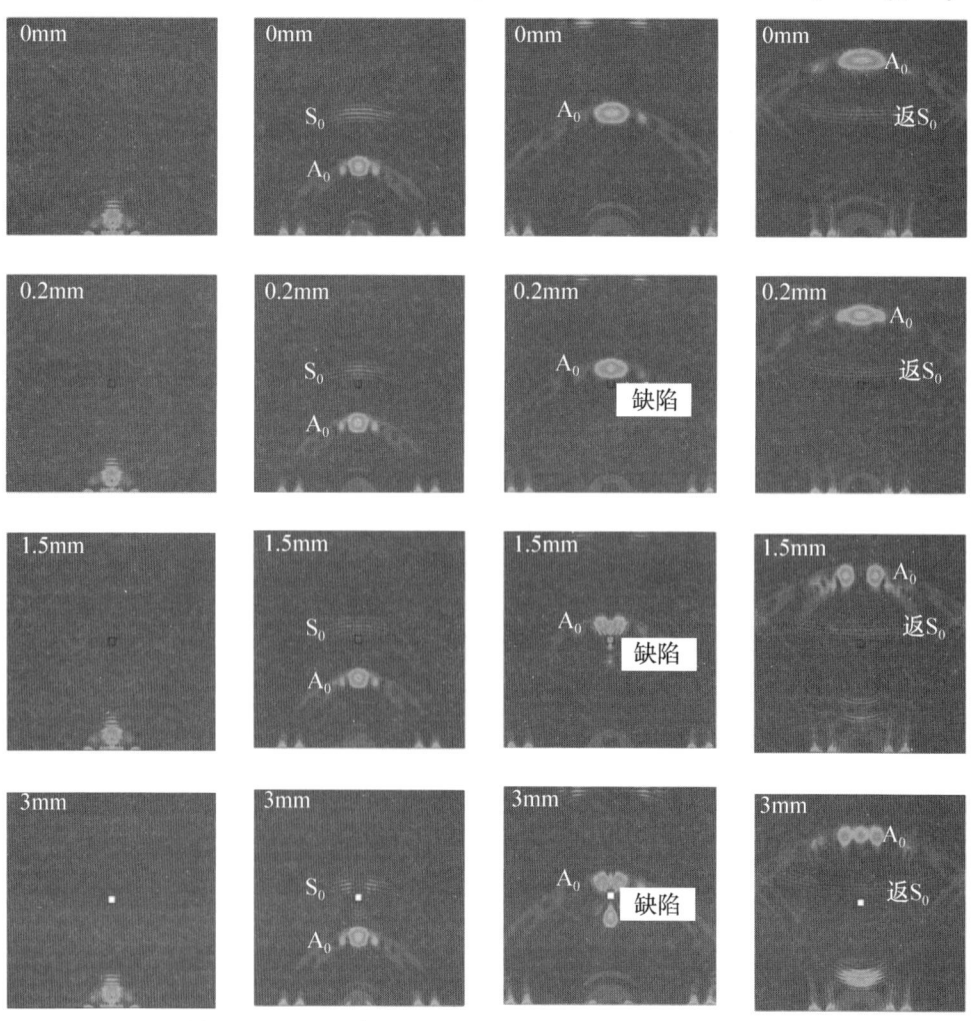

图6.12 矩形腐蚀缺陷在不同深度下波场的传播图

传播速度比 A_0 模态速度快，但 A_0 模态能量更大。缺陷深度较浅时，A_0 基本掠过缺陷仍按照原始方向传播，反射回波能量较小；深度越深，波束能量分散现象越严重，在缺陷处能量急剧衰减，原始缺陷传播方向能量减小，方向改变，反射回波 A_0 能量更大。经计算，A_0 模态波长为 12.5mm，缺陷尺寸大于波长 λ。

图 6.13 为有限元仿真中接收点 r_1 和 r_5 经滤波处理后的反射和透射典型波形，其中，信号①是激励源传播到接收点的直达波，信号②是缺陷引起的反射波，信号③是接收点的透射波。随着传播距离的增加，边界回波与散射波的波形叠加会导致波形复杂且不易分析，因此，分析缺陷的反射回波②和透射波③的信号，并研究腐蚀缺陷在不同深度下波形峰值的变化情况。

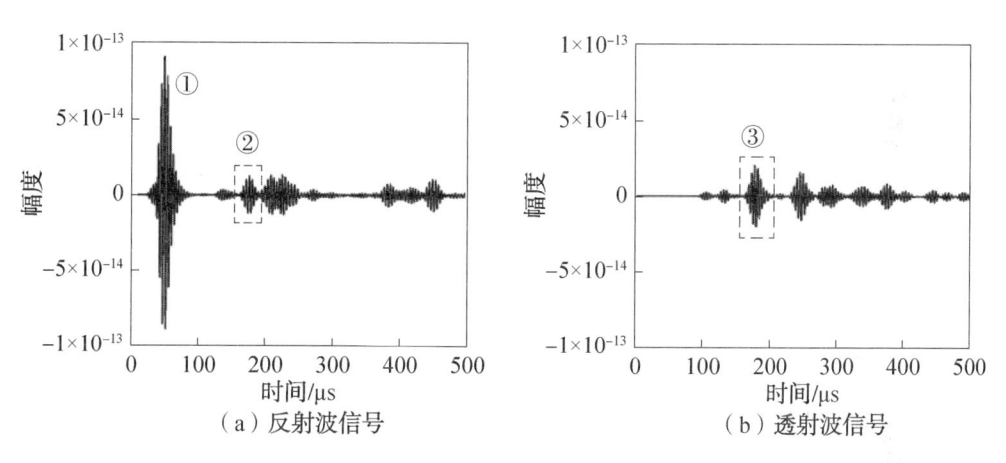

(a) 反射波信号　　(b) 透射波信号

图 6.13　同一深度下矩形腐蚀缺陷的时域波形

图 6.14 为矩形缺陷在不同深度下 r_1 接收点反射波峰值随深度变化的曲线，由图 6.14 可知，缺陷引起的反射波幅值随缺陷深度的增加而增大，近似正比例关系增长，其中缺陷深度不到板厚的一半时，增长速度较缓慢；当缺陷深度达板厚一半附近时，由于非对称模态传播遇到对称结构导致能量增长速率变快；当缺陷深度在 1.6~2.4mm 时，反射波幅值增长速率变缓；当缺陷深度在 2.4~3mm 之间时，增长速率变为 $4.5×10^{-14}$。

图 6.15 为矩形缺陷不同深度下接收点 r_5 直达波峰峰值曲线，由图 6.15 可知，缺陷引起的波幅值随缺陷深度的增加呈现非线性变化，先减小后增加。当缺陷深度为 0~0.4mm 时，波幅值以 $6.5×10^{-14}$ 的增长率变化；当缺陷深度为 0.4~1.4mm 时，波幅值以 $6.6×10^{-14}$ 的衰减率变化；当缺陷深度在 1.4~1.6mm 时，缺陷深度在板厚一半附近，波振动幅度变大；当缺陷深度在 1.6~2.6mm 时，波幅值以 $1.59×10^{-14}$ 的增长率缓慢增加；当缺陷深度在 2.6~3mm 时，缺陷反射回波幅度增大，直达波振动幅度减小。

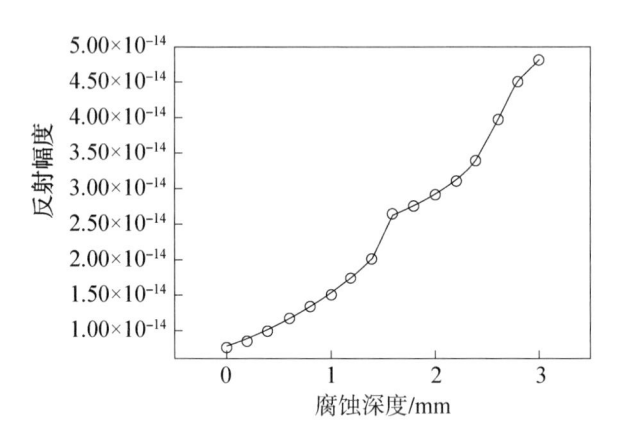

图 6.14 仿真矩形腐蚀反射幅值与深度的关系

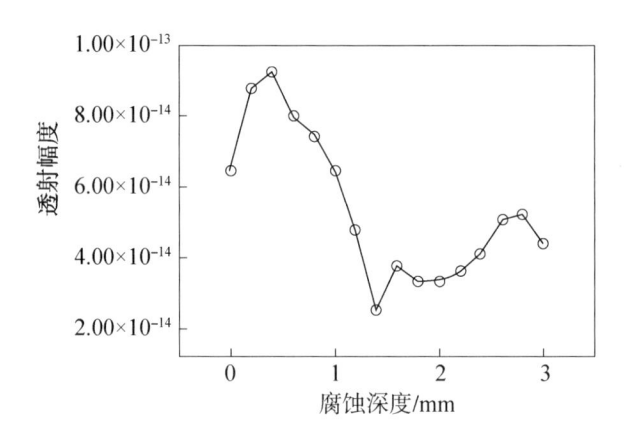

图 6.15 仿真矩形腐蚀直达波幅值与深度的关系

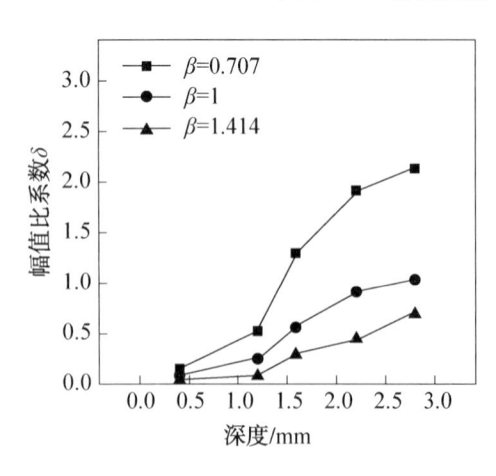

图 6.16 不同衰减因子下矩形缺陷深度与幅值比系数的仿真曲线

在实际腐蚀缺陷检测中,腐蚀缺陷与反射和透射波接收传感器间相对位置不确定,体现在公式(5.10)中导波传播衰减因子 β 不同,从而幅值比系数 δ 也不同。因此,为了研究导波传播衰减下的反射和透射波幅值比关系,对不同导波传播衰减因子 β 下反射及透射波幅值比与深度关系进行处理,如图 6.16 所示。由图 6.16 可知,不同的衰减因子 δ 下,矩形腐蚀缺陷的幅值比系数 δ 均与缺陷深度呈正相关,且衰减因子 β 越小,同一缺陷深度下的幅值比系数 δ 反而越大。

6.4.2 圆形腐蚀有限元仿真

分别选取了无缺陷、圆形缺陷深度为 0.2mm、1.5mm、3mm 时的波场传播图，如图 6.17 所示。由图 6.17 可知，板中 A_0 为主要模态，边界回波以及缺陷的散射波会引起波束能量的叠加。有缺陷时波束能量会分散，且缺陷深度在 0.2mm 较浅时，波束越过缺陷沿着原始传播方向运动；缺陷深度较深时，波束能量在缺陷处衰减大，原始传播方向能量以不同角度分散传播，能量减小。同时缺陷深度越深，反射回波能量值越大。

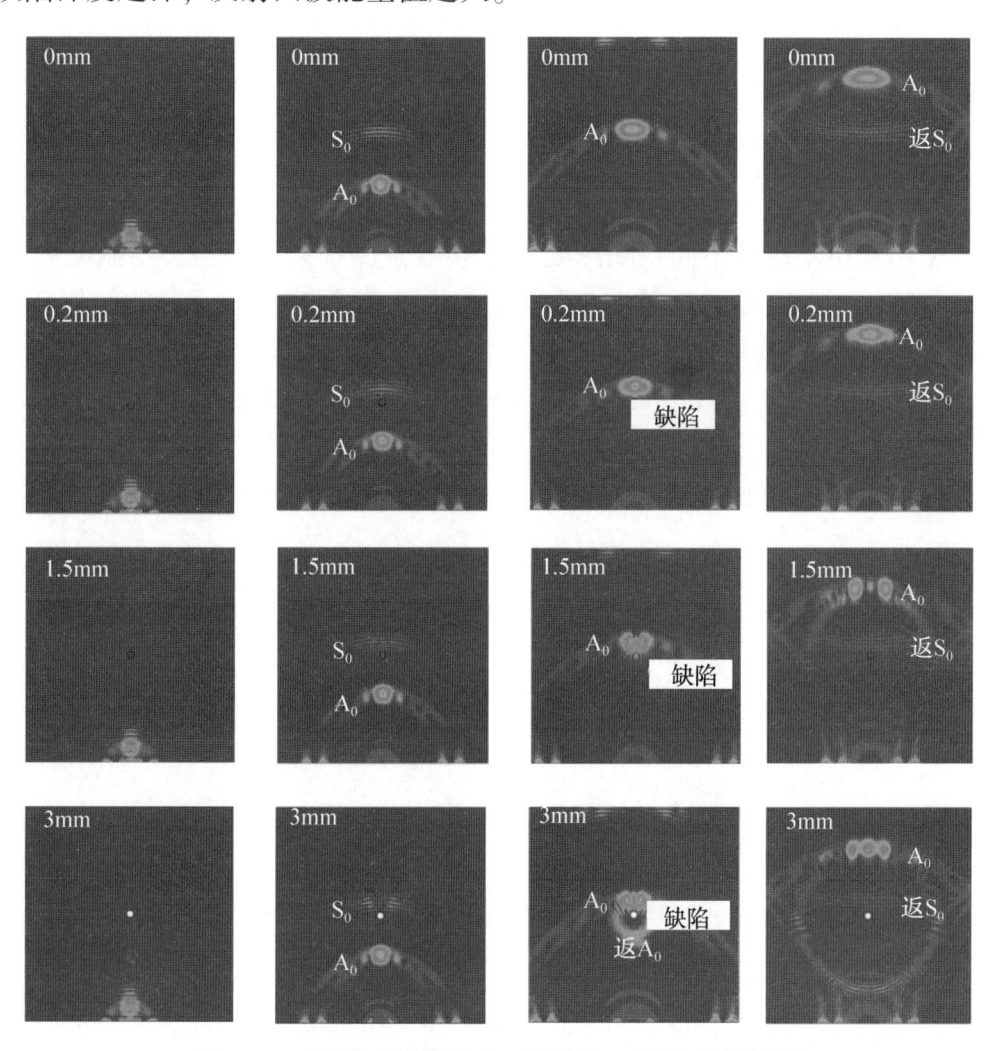

图 6.17 圆形腐蚀缺陷在不同深度下波场的传播图

图 6.18 为圆形腐蚀缺陷深度为 1.5mm 时 r_1 和 r_5 接收点的时域波形，r_1 的直达波峰值到达时间为 48.4μs，r_5 的直达波峰值到达时间为 180μs。r_5 时域图虚线

框前面的波形分别为直达波 S_0 和边界返回波 S_0，波束经过缺陷以及边界后波的叠加增加了波形分析的难度，因此，只选取虚线框部分直达波 A_0 的峰值，分析不同深度下的峰值变化趋势。

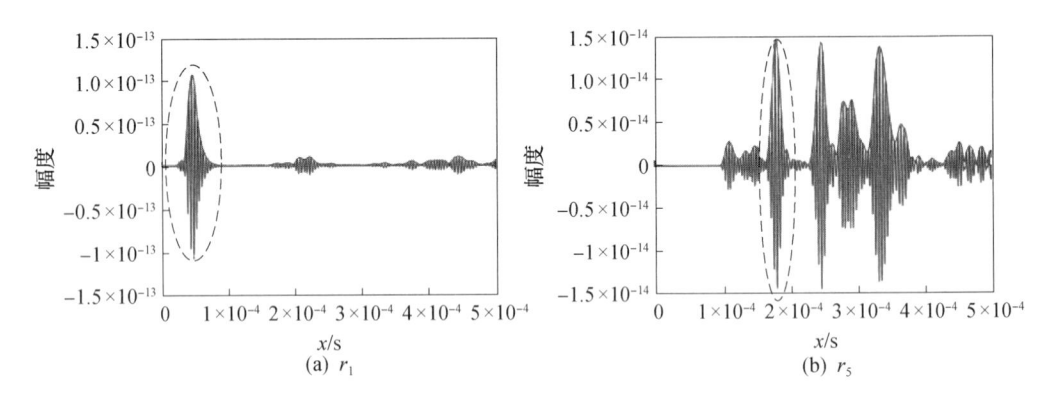

图 6.18 缺陷深度为 1.5mm 时接收点时域波形

依据仿真结果统计不同缺陷深度下 r_1 接收点的反射波幅值，绘制成图 6.19 的圆形缺陷不同深度下的反射波幅值变化曲线。数据表明，反射波幅值整体与缺陷深度呈正比例关系变化，且当缺陷深度为 0~1.4mm 时，反射波幅值随缺陷深度的增加而增加，且增长率为 2.8×10^{-15}；当缺陷深度为 1.4~1.6mm 时，缺陷深度为板厚的一半左右，反射波幅值增长率变大，为 $\times10^{-14}$；当缺陷深度为 1.6~2.8mm 时，反射波幅值以 3.5×10^{-14} 的增长率增加。

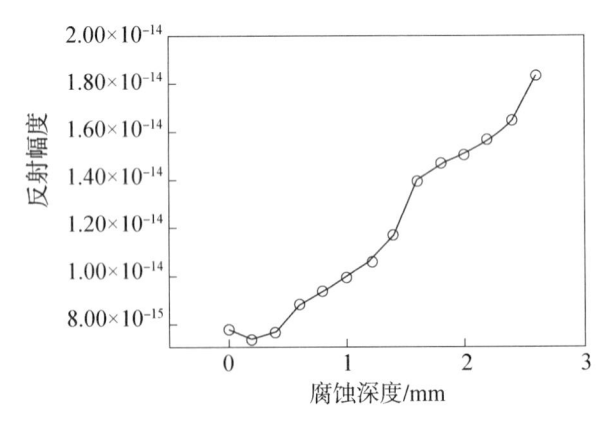

图 6.19 仿真圆形腐蚀反射幅值与深度的关系图

统计不同深度下 r_5 接收点 A_0 直达波幅值，绘制图 6.20 所示的深度—幅值曲线图。从图 6.20 中数据可知，波幅值整体不随缺陷深度线性变化，呈现先增后减的趋势。当缺陷深度在 0~0.4mm 时，波幅值随缺陷深度的增加而增加，增长率为 7.28×10^{-14}；缺陷深度在 0.4~1.4mm 时，波幅值随缺陷深度的增加而减小，且衰减率为 $5.9×10^{-14}$。缺陷深度位于板厚一半附近时，接收点 A_0 直达波幅值最低。

对不同导波传播衰减因子 β 下反射及透射波幅值比与深度关系进行处理，并绘制了如图 6.21 所示的不同衰减因子下圆形缺陷深度与比值系数的仿真曲线。由图 6.21 可知，不同的衰减因子 δ 下，圆形腐蚀缺陷的幅值比系数 δ 均与缺陷深度呈正相关，且衰减因子 β 越小，同一缺陷深度下的幅值比系数 δ 反而越大。矩形和圆形缺陷的幅值比系数均与缺陷深度呈正相关，且衰减因子越小，同一缺陷深度下的幅值比系数反而越大；腐蚀深度和衰减因子相同的条件下，矩形缺陷的幅值比系数大于圆形缺陷的幅值比系数(当无腐蚀和腐蚀穿孔时，二者的幅值比系数几乎无差别)。

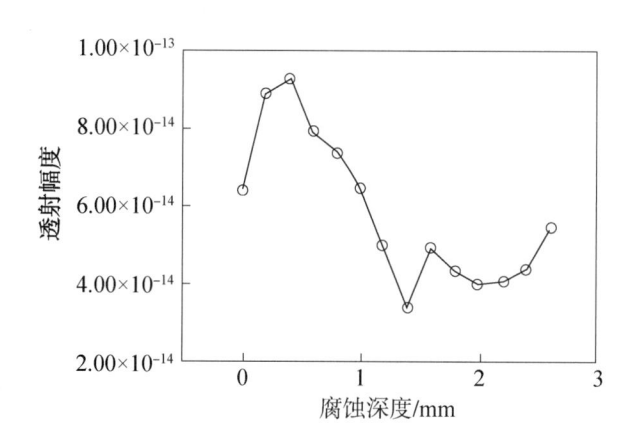

图 6.20 仿真圆形腐蚀直达波幅值与深度的关系

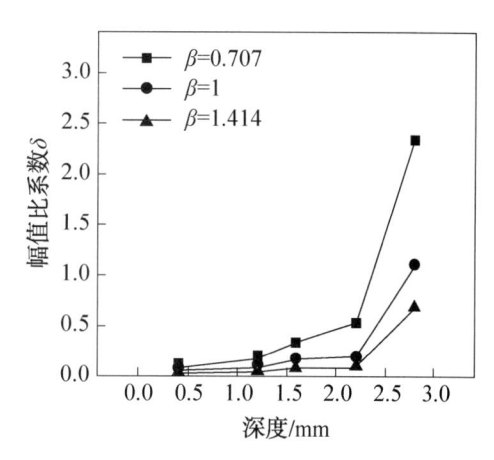

图 6.21 不同衰减因子下圆形缺陷深度与幅值比系数的仿真曲线图

6.4.3 圆锥形腐蚀仿真分析

在板结构中设置圆锥形腐蚀缺陷，通过改变缺陷深度研究超声导波与缺陷作用的传播波场，仿真设置参数与上述一致，绘制了圆锥形腐蚀缺陷深度为 1.5mm 时不同传播时刻的波场云图，如图 6.22 所示。图 6.23 为圆锥形腐蚀缺陷深度为 3mm 时不同传播时刻下的波场云图，其中应力载荷的设置与上述一致。由图 6.22 和图 6.23 可知，圆锥形缺陷深度的改变会引起导波传播方向和位移幅值的改变，当缺陷深度较低时，导波在缺陷处衰减较小，波的传播方向仍继续向前传播；当缺陷深度较大时，导波与缺陷作用后波的位移幅值减小，且波沿四周扩散向前传播，但反射波的位移幅值会增大。

图 6.24 为圆锥形腐蚀缺陷深度为 1.5mm 时 r_1 和 r_5 接收点的时域波形，r_1 的

(a) 40μs

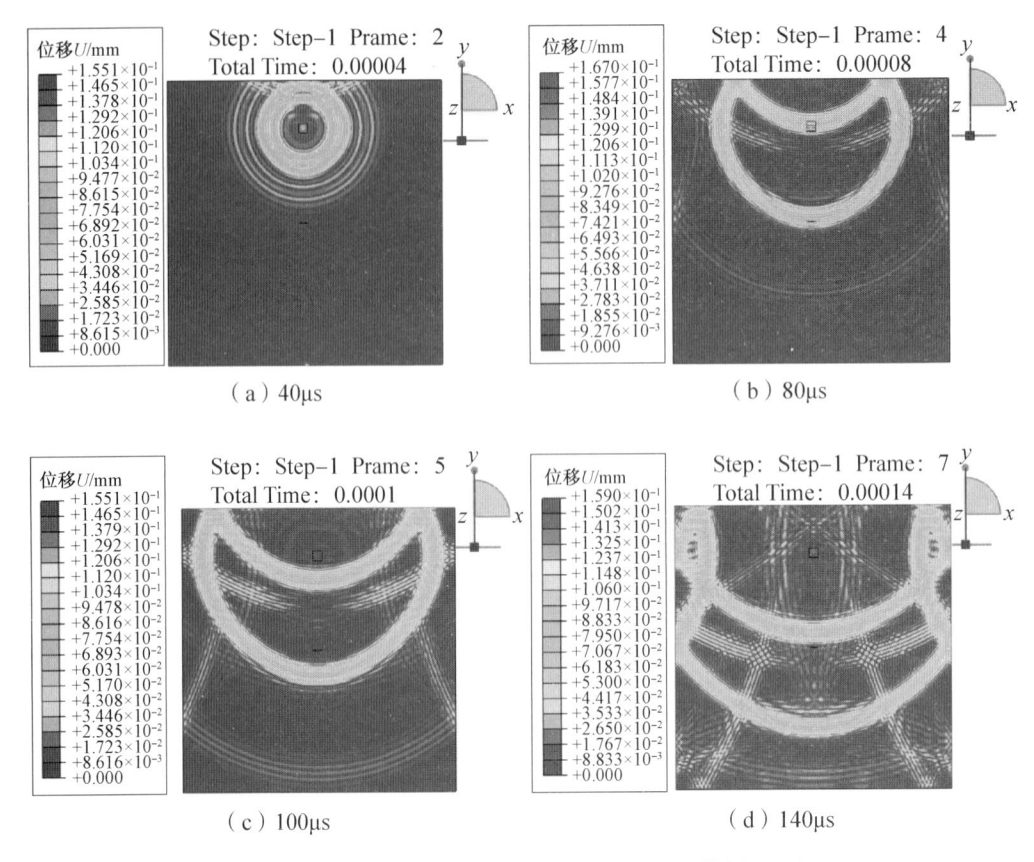

(b) 80μs

(c) 100μs

(d) 140μs

图 6.22 圆锥形缺陷深度为 1.5mm 时传播云图

直达波峰值到达时间为 48.4μs，r_5 的直达波峰值到达时间为 178.1μs。r_5 时域图虚线框前面的波形分别为直达波 S_0 和边界返回波 S_0，波束经过缺陷以及边界后波的叠加增加了波形分析的难度，在波形分析过程中选取虚线框部分直达波 A_0 的峰值，分析不同深度下的峰值变化趋势。

统计不同深度下 r_5 接收点 A_0 直达波幅值和不同缺陷深度下 r_1 接收点的反射波幅值，对二者的峰值进行归一化处理，绘制了如图 6.25 所示的 $\beta=1$ 时圆锥形缺陷深度与反射、透射归一化幅值的仿真曲线。从图 6.25 中数据可知，缺陷的反射波幅值随缺陷深度的增加而增大，近似正比例关系增长，且在深度小于 2.5mm 时，反射波幅值随深度的增加缓慢增加，当深度大于 2.5mm 时，反射波幅值随深度的增加快速上升；透射波幅值整体不随缺陷深度线性变化，呈现先增后减的趋势。

对不同导波传播衰减因子 β 下反射及透射波幅值比与深度关系进行处理，并绘制了如图 6.26 所示的不同衰减因子下圆形缺陷深度与幅值比系数的仿真曲线。由图 6.26 可知，不同的衰减因子 δ 下，圆形腐蚀缺陷的幅值比系数 δ 均与

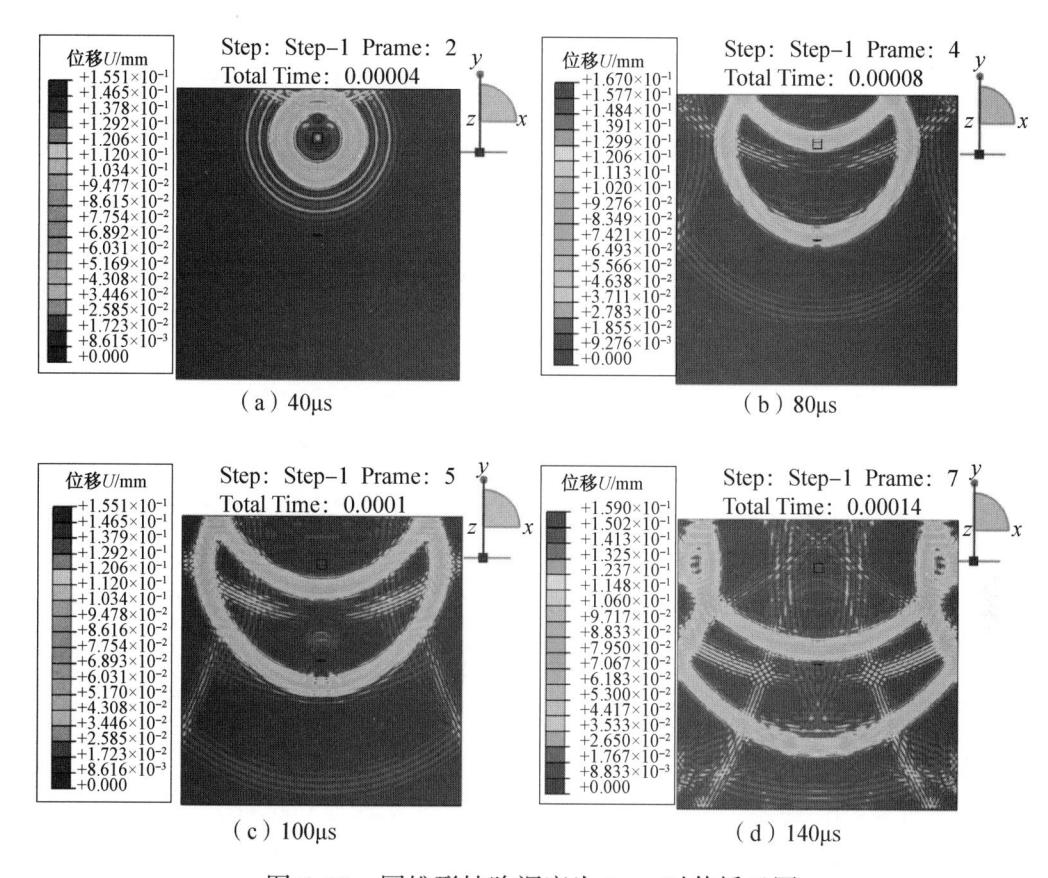

第6章 基于幅值比系数法的储罐底板腐蚀缺陷损伤程度评估

(a) 40μs

(b) 80μs

(c) 100μs

(d) 140μs

图 6.23 圆锥形缺陷深度为 3mm 时传播云图

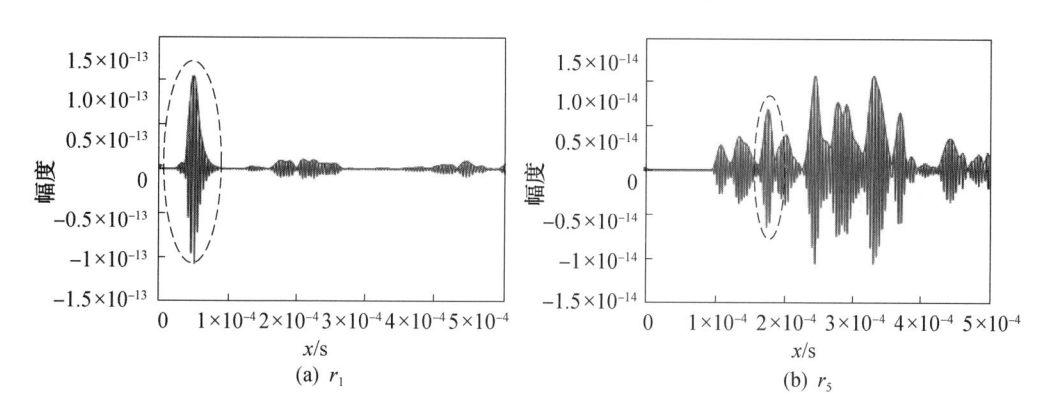

(a) r_1

(b) r_5

图 6.24 圆锥形缺陷深度为 1.5mm 时接收点时域波形

缺陷深度呈正相关，且衰减因子 β 越小，同一缺陷深度下的幅值比系数 δ 反而越大。矩形和圆形缺陷的幅值比系数均与缺陷深度呈正相关，且衰减因子越小，同一缺陷深度下的幅值比系数反而越大；腐蚀深度和衰减因子相同的条件下，矩形缺陷的幅值比系数大于圆形缺陷的幅值比系数(当无腐蚀和腐蚀穿孔时，二者的幅值比系数几乎无差别)。

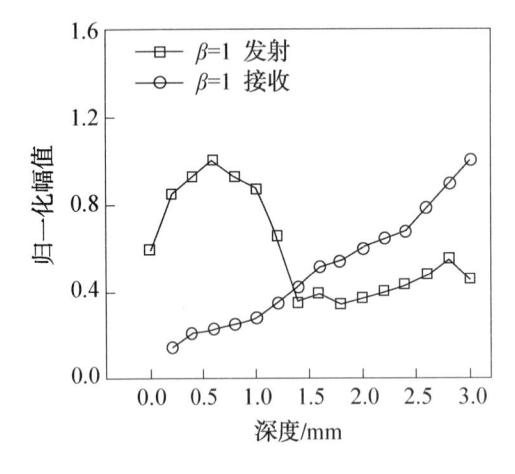

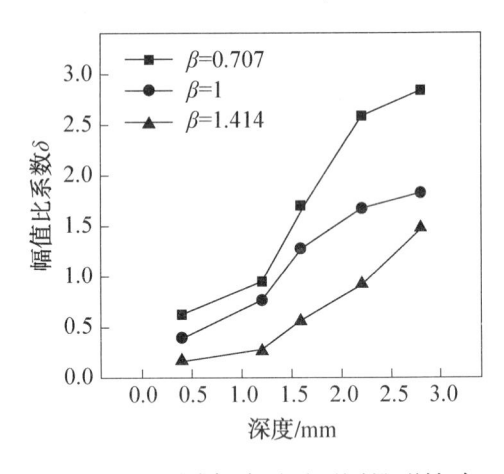

图 6.25 $\beta=1$ 时圆锥形缺陷深度与反射、透射归一化幅值的仿真曲线图

图 6.26 不同衰减因子下圆锥形缺陷深度与幅值比系数的仿真曲线图

参考文献

[1] 卢军科,徐继刚. 国内储罐罐底腐蚀检测技术研究进展[J]. 中国储运,2018(5):116-118.

[2] 韩文礼,蒋林林,刘苒,等. 在役原油储罐的在线检测技术应用现状[J]. 石油工程建设,2019,45(4):1-4.

[3] 景永刚,张海燕,刘镇清. 板材厚度变化对 Lamb 波透射系数的影响[J]. 声学技术,2006,25(1):26-29.

[4] Alleyne D N, Lowe M J S, Cawley P. The reflection of guided waves from circumferential notches in pipes[J]. Journal of Applied Mechanics, 1998, 65(3):635-641.

[5] 智达,赵军辉,许烨东,等. 超声 S_0 导波检测腐蚀缺陷[J]. 无损检测,2015,37(1):16-21.

[6] Liu G R, Lam K Y. Scattering of SH waves by flaws in sandwich plates and its use in flaw detection[J]. Composite Struct, 1996, 34(3):251-261.

[7] Wang Y Y, Lam K Y, Liu G R. Detection of flaws in sandwich plates[J]. Composite Struct, 1996, 34(4):409-418.

[8] Liu G R, Chen S C. Flaw detection in sandwich plates based on time-harmonic response using genetic algorithm[J]. Computer Methods in Applied Mechanics & Engineering, 2001, 190(42):5505-5514.

[9] Wu Z P, Liu G R, Han X. An inverse procedure for crack detection in anisotropic laminated plates using elastic waves[J]. Engineering with Computers, 2002, 18(2): 116-123.

[10] Rose L F R, Wang C H. Mindlin plate theory for damage detection: Source solutions[J]. Journal of the Acoustical Society of America, 2004, 116(1): 154-171.

[11] Wang C H, Rose L R F. Plate-wave diffraction tomography for structural health monitoring[C]. Bellingham, South America. Review of Progress in Quantitative Nondestructive Evaluation, 2002.

[12] 赵辉. 基于电磁超声 Lamb 波层析成像的盲孔缺陷定量描述研究[D]. 哈尔滨: 哈尔滨工业大学, 2018.

[13] 张海燕, 周全, 吕东辉, 等. 各向同性薄板中横穿孔缺陷的超声 Lamb 波层析成像[J]. 声学学报(中文版), 2007(1): 83-90.

[14] Ho K S, Billson D R, Hutchins D A. Ultrasonic Lamb wave tomography using scanned EMATs and wavelet processing[J]. Nondestructive Testing and Evaluation, 2007, 22(1): 19-34.

[15] Belanger P, Cawley P. LAMB WAVE TOMOGRAPHY TO EVALUATE THE MAXIMUM DEPTH OF CORROSION PATCHES[C]. // American Institute of Physics. Review of Progress in Quantitative Nondestructive Evaluation. Portland, Oregon, American: AIP Conference Proceedings, 2007.

[16] Belanger P, Cawley P. Feasibility of low frequency straight-ray guided wave tomography[J]. NDT & E international: Independent Nondestructive Testing and Evaluation, 2009, 42(2): 113-119.

[17] Belanger P, Cawley P, Simonetti F. Guided wave diffraction tomography within the born approximation[J]. IEEE Transactions on Ultrasonics, Ferroelectrics, and Frequency Control, 2010, 57(6): 1405-1418.

[18] 张海燕, 周全, 吕东辉, 等. 各向同性薄板中横穿孔缺陷的超声 Lamb 波层析成像[J]. 声学学报, 2007, 32(1): 83-90.

[19] 魏运飞, 卢超. 薄板腐蚀缺陷 Lamb 波成像检测的有限元模拟[J]. 测试技术学报, 2010, 24(3): 259-264.

[20] Huang S L, Wei Z, Zhao W, et al. A new omni-directional EMAT for ultrasonic Lamb wave tomgrephy imaging of metallic plate defects[J]. Sensors, 2014, 14: 3458-3476.

第7章 导波检测系统

为了实现储罐设施的结构健康监测，相关研究者和机构进行了许多研究。如图7.1和图7.2所示，TWI公司开发的监测技术从罐外侧周围的许多永久连接的传感器发出的低频超声波来检查整个罐底板。其围绕罐底圆周安装了48个等间距传感器阵列，其检测距离可达30m[1]。

图7.1 罐底断层扫描传感器布置方式

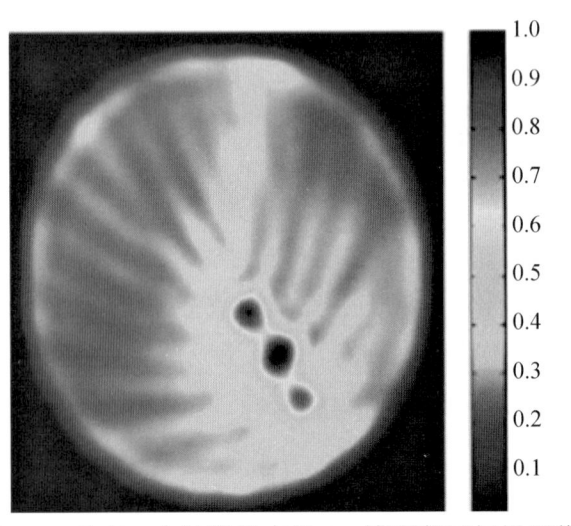

图7.2 具有3个缺陷的直径4m罐底断层扫描图像

第7章 导波检测系统

超声相控阵提供了一种快速、可靠的同时检测多种缺陷的方法。荷兰RTD公司对此进行了相关研究。该技术能够进行多种应用,包括焊接质量、腐蚀测绘、复合材料和复杂几何构件,属于短程导波检测,其检测距离为1m左右[2]。

中国石油管道科技研究中心防腐所研究了超声平板导波在储罐底板和管壁检测上的应用,检测距离为2m,如图7.3所示。根据课题进展,检测距离预估可达15m左右[3]。

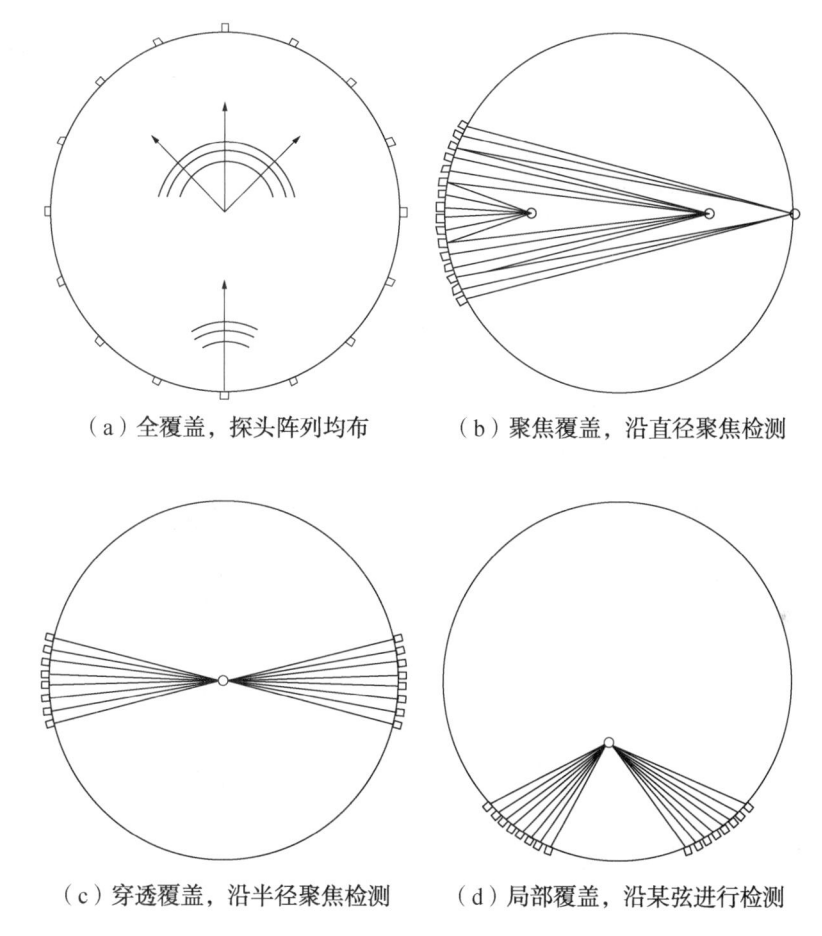

(a)全覆盖,探头阵列均布　　(b)聚焦覆盖,沿直径聚焦检测

(c)穿透覆盖,沿半径聚焦检测　　(d)局部覆盖,沿某弦进行检测

图7.3 探头阵列的布置方式

该方法利用相控阵技术控制纵波探头阵列提高超声导波激励能量,样品的图像重建结果如图7.4所示。

相关研究机构还对远程导波检测技术进行了研究,沿着罐壁以恒定速度(同步记录)或使用单轴扫描仪进行线性扫描检测,如图7.5所示。

检测结果表明:可靠检测到的最小损伤深度为1.5~2 mm,并可以检测10cm^{2}的腐蚀缺陷[4]。其检测距离可达1m左右。

相关研究机构对直径为8 m的小型储罐(图7.6)进行了原位实验测量,沿储罐底面周长25 cm。测量点总数为441，测量时采用50 kHz超声传感器。使用液体耦合和磁固定的方法将传感器连接到罐底边缘，通过研磨预先清理罐底边缘[5]，如图7.7所示。

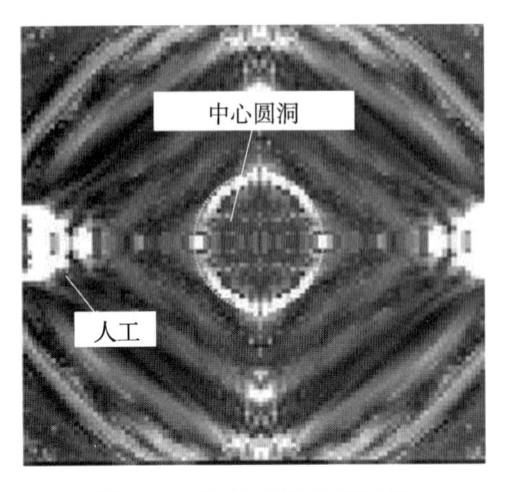

图7.4 样品图像重建结果

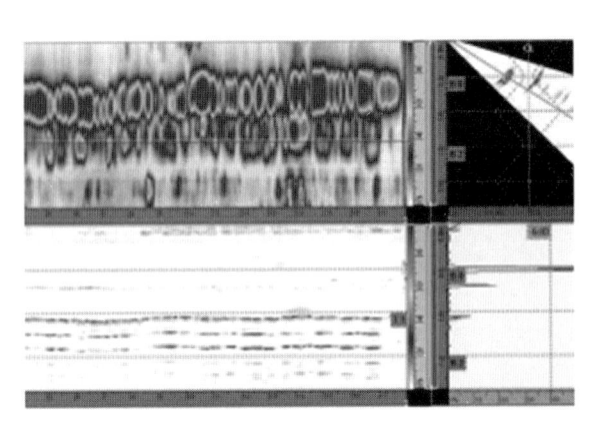

图7.5 线性扫描图像

图7.6 远程导波检测技术检测结果

研究表明，在50kHz频率下产生的Lamb波S_0模式，能够通过直径5~30m的中小型储罐底部的传输测量，计算结果如图7.8所示。

Structural Integrity Associates，Inc公司通过阵列中每个可能的唯一传感器组合之间发射和接收导波能量，以层析成像方式采集声场数据。

在安装时采集基线数据集，随后在后续时间采集后续数据集，以监测自基线状态发生的降解，如图7.9所示。对数据应用计算机断层扫描成像算法，以生成断层扫描图像，如图7.10所示。

第7章 导波检测系统

(a)

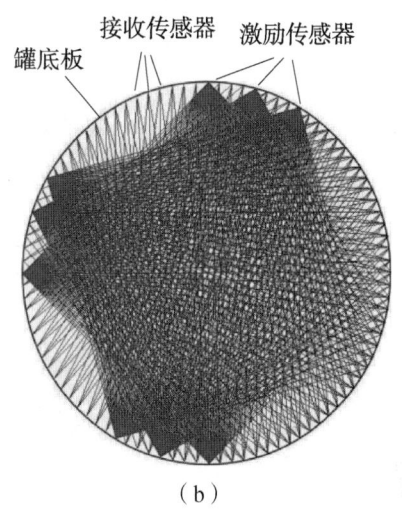

(b)

图 7.7 传感器布置方式

然而，国内外对于大型储罐腐蚀的定量检测技术的研究尚处在初级阶段，亟待新技术的研发，见表 7.1。

表 7.1 基于导波的储罐设施结构健康检测系统

研究机构	仪器名称	主要应用对象	检测距离	工作频率	检测精度	备注
美国得克萨斯州的美国西南研究院(SwRI)	MsS 超声导波检测系统	管道	100m	4~250kHz	横截面积损失量的 6% 及以上的缺陷	
北京华海恒辉科技有限公司	超声导波聚焦检测系统	管道	—	—	定位精度 ±10cm	检测面积小

续表

研究机构	仪器名称	主要应用对象	检测距离	工作频率	检测精度	备注
英国焊接研究所（TWI）	超声导波聚焦检测系统	储罐底板	30m	低频	可检测损伤尺寸：直径20mm	罐周均匀布置48个传感器
荷兰艾普拉斯认证公司（RTD）	LRGWI	储罐底板	1m	—	可靠检测到的最小损伤深度为1.5~2mm	反射检测方式

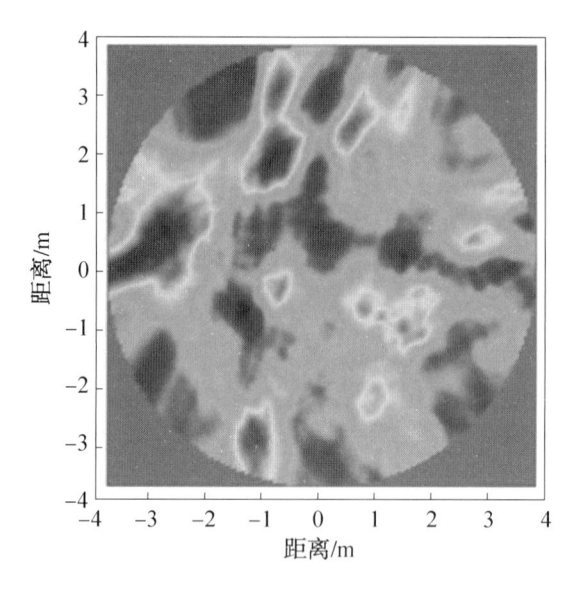

图 7.8 超声透射断层成像

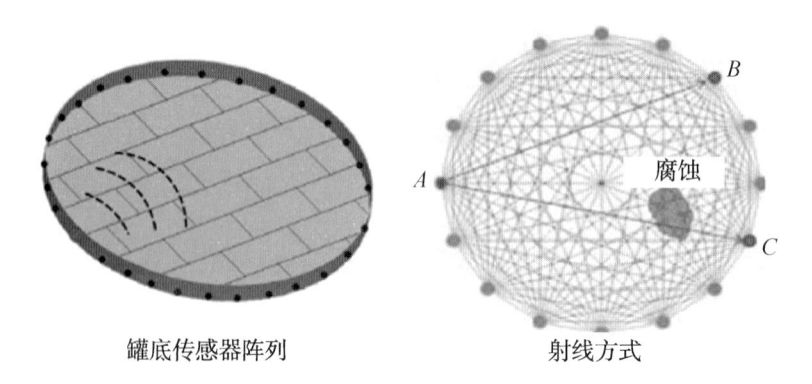

罐底传感器阵列　　　　射线方式

图 7.9 超声透射断层传感器布置

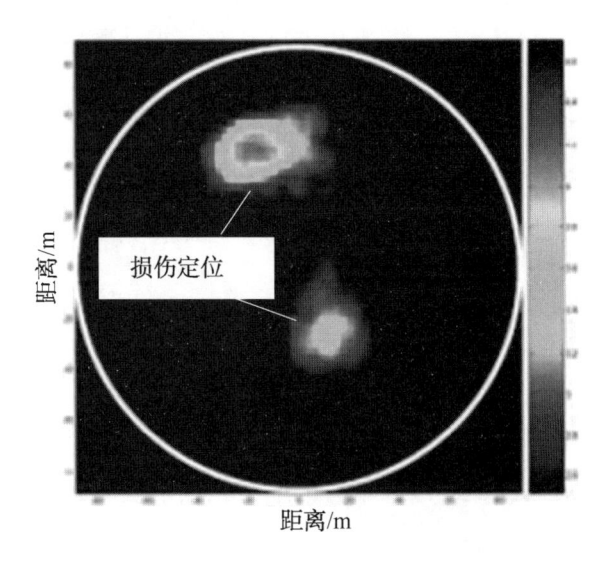

图 7.10　罐底超声透射断层成像

7.1　导波激励系统

7.1.1　总体方案及性能指标

为了更好地研究基于导波的石油储罐底板结构健康监测技术,结合 STM32 和 DDS,重庆大学研究团队研发了一种防爆式导波激励信号发生器,集多种功能于一体,激励波形和激励频率均可调,且激励出的信号电压较高,长距离检测不会受到干扰影响,可直接驱动压电传感器。该系统不但具有可调性和良好的输出性,而且还具有高分辨率和稳定性等优点。同时系统还具有较高的自动化水平,操作过程简单、灵活且数据可视化,便于数据存储和分析。

以 STM32 系列单片机为主控器,PC 通过 USB 总线将波形数据传送到信号发生器的存储器,ID 计数器循环并将周期波形数据发送到 DAC 电路,DDS(直接数字合成)电路产生相应的 DAC 刷新时钟,DAC 的波形通过高速缓存放大器、低通滤波器和放大输出,最后通过功率放大电路将激励信号幅度提高至所需电压。实验表明,该激励源精度高、频率可调、使用方便。系统的原理框图如7.11 所示。

设计的导波激励信号发生器外形如图 7.12 所示,对于在 PC 端设置的信号,经过功率放大单元后(电压增益被设计为 10),在其中任一 BNC 接口测量得到的输出信号如图 7.13 所示。

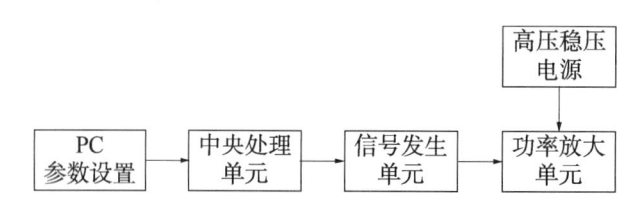

图 7.11　导波激励信号发生器原理框图

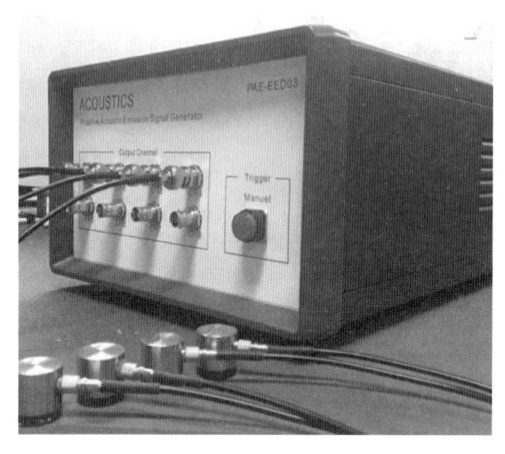

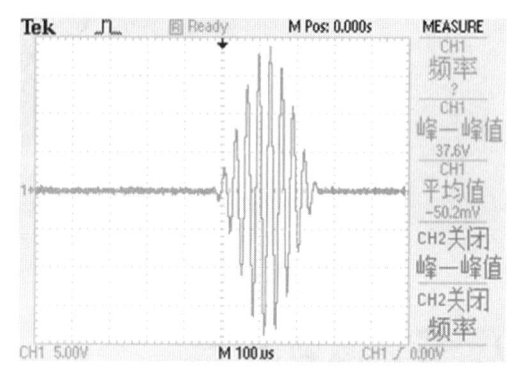

图 7.12　导波激励信号发生器外形　　图 7.13　导波激励信号发生器的输出信号

指标参数：

（1）输出频率：工作频段为 100~100kHz，最高输出频率可达 150kHz，在该频率范围内输出频率连续可调。

（2）输出幅值：最低输出幅值为 5V，最高输出幅值为 101V，在该幅值范围内输出幅值连续可调。

（3）输出波形：可输出正弦波、方波(占空比可调)、锯齿波(占空比可调)、脉冲波(脉宽可调)，以及以 Hanning 窗调制的正弦脉冲信号为代表的任意波形。

7.1.2　硬件系统

（1）控制芯片。

主控芯片是任意波形发生功能的核心器件，用于与 PC 端进行通信并控制信号发生模块输出的波形等。结合该导波信号激励源的工程应用背景，主控芯片应当具备以下特性：

① 低功耗，以满足该导波激励信号发生器需长期在户外进行频繁的结构健康监测工作的需求。

② 大存储，以实现主控芯片对 PC 端通信获得的波形数据进行存储、发送等。

③ 小体积。采用 ST 生产的 STM32F103 芯片，其性能线框图如图 7.14 所示。

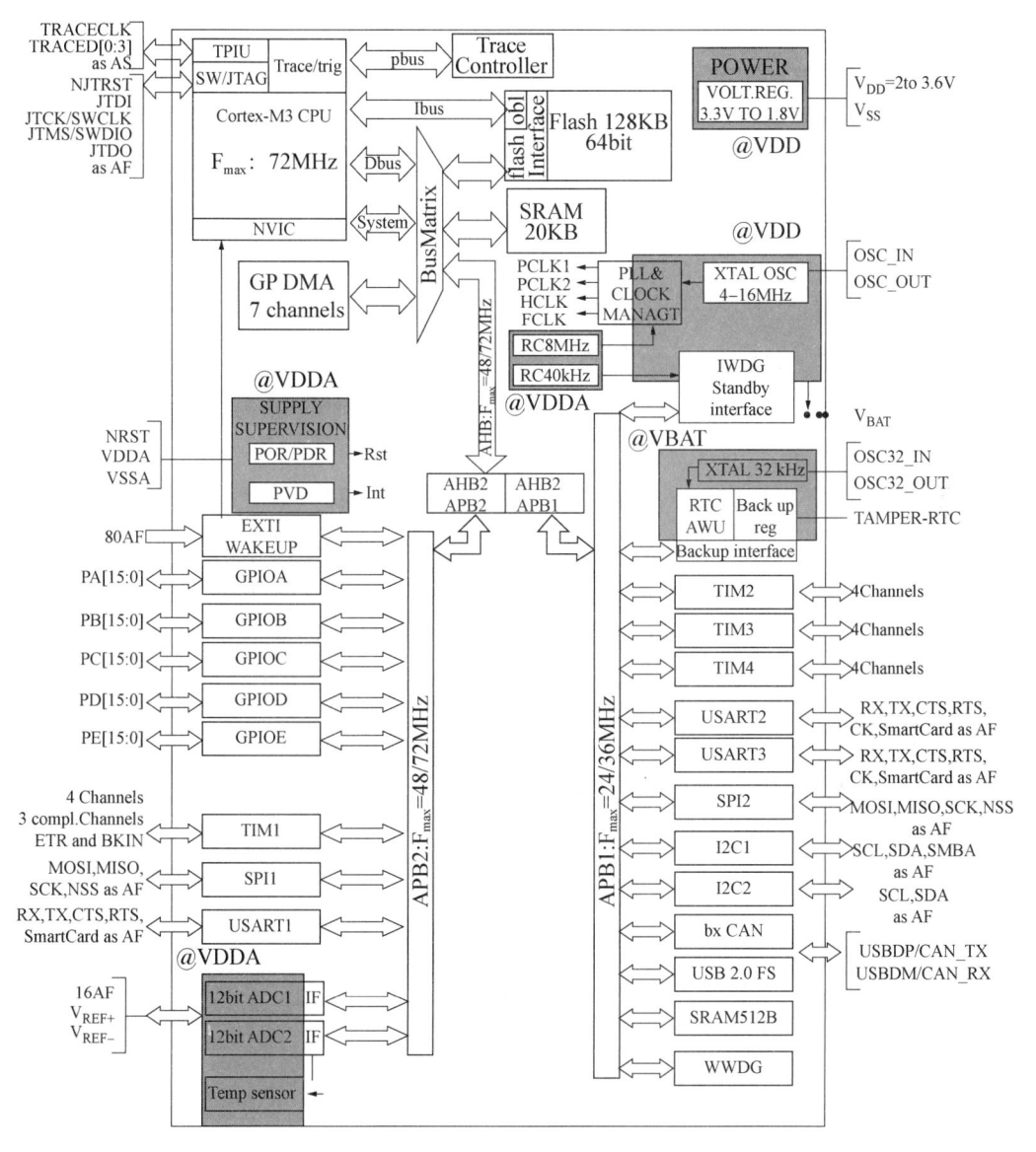

图 7.14　STM32F103xx 性能线框图

（2）信号发生模块。

DDS 是一种全数字化的频率合成器，在被给出时钟频率之后，频率控制字就确定了输出信号的频率，累加器位数控制频率分辨率，ROM 的地址线位数确定了相位分辨率，ROM 的数据位字长和 D/A 转换器位数决定幅度量化噪声。

选用的 AD9954 芯片是一款带有高速、高性能 DAC 的 DSS。完整的数字可编程高频合成器，可实现快速跳频、精确频率调谐(0.01Hz 或更高)和相位谐波

(0.022°间隔)。其与主控芯片的接口对应为：

AD9954_ CS ················ PB9　　　OUT
AD9954_ SCLK ············ PB10　　OUT
AD9954_ SDIO ············ PB11　　OUT
AD9954_ OSK ············· PB12　　OUT
PS0 ·························· PB13　　OUT
PS1 ·························· PB14　　OUT
IOUPDATE ················ PB15　　OUT
AD9954_ SDO ············ PB5　　　IN
AD9954_ IOSY ············ PB6　　　OUT
AD9954_ RES ············· PB7　　　OUT
AD9954_ PWR ············ PB8　　　OUT

(3) 功率放大芯片。

在功率放大单元，需要将信号发生单元输出的低压信号(10V 以下)提升幅值至 50~100V 以达到在石油储罐底板中激发 Lamb 波的要求电压，同时保证输出信号低纹波、不畸变。PA41/42 是高压单片 MOSFET 运算放大器，具有优异的性能特性，同时提高了可靠性，而外部补偿为用户提供了为应用选择最佳增益和带宽的灵活性。

选用的 PA41 采用气密密封的 TO-3 封装，所有电路均通过氮化铝(AlN)基板与外壳隔离，其等效原理图如图 7.15 所示，具有如下特性：

① 单片 MOS 技术；

② 低成本；

③ 高电压操作(350V)；

④ 低静态电流(2mA)；

⑤ 高输出电流(峰值 120mA)；

⑥ 没有第二次突破。

两个 PA41 放大器用作压电传感器的桥式驱动器，可提供低成本、高达 660V 的总驱动能力。$R_n C_n$ 网络用于在高频率下提高 A2 的表观增益。如果将 R_n 设置为等于 R，则可以相同地补偿放大器并且将具有匹配的带宽，如图 7.16 所示。

(4) 高压电源模块。

本研究中，高压电源模块需要为功率放大电路中的 PA41 芯片提供十分稳定工作用电压，依据其数据手册，供电电压最小值±50V、最大值±175V、典型值±150V，电流最大值 2.0mA、典型值 1.6mA。考虑到现场测试的便捷操作要

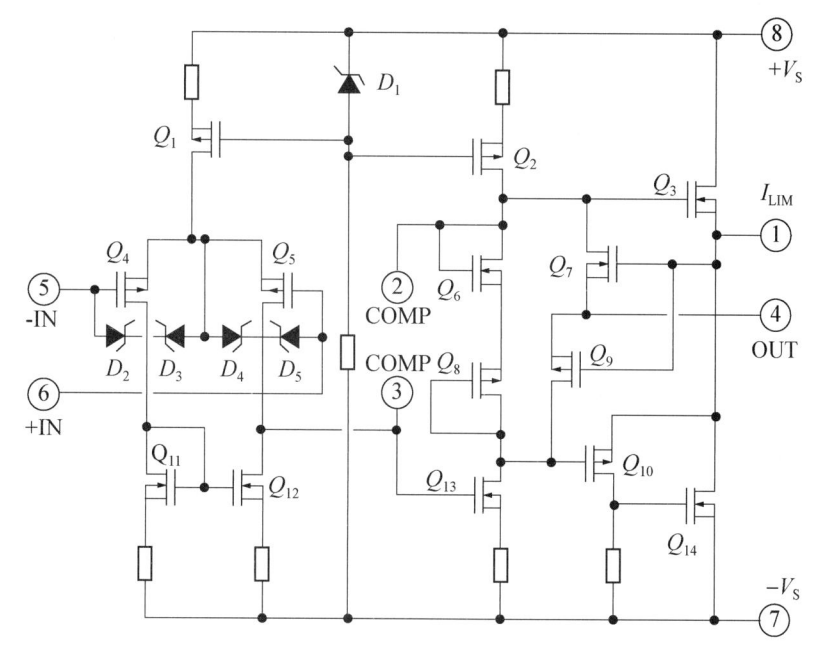

图 7.15　PA41 芯片等效原理图

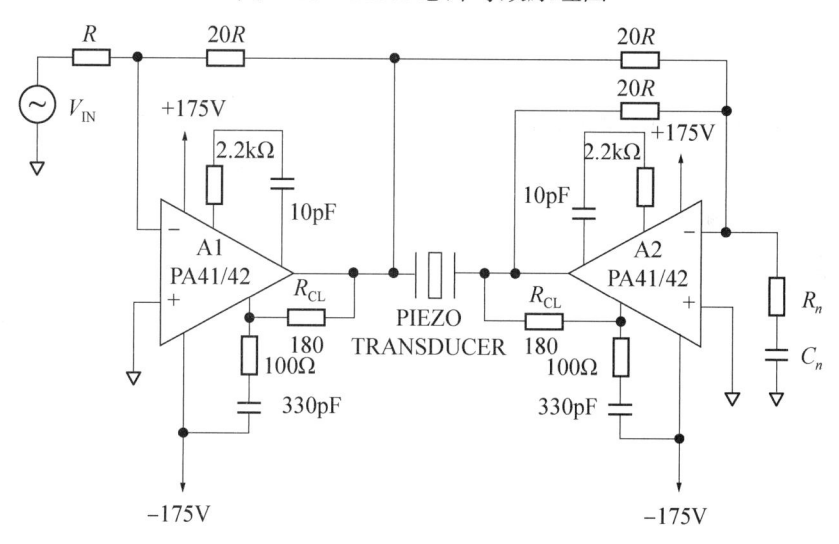

图 7.16　PA41 典型应用电路

求，选择广州高雅信息科技有限公司生产的 HE12P24LRN 型号的 HIECUBE 电源模块和广州能达电源生产的 WRH12150S-8 型号 DC/DC 电源模块配合使用。

HE 系列是 HIECUBE 小型封装形式的高效绿色模块电源，具有卓越的电源纹波和噪声性能。在满载情况下，纹波峰—峰值在 30~80mV 之间。电源效率高达 90%，超低空载功耗低于 0.1W。可以提供最基本的防尘和防水功能。它广泛应用于通信和传感器，工业控制和电力仪表，智能家居以及其他需求量大且 EMC 要求不高的地方。如果需要在特别苛刻的电磁兼容环境中使用，则必须增加 EMC 外围电路配合使用。图 7.17 为 HE12P24LRN 型号电源模块低纹波应用电路，HE12P24LRN 型号模块的相关规格及特性如下：

① 输入电气规格：电压范围/频率为 100~240VAC/50~60Hz；

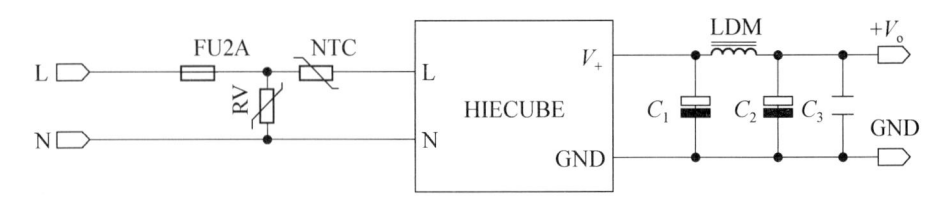

图 7.17 HE12P24LRN 型号电源模块低纹波应用电路

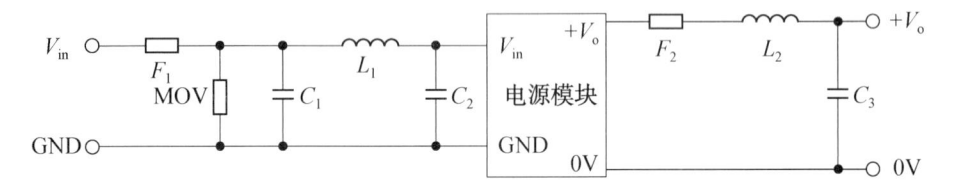

图 7.18 WRH12150S-8 型号电源模块推荐电路

② 输出电气规格：直流电压 12V，额定电流 2A，额定功率 24W，典型效率 87%，电压精度 ±1%，负载调整率 ±0.8%；

③ 纹波与噪声特性：20M 带宽/纹波噪声峰—峰值最大 25mV、典型 20mV。

WRH12150S-8 型 DC/DC 电源模块为宽电压输入，隔离式高电压输出，如图 7.18 所示，主要产品特性参数如下：

① 输入电压：标称值 12VDC，范围 10~18VDC；

② 输出参数：电压 150VDC，电流 53mA，典型效率 74%；

③ 纹波与噪声：20MHz 带宽，平行线测试法测试，±1%。

7.1.3 软件系统

(1) 信号发生单元下位机软件设计。

通过模块化方式的设计，在 Keil 集成开发环境中进行编程及调试。图 7.19 为信号发生单元软件流程图。

其中最重要部分——AD9954 内部结构图如图 7.20 所示。

AD9954 内置 1024×32 静态 RAM，可以实现多

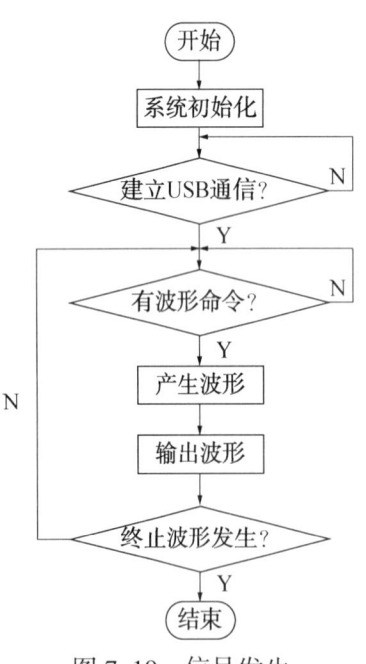

图 7.19 信号发生单元软件流程图

图 7.20 AD9954 内部结构图

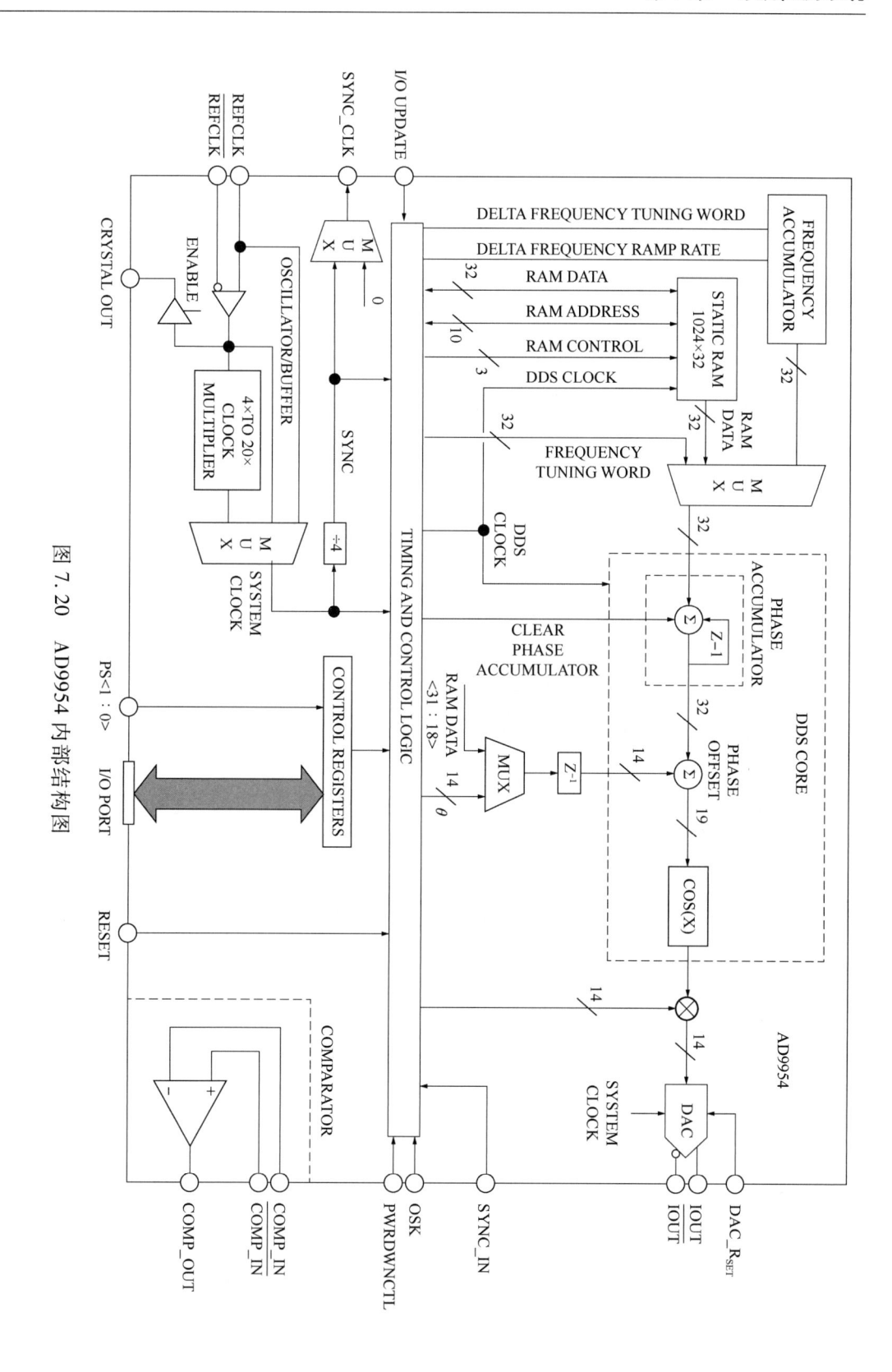

种扫描模式,以落实快速频率转换,同时能够保证较高的频率分辨率。AD9954有三种模式:单音模式、RAM控制模式和线性扫描模式(由下述函数实现):

void LINEARSWEEP(float f1,float f2);

//float f1:起始频率

// float f1:终止频率

(2) PC端软件设计。

PC端软件采用C#语言和MATLAB混合编程,通过使用MATLAB编译器将后缀为".m"的文件转化成为COM组件,实现在C#语言的编译环境中调用MATLAB中自带函数的功能。

① USB通信模块。

USB高速稳定、易安装插拔,是高速数据传输的主要方式之一。本研究中选用FTDI公司生产的USB驱动芯片FT232H。它是单个USB2.0,支持高速480Mb/s至UART或FIFO模式,可配置为各种工业串行或并行接口。本研究中使用USB驱动芯片FT232HL,配置成FT245同步FIFO接口。通信过程如图7.21所示。

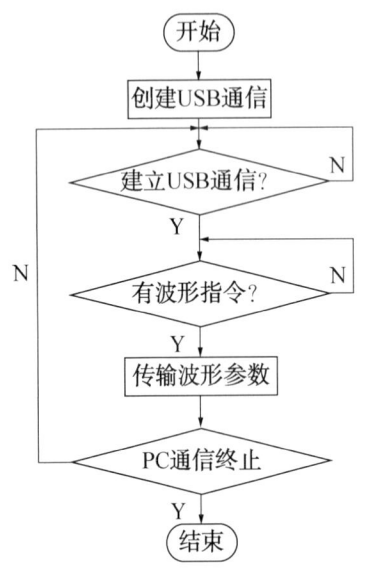

图7.21 PC端通信流程图

② 波形参数设计。

波形参数设计部分负责任何所需波形的参数设计。具体实现过程如下:

a. 使用MATLAB的m语言编写石油储罐底板结构健康监测中导波激发常用信号的相关函数,如对正弦信号实现Hanning窗调制。

b. 信号生成功能函数编写完毕后,利用MATLAB中的COM Builder将".m"文件编译成COM组件,即可在对应的文件夹中看到与.m文件同名的DLL文件。

c. 在Visual Studio中调用上述COM组件,即将生成的拓展名为DLL的COM组件文件添加到C#工程项目,然后引用该文件的命名空间。

d. 设计中,PC端的数据是以后缀为".csv"的文件存储在上位机某一位置中的,通过MATLAB波形生成完毕后,将数据反馈给C#端,C#端读取该结果并将波形信息展示在窗体程序中,如图7.22所示。

7.1.4 测试分析

用MATLAB绘制出一个峰—峰值4V、以33kHz为中心频率激励、Hanning窗调幅的10周期正弦调幅脉冲的波形(图7.23),保存在PC使用软件的默认格

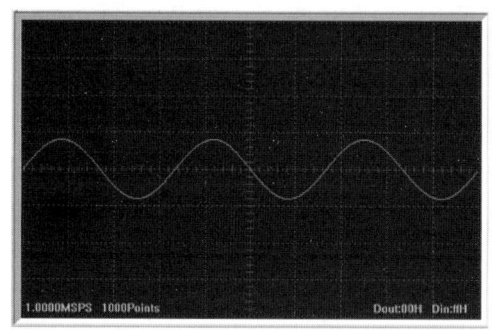

(a)低频低幅正弦波 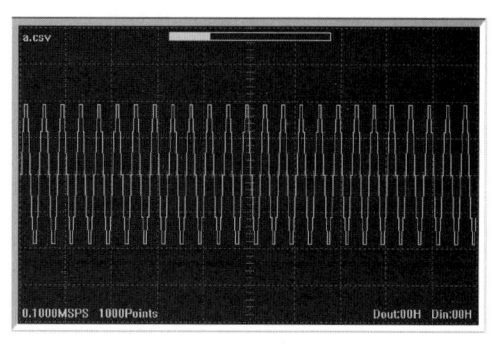 (b)高频高幅正弦波

图 7.22　PC 端波形参数模块

式 .csv 中，并在软件中打开，此时已经有连续波形输出，如图 7.24 所示。

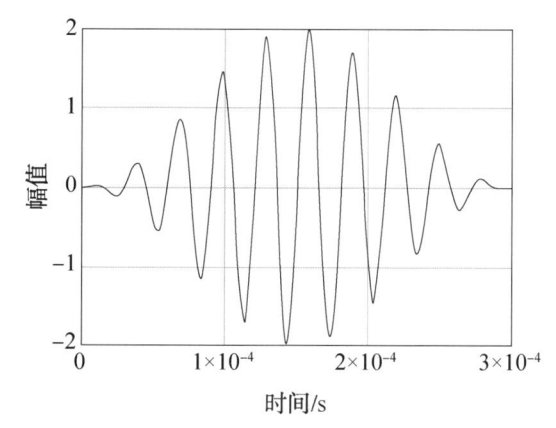

图 7.23　用 MATLAB 绘制的测试用波形 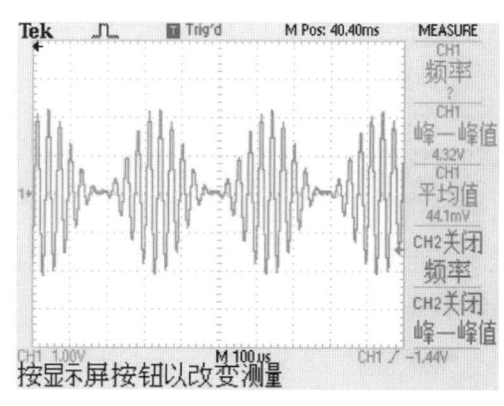　　图 7.24　信号发生单元输出的连续波形

将输出改变为"Single Wave"模式，通过输出 BNC 接口旁的红色触发按钮，即可产生单周期激励波形，如图 7.25 所示。

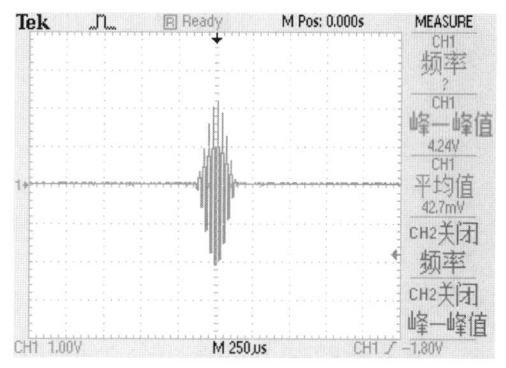

本节主要依据石油储罐底板中各模态 Lamb 波所需的载荷形式和参数，对结构健康监测中需要使用的导波激励信号发生器进行模块选型及软硬件设计。主要可分为信号发生和功率放大两大单元，前者的难点在于软件设计，重点在于通过 USB 与 PC 端通信获得所需发生的任意波形数据并利用 DDS 实时输出；后者难点在于放大芯片、电源模块的选型以及硬件电路 PCB 板设计、调试。最后，利用该

图 7.25　信号发生单元输出的单周期激励波形

仪器对上位机中 Hanning 窗调制的正弦脉冲信号进行产生、放大、输出，经过示波器得到的数据波形。

7.2 导波接收系统

7.2.1 总体方案

压电材料在感受到施加于其上的外部作用力后，其自身的电偶极矩会由于压缩而产生变短的形变。与此同时，压电材料会抵抗这种形变并且在材料的表面上产生出等量的正负电荷。这种由于形变而产生电极化的现象称为"正压电效应"。正压电效应实质上是机械能转化为电能的过程。压电陶瓷机电耦合系数较高，适用于制作导波接收传感器，本节选用压电陶瓷晶片作为导波信号接收元件。

为了在大面积储罐底板结构中接收到导波信号，导波接收传感器中加入了电荷放大电路，以提高导波接收传感器接收性能，并设计了高精度多通道数据信号采集系统，采集记录导波接收传感器接收到的导波信号。并且，根据实际监测需求设计了上位机，该上位机可以通过 USB 接口实现对采集系统的控制和导波数据的上传存储，如图 7.26 所示。

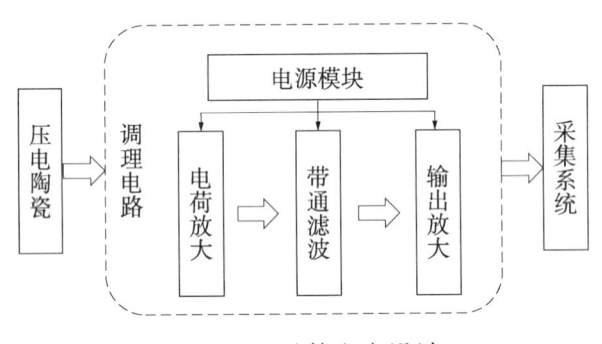

图 7.26 总体方案设计

7.2.2 硬件电路设计

导波接收硬件系统可分为传感器信号调理模块、数据采集模块和数据无线传输模块。压电传感器调理电路主要由电荷放大电路、有源带通滤波电路和输出放大电路等部分组成。压电晶体在接收到导波信号后，其表面产生微弱电荷信号，首先经过电荷转换级电路由高内阻电荷量转化为低内阻电压信号，方便后续电路的进一步调理；再经过有源滤波电路进行高低通的滤波，提高信噪比，最后通过输出放大电路输出合适的电压值。无线数据采集系统获取调理电路信号输出，通过无线通信的方式远程传输到数据接收端，降低了测试现场的传感器安装复杂度，提供了一种便捷的传感器阵列布置解决方案。

无线数据传输模块总体分为三个：主控芯片模块、数据采集模块和无线数据传输模块。主控芯片选用FPGA控制ADC进行信号采集，完成数据采集后，将接收到的采集数据通过SPI协议（串行外围设备接口）发送给WiFi模块；WiFi模块将设立基站模式连接无线网络，创建TCP服务器（传输控制协议），将SPI任务接收的数据通过队列同步给TCP数据发送任务，然后通过TCP协议将数据发送给上位机；上位机通过LabVIEW软件设计与WiFi模块建立TCP通信连接并接收数据。

系统中，FPGA模块选用的是XILINX公司的Spartan-6 LX系列XC6SLX9芯片，该芯片具有静态/动态功耗低、快速的18×18乘法器和48位累加器、差分I/O高达1080Mb/s的数据传输速率、灵活的低噪声时钟等多种优异性能，符合系统的设计需求。FPGA模块需要实现的功能为：控制AD芯片对传感器进行数据采集并将数据存储至RAM，然后存储在RAM中的数据读取至串行外设接口（SPI）的输出缓冲区，通过SPI协议将数据发送到WiFi模块（ESP32）。

系统无线数据传输设计基于WiFi技术，WiFi模块的设计是系统中的重要部分，设计选用ESP32物联网芯片，该芯片是一款集成WiFi功能的微控制器，基于40nm工艺制程，具有极佳的射频性能、稳定性、通用性、可靠性好，低功耗，在各种应用场景与各式的需求下均有很好的表现。该芯片集成了丰富的外设，包括以太网接口、I2S、I2C、UART和高速SDIO/SPI等。

此外，ESP32还搭载了FreeRTOS操作系统。RTOS（实时操作系统），实时指的是任务（Task）必须在给定的时间内完成。一个实时操作系统能尽力保障每个任务能在一个已知的最大运行时间内完成，包括对中断和内部异常的处理、对安全相关的事件的处理、任务调度机制等。ESP32搭载的FreeRTOS即是一个迷你的实时操作系统内核，作为一个轻量级的操作系统，其功能包括：任务管理、时间管理、信号量、消息队列、内存管理、记录功能、软件定时器和协程等，可基本满足较小系统的需要。

7.2.3 信号调理单元设计

电荷转换级是整个电荷放大器最关键的部件，负责进行阻抗转换并将拾取的电荷信号积分为相应比例的电压信号。压电传感器的高阻抗输出微弱电荷信号接到运算放大器的输入上，电荷放大器的高阻抗输入特性能很好地拾取这种微小电荷信号，通过积分电容产生相应比例的电压信号，而且电荷放大器的输出阻抗很小，积分得到的电压信号能够很方便地被后续电路处理。电荷放大电路原理图如图 7.27 所示。

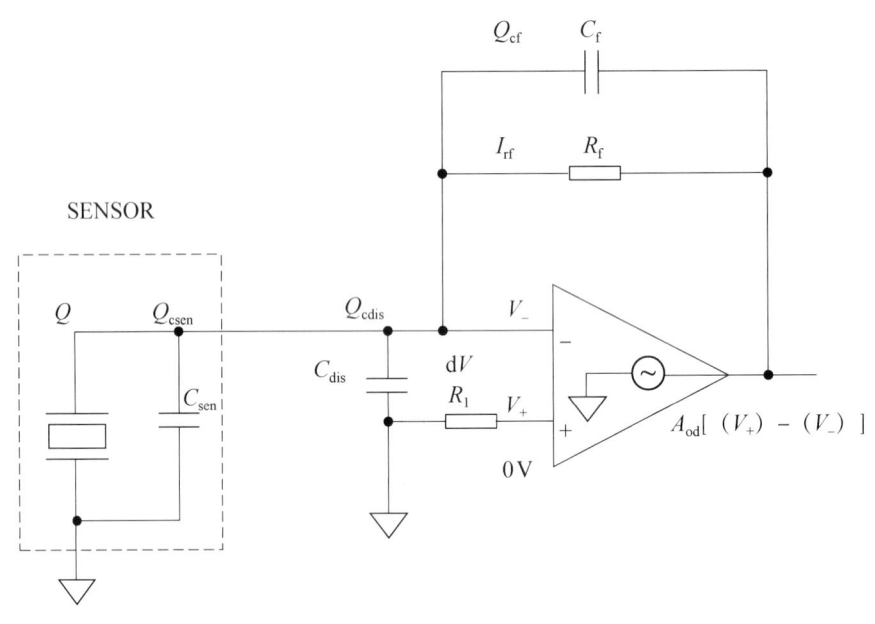

图 7.27 电荷—电压转换电路原理图

压电传感器产生的电荷量 Q，依次对压电传感器内部电容 C_{sen}、传输电缆电容 C_{dis} 以及运算放大器的反馈电容 C_f 进行放电。我们在这里忽略流经反馈电阻的电荷量，因为流经反馈电阻的电流为

$$I_{R_f} = \frac{V_0 + dV}{R_f} \approx \frac{V_0}{R_f} = \frac{1}{10^9} = 10^{-9} \text{A} \tag{7.1}$$

则反馈电阻的电容量为：

$$Q_{R_f} = I_{R_f} \cdot dt \tag{7.2}$$

其中 dt 在低频时按照电容充电时间常数来确定，在高频时暂按 $1\mu s$ 计算：

$$Q_{R_f} = I_{R_f} \cdot dt = 10^{-9} \cdot 10^{-6} = 10^{-3} \text{pC} \tag{7.3}$$

所以通常情况下，反馈电阻上的电荷量可以忽略不计。

因此依据电荷守恒定律，可得：

$$Q = Q_{sen} + Q_{cdis} + Q_{cf} \tag{7.4}$$

运算放大器同相输入端电压为：

$$V_+ = 0 \tag{7.5}$$

运算放大器反相输入端电压为：

$$V_- = V_+ + dV = dV \tag{7.6}$$

根据运算放大器的电压放大原理，可得出运放的输出电压为：
$$V_o = A_{od}(V_+ - V_-) = -A_{od} \cdot dV \tag{7.7}$$

又根据电容两端电压与其电荷量的关系 $Q = UC$，可得：

$$\begin{aligned} Q &= dV \cdot C_{sen} + dV \cdot C_{dis} + (dV - V_o) \cdot C_f \\ &= dV[C_{sen} + C_{dis} + (1 + A_{od})C_f] \\ &= -\frac{V_o}{A_{od}}[C_{sen} + C_{dis} + (1 + A_{od})C_f] \end{aligned} \tag{7.8}$$

所以电荷放大级的输出电压为：

$$V_o = -\frac{A_{od}Q}{C_{sen} + C_{dis} + (1 + A_{od})C_f} \tag{7.9}$$

在低中频段，A_{od} 一般为 $10^4 \sim 10^6$ 数量级，$(1 + A_{od})C_f \gg C_{sen} + C_{dis}$，所以 $V_o = -\frac{Q}{C_f}$。

有源滤波电路设计：为了避免由压电传感器自身引起的高频幅频特性的失真，需要在滤波电路中先采用低通滤波器来过滤这些高频干扰。低通滤波器指有用的低频信号能够通过而高频干扰信号不能通过的滤波器。滤波器的种类很多，根据不同用途与要求，常见的滤波器一般为 RLC 无源滤波器和由 RC 网络与集成运放构成的有源滤波器。无源的 RC 低通滤波器在测试振动或冲击的系统中广泛应用，因为其电路结构简单并且抗干扰性能也很出色，在低频范围内性能非常优异。但是这种无源 RC 低通滤波器的主要缺点是电压放大倍数低，同时带负载能力差，若在输出端并联一个负载电阻，除了导致电压放大倍数降低以外，还将影响通带截止频率的值。因此，在实际应用中受到了很大的限制。有源滤波器的电路体积较小，并且其集成运放的开环增益和输入阻抗较高，输出阻抗较小，在电路系统中可以起到较好的电压放大与缓冲作用。可以提高通带电压放大倍数和带负载能力。在设计中，我们选用了使用简单、方便调节的二阶 RC 有源滤波器。

在电荷转换过程中，在调节不同的放大倍数时，电路中会短暂出现较大的直流分量。为了避免这种低频的直流分量，同时降低直流漂移给电路整体带来的影响，可以选择在低通滤波器之后再加上一个合适的高通滤波器。设计中选用一阶 RC 有源高通滤波器作为高通滤波电路。

输出放大电路：因为同相比例运算放大电路具有输入电阻高、输出电阻低的优点，因此用它来做输出放大电路是非常适合的。它几乎不会吸取信号源中的电流信号，对输出信号的影响微乎其微。所以采用同相放大电路来作为输出放大电路。压电传感器输出的电荷信号,经过电荷放大,高、低通滤波,最终经过输出放大电路输出。

7.2.4 数据采集单元设计

(1)模数转换电路设计。

如果要使得经过放大调理后的传感器输出信号传输到上位机中,那么模数转换器是必不可少的。模数转换器的功能是将模拟信号转变为数字信号,以便数字系统对其进行处理。设计中选用了TI公司的ADS8363型模数转换器。其具有4个全差分输入、8个伪差分输入通道,可双通道同时采样,数据采集的位数为16位,采集速度为1MSPS,输入电压范围在±REF之间(REF为实际使用的参考电压)。图7.28是ADS8363芯片原理图,关键管脚说明表见表7.2。

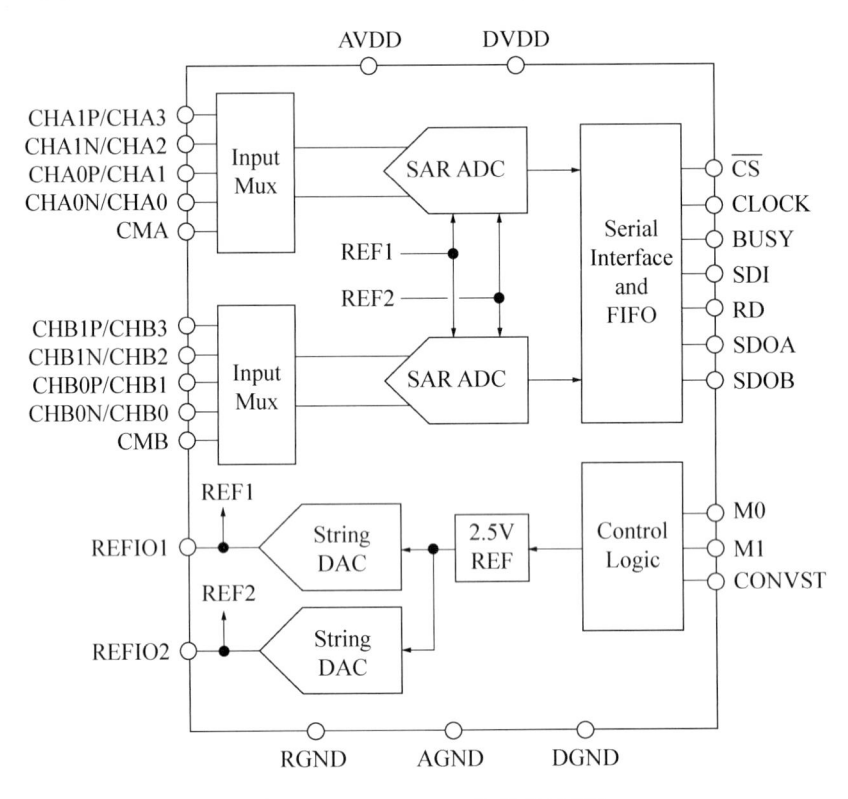

图 7.28　ADS8363 芯片原理图

表 7.2　关键管脚说明表

引脚名	类型	功能
CH*xx* 系列、CM*x*	模拟输入	测量数据输入
REF*xxx*	模拟输入输出	参考电压相关

续表

引脚名	类型	功能
xVDD	电源	供电
xGND	地	接地
SDI 等其他引脚	数字输入	数据采集相关

ADS8363 有内部自带的 2.5V 参考电压，在考虑到外部引入其他幅值的电压时电源模块设计的复杂性，在设计时不考虑接入外部参考电源，只使用 ADC 芯片内部 DAC 自带输出的 2.5V 参考电压。如表 7.2 汇总的与参考电压相关的两个引脚 REFIO1 和 REFIO2，将这两个引脚按芯片手册要求使用 22μF 的电容与地相连。其次，芯片共有 4 种运行模式，由 M0、M1 两个引脚通过接入高低电平来选择。具体模式见表 7.3。

表 7.3 芯片运行模式示意图

M0	M1	通道选择	工作模块
0	0	SDI 手动控制	SDOA、SDOB
0	1	SDI 手动控制	SDOA
1	0	自动控制	SDOA、SDOB
1	1	自动控制	SDOA

系统选用的是第一种模式，即 M0、M1 两个引脚输入皆为低电平，芯片工作模块为 SDOA、SDOB，通过 MCU 发送的时序信号 SDI 控制。然后，芯片采用手册中提供的全差分工作模式，因此，按照要求使用全差分模式时 CMA、CMB 接地，例如 CHA0P、CHA0N 两个引脚要输入一对差分信号，但是由于之前的信号调理电路已经将差分信号转换成为单端信号，所以设计其中一路接传感器的输出，另一路接地。因此，最终的设计中使用了 CHA0N、CHA1N、CHB0N 三个引脚输入不同通道传感器信号，其余 ADC 输入相关引脚均按照芯片手册和设计要求进行接地处理。在地线与电源线之间用 0.1μF 的电容连接去耦，数字控制部分与数据输出部分的引脚接到排针上。芯片的输入输出信号图、电路原理图如图 7.29 所示。

设计的软件逻辑框图如图 7.30 所示。由 FPGA 控制 ADC 工作时序，再获取 AD 采集到的被调理电路处理后的传感器输出信号，并通过无线接口将采样数据上传到上位机中进行数据处理和图像显示。

ADC 采集控制时序采用半时钟控制时序，需要控制 CONVST、CLOCK、

CS、RD、SDI 五个引脚的时序，其中 CS 引脚一般设计接地，CLOCK 信号可通过引用一个 PLL 模块来输出 50MHz 晶振的分频信号。由于能使 ADC 正常工作的时钟输入信号频率在 0.5~20MHz，CLOCK 信号是 FPGA 输入给 ADC 的时钟控制信号，然而不能将 FPGA 的 50MHz 原始时钟直接输出给 AD 芯片，于是这里就需要对时钟信号进行分频处理。设计中使用 PLL 进行时钟信号处理，使用 PLL 得到的时钟信号无法直接输出到 IO 口，想要将经 PLL 得到的时钟输出到 CLOCK 引脚上还需要调用 OODR2 原语。原语是在操作系统中调用核心层子程序的指令，它的优点在于可以直接例化使用而不需要定制 IP 核。CONVST 与 RD 信号在普通模式下时序近似相同，根据芯片手册提供的示例，只需要在下一个数据读取周期来到前给出一个半时钟的高电平即可。最后，通过预先选择的 ADC 工作模式来选择合适的 SDI 信号的时序输出就可以完成 ADC 的模数转换与数据采集，如图 7.31 所示。

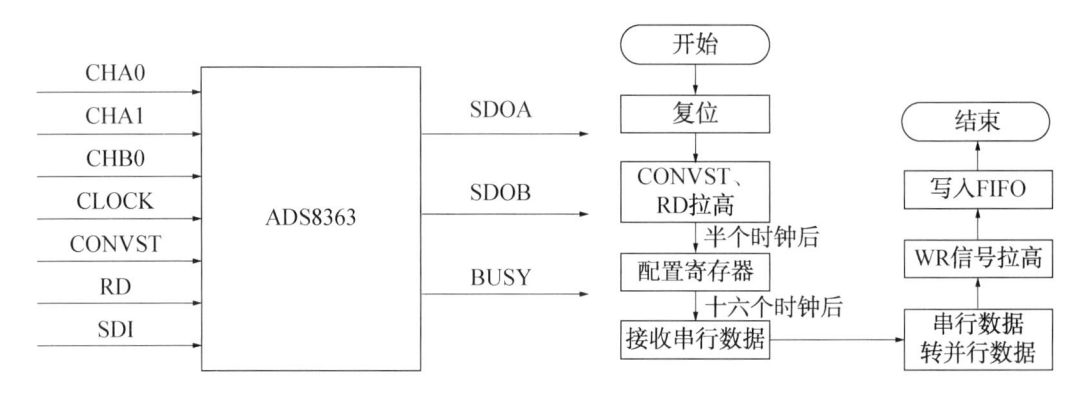

图 7.29　模数转换芯片的输入输出信号图　　图 7.30　数据采样控制流程设计

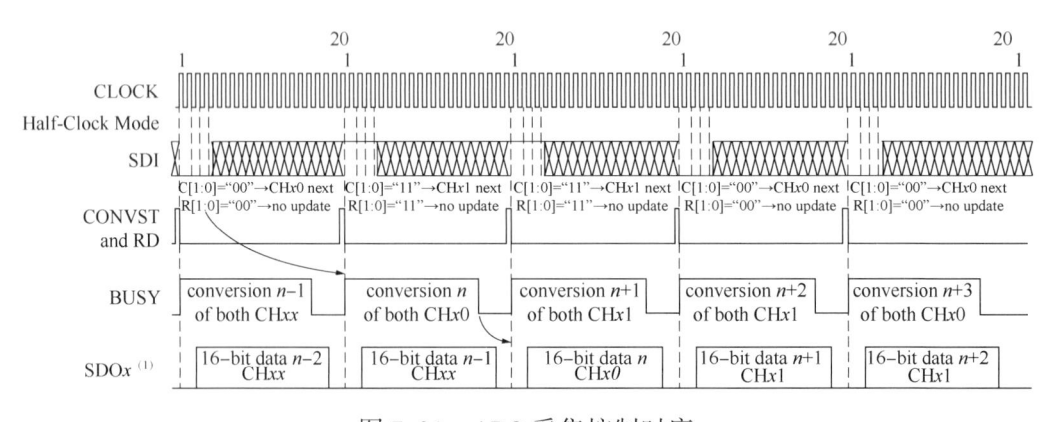

图 7.31　ADC 采集控制时序

（2）ADC 数据接收。

如图 7.32 所示，由 ADC 输入给 FPGA 的 SDO 信号，是以 20 个时钟信号为周期，其中 CH0/1、CHA/B 均为标志位，代表输出的有效信号有 16 个，MSB 与 LSB 分别代表最高有效位与最低有效位。

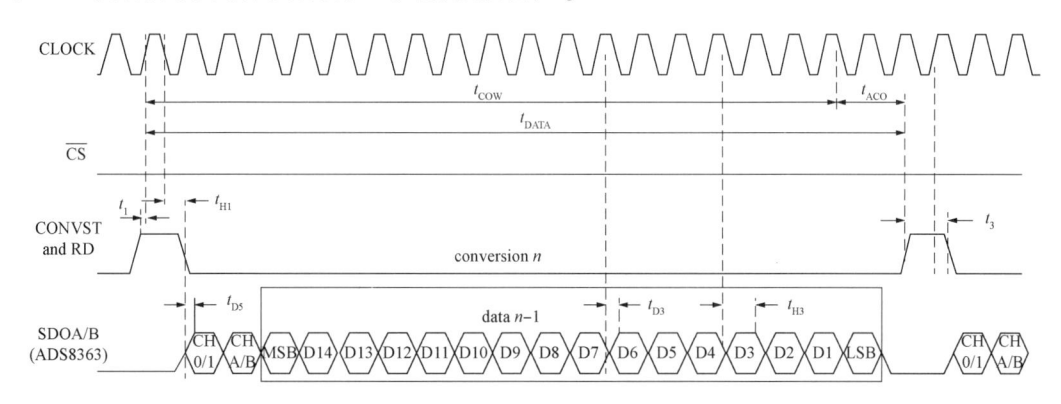

图 7.32　ADC 采样控制简易时序图

FPGA 在接收 SDO 输入信号的数据时，写入内存使用到了 FIFO（先入先出存储器），FIFO 在 XILINX 公司的 FPGA 编程软件（ISE）中已经被封装成了一个 IP 核（用于 ASIC 或 FPGA 中的预先设计好的电路功能模块），FIFO IP 核在 FPGA 内部即是 RAM 加上已经编写好的读写控制模块，可以直接进行调用和配置，最后在主程序中进行实例化，将 FIFO 的输入输出信号与程序中的变量名进行匹配。将数据写入 FIFO 前，先使用一个寄存器，将 ADC 模数转换后的按时序输入的高低电平按照排列顺序存入寄存器对应的位数中，再将该 16 位数据传入 FIFO 中，以便数据传输模块的读取。

7.2.5　无线传输单元设计

（1）SPI 数据传输。

系统设计中使用到的 A/D 芯片及 WiFi 接口芯片（ESP32）均需要通过该协议进行数据传输。SPI 是一种高速全双工的、同步的通信总线，它只使用 4 根线便能进行数据通信，很大程度地节省了芯片的管脚，也简化了 PCB 的布局。由于 SPI 协议具有这些简单易用的特性，因此，广泛地集成在了各种芯片中。

SPI 数据传输协议以主从方式工作，通常在一个主设备和一个或多个从设备之间进行，一般需要 4 根线，事实上在只需要单向传输时 3 根线即可实现。SPI 的 4 个引脚分别为 SCK（时钟）、CS（片选）、MOSI（主出从入）和 MISO（主入从出）。SPI 是一种串行通信协议，即数据在该协议中是一位一位进行传输的，因此就需要 SCK 时钟信号进行时序控制，该信号由主设备产生并输入给从设备；CS 片选信号则相当于从设备的使能信号，高低电平的有效是根据从设备的生产厂商确定的，当其为有效电平时便表示该从设备被主机选中，可以准备进行数据的接收或发送。图7.33给出了SPI主从设备之间的电气连接。

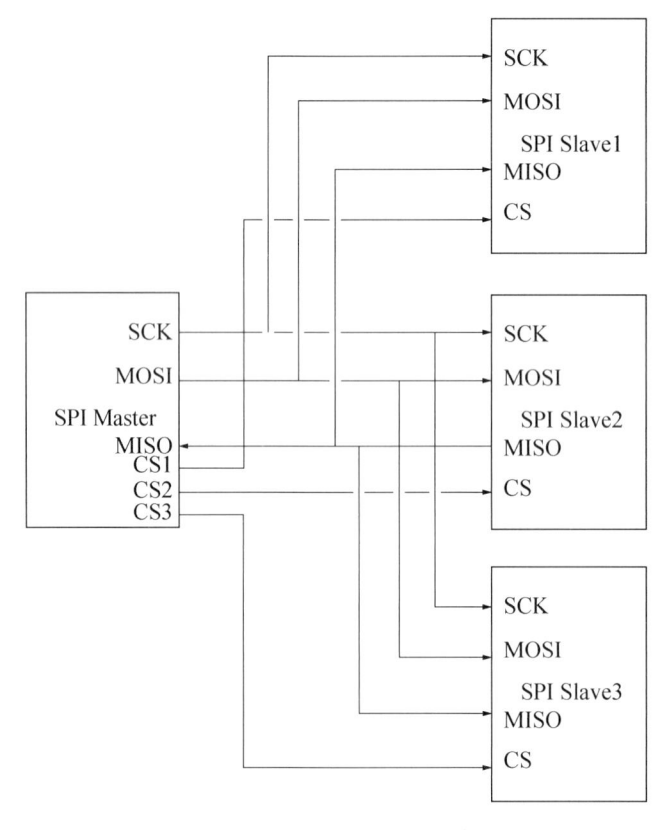

图7.33 SPI Master、Slave 电气连接图

FPGA作为SPI通信中的主设备,它将ADC采集并转换后存储在RAM中的数据通过FIFO读取到SPI的数据发送缓冲区中,然后通过SPI Master驱动程序将数据通过MOSI数据线发送给从设备(ESP32)。

(2) SCK、CS、FIFO数据读取与MOSI数据输出。

采用PLL锁相环与ODDR2原语调用,产生一个6.25MHz的时钟信号SCK;ADC输出数据写入FIFO后,在SPI数据输出阶段被读取至一个16位的寄存器中。

(3) SPI从设备程序设计。

系统设计中,WiFi模块(ESP32)应用程序的SPI数据接收部分主要完成SPI Slave模式的初始化及数据接收程序设计,具体包括以下几个步骤:

① 初始化SPI Slave的接口,根据电路设计相应配置buscfg和slvcfg两个结构体,然后调用spi_ slave_ initialize完成接口初始化,程序如下:

```
spi_bus_config_t buscfg={
    .mosi_io_num=GPIO_MOSI,
```

```
            . miso_io_num = GPIO_MISO,
            . sclk_io_num = GPIO_SCLK,
            . quadwp_io_num = -1,
            . quadhd_io_num = -1,
            . max_transfer_s z = 0};
    spi_slave_interface_config_t slvcfg = {
            . mode = 3,
            . spics_io_num = GPIO_CS,
            . queue_size = 3,
            . flags = 0,
            . post_setup_cb = my_post_setup_cb,
            . post_trans_cb = my_post_trans_cb};
    gpio_set_pull_mode( GPIO_MOSI, GPIO_PULLUP_ONLY);
    gpio_set_pull_mode( GPIO_SCLK, GPIO_PULLUP_ONLY);
    gpio_set_pull_mode( GPIO_CS, GPIO_PULLUP_ONLY);
    gpio_set_pull_mode( GPIO_MISO, GPIO_PULLUP_ONLY);
    //Initialize SPI slave interface
    ret = spi_slave_initialize( HSPI_HOST, &buscfg, &slvcfg, 1);
    assert( ret = = ESP_OK);
    printf( "Initial SPI Done \n");
```

其中，slvcfg 结构体中的 mode 设置为 3，代表 SPI 工作模式为 CPHA=1，CPOL=1，时钟相位与时钟极性均为 1，那么数据会在 SCK 的上升沿采样，在下降沿发送；对 post_ setup_ cb 与 post_ trans_ cb 均进行了配置，它们分别在 SPI 寄存器加载新数据与一次传输完成时被回调，ESP32 通过这两个回调函数告诉 SPI 主设备（FPGA）其是否做好下一次接收数据准备；4 个 gpio_ set_ pull_ mode 配置使得 ESP32 在没有连接主设备时不会检测到异常脉冲。

②配置接收信息，完成数据接收。程序如下：

```
spi_slave_transcation_t t;
memset( &t, 0, sizeof( t));
char * recvbuf = heap_caps_malloc( 128, MALLOC_CAP_DMA);
t. length = 64 * 8;
t. trans_len = 0;
```

t. tx_buffer = NULL;

t. rx_buffer = recvbuf;

ret = spi_slave_queue_trans(HSPI_HOST, &t, portMAX_DELAY);

由于驱动使用 DMA 模式进行数据接收，recvbuf 将连接 DMA 通道，因此，需要使用 heap_ caps_ malloc 函数，将分配参数设置为 MALLOC_ CAP_ DMA，表明在 DMA 可以访问的内存中申请 recvbuf 缓冲区；由于只进行 SPI 数据接收，而无发送，因此，不需要设置发送缓冲区，将 tx_ buffer 赋值为 NULL。接收数据长度 length 选择 64 字节（理论上设置为大于等于主设备每次发送的数据字节数即可），最后调用 spi_ slave_ queue_ trans 函数完成数据接收。

图 7.34 为 SPI Slave 驱动调试截图。

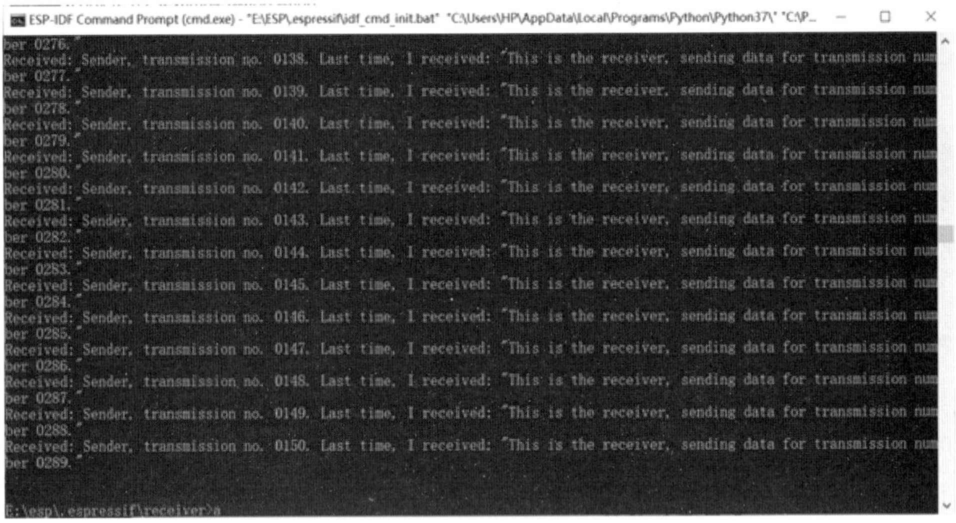

图 7.34　ESP32 SPI 接收

（4）WiFi 连接。

数据传输系统是基于 WiFi 协议的无线网络传输，因此，首先介绍网络的基本结构。网络分层结构模型有许多种，这里以 TCP/IP 四层模型进行介绍。TCP/IP 四层模型将网络分为：链路层、网络层、传输层和应用层，如图 7.35 所示。

① 链路层：所有连接到网络中的设备，都必须具有网卡接口。数据包的传输必须是从一块网卡传送到另一块网卡。不同的计算机之间都通过网卡连接，从而完成数据通信等功能。网卡的地址即 MAC 地址，它是所有具有联网功能的器件在出厂时就已经被设置的全球唯一的地址，是数据包的物理发送地址与物理接收地址。除了发送与接收地址的定义，链路层也需要对数据包进行定义，

第7章 导波检测系统

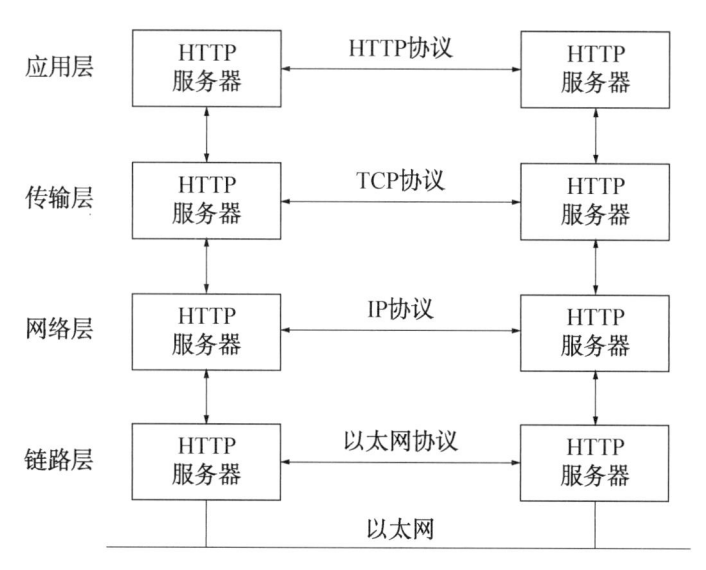

图7.35 TCP/IP 网络四层模型

如对高低电平(0、1)的定义以及对电平位数进行分组，如8位为一个字节、多少字节为一个包之类，而 WiFi 协议就是对链路层的定义。

② 网络层：网络层的作用是引进一套不同于物理 MAC 地址的新的地址体系，它使我们能够区分不同的计算机是否在同一个子网络中。这套地址就被称为"网络地址"，即 IP 地址，定义 IP 地址的协议就是 IP 协议。生活中我们广泛采用的是 IPv4 协议，这一协议规定 IP 地址由32位二进制组成，习惯上用分成四段的十进制数对 IP 地址进行标识，即从 0.0.0.0 到 255.255.255.255。概括地说，网络 IP 地址帮助我们确定计算机所在的子网络，然后根据 MAC 地址将数据包送到子网络中的目标网卡。

③ 传输层：具备了 MAC 地址与 IP 之后我们就可以在接入网络的任意两台设备之间进行通信了，接下来就有一个新的问题，当一台设备有多个任务同时需要进行数据的接收与发送，如何使各个任务区分各自对应的数据呢？传输层的任务就是解决这一问题。传输层建立一种端口(port)机制，它使得两台设备的任意程序不需要区分数据来自哪个程序而仍能进行正常通信。其原理为：传输层为不同的任务分配了不同的端口号，任务程序只会接受其对应端口号的数据。常用的解决端口的协议就是 TCP 协议与 UDP 协议。

UDP 协议相对简单，实现起来较为容易，但缺点也较为明显，即可靠性差，因为它只负责数据包的发送而没有应答机制，数据发送出去后无法知道接收方是否接收到数据。TCP 协议的产生就是为了弥补 UDP 协议的不足，它在每发出一个数据包后都会进行一次确认，当有数据包丢失时，发送方接收不到接收方的确认应答便会将数据包进行重发。

④应用层：TCP/UDP 协议解决了应用程序数据的对应关系问题，而应用层则需要定义各式应用程序的数据格式，如 FTP、HTTP、HTTPS 等协议解决的就是应用层的问题。

在系统设计中，要构建一个无线数据发送端，就需要实现两个任务：连入 WiFi 网络、创建 TCP 服务器。

ESP32 芯片支持高速稳定的 WiFi 通信，并支持三种模式："AP""STA""AP + STA"。设计采用 STA 模式。STA 模式配置使用函数 wifi_init_sta( ) 完成，具体包括以下设置：

①创建事件组标志，用于识别 WiFi 连接过程中的各种标志位。

②初始化硬件/软件：使用"tcpip_adapter_init( )"函数初始化 TCP/IP 适配层，清空之前保存的 IP 信息；使用"esp_event_loop_init( )"初始化事件调度器，使事件回调函数能够从初始位置判断标志位。使用"wifi_init_config_t cfg = WIFI_INIT_CONFIG_DEFAULT( )"语句初始化 WiFi 模块的底层参数信息；使用"esp_wifi_init(&cfg)"初始化 WiFi 驱动。

③对 STA 模式参数进行配置，需要设置的参数为 WiFi 账号与密码。

④使用"esp_wifi_set_mode(WIFI_MODE_STA)"来设置 STA 模式；esp_wifi_set_config(ESP_IF_WIFI_STA, &WIFI_config)设置 STA 模式的配置信息；"esp_wifi_start( )"语句启动 WiFi 状态机。

需要注意的是，乐鑫官方提供了一套 expressif 物联网开发框架配置，即在应用程序中将需要实时配置的某些变量使用#define 语句进行定义，然后在同一工程下的 Kconfig 配置文件中，创建一个配置目录，并为之前定义的变量代号配置可选项与默认值，随后在 ESP-IDF 命令提示符窗口中输入 idf.py menuconfig 命令，打开该框架配置面板，就可以找到该配置目录并对需要定义的变量内容进行实时修改。如本例中需要配置的 WiFi 账号与密码，Kconfig 配置语句如下：

```
menu "STA Configuration"
    config ESP_WIFI_SSID
        string "WiFi SSID"
        default "myssid"
    config ESP_WIFI_PASSWORD
        string "WiFi Password"
        default "mypassword"
```

配置后在 ESP-IDF 命令行中输入 idf.py menuconfig,打开框架配置界面即可找到 WiFi 账号与密码的配置目录。

(5) TCP 服务器

在 STA 模式下,Socket 接口(套接字)与上位机建立通信连接的方式有 TCP 和 UDP 两种,由于 TCP 模式相比于 UDP 模式传输的数据不容易丢失,因此系统设计中采用的数据传输方式为 TCP 模式。当 ESP32 连接上 WiFi 并获取到 AP 分配的 IP 后,即可通过 Socket 接口与上位机建立通信,发送获取到的数据。Socket 是 ESP32 和上位机之间建立通信的接口,ESP32 在连接前开启监听的 Socket 接口以实时监听客户端的连接请求,上位机主动对 ESP32 发起连接请求,连接建立后,ESP32 即可与上位机进行通信。

ESP32 与上位机建立通信连接的主要步骤及具体程序如下:

① 定义套接字描述符:"sock_fd"监听套接字描述符;"client_fd"数据传输套接字描述符;"bind_fd"绑定 IP/端口套接字描述符。定义本地地址变量"my_addr",用于保存本地 IP 与端口号;定义目标地址变量"client_addr",用于保存目标机 IP 及端口号。

② 使用 socket(AF_INET,SOCK_STREAM,0)语句创建 Socket 监听。

③ 将本地的 IP、端口号、协议类型与 Socket 绑定,主要程序如下,其中 PORT 也是同前述 WiFi 账号及密码一样的可快捷定义变量:

my_addr.sin_family = AF_INET;
my_addr.sin_port = htons(PORT) ;
my_addr.sin_addr.s_addr = htonl(INADDR_ANY) ;
bind_fd = bind(sock_fd,(struct sockaddr *) &my_addr, sizeof(my_addr)) ;

④ 开启监听 Socket 使系统处于监听状态,等待客户端(上位机)的连接请求,使用语句为 listen(sock_fd, 10)进行监听。

⑤ 接收客户端(上位机)的连接请求,使用 accept(sock_fd, (struct sockaddr *) &client_addr, &sin_size) 语句建立通信 socket。

⑥ 使用 read(int fildes, void * buf, size_t nbyte)语句从客户端(上位机)接收数据或使用 write(int fildes, const void * buf, size_t nbyte)语句向客户端(上位机)发送数据。

(6) ESP32 任务与队列。

ESP32 应用程序主要需实现两个功能——SPI Slave 数据接收、TCP 服务器创建已经设计完成。但是,还需实现两部分的功能及时有序地进行,将 SPI

Slave 部分接收到的数据同步到 TCP 服务器的数据发送端。ESP32 搭载的 FreeRTOS 操作系统提供了一套有效的解决方案——任务(Task)与消息队列(Queue)。

Task，即在 ESP32 应用程序的主函数 main 中，在完成 WiFi 模块与 SPI 模块初始化以及 WiFi 站模式的连接后，进行两个任务的创建——SPI Task 与 TCP Task。FreeRTOS 的实时应用程序可以看作一系列独立任务的集合，在任何时刻只有一个任务得到运行。因此，要对任务指定一个优先级，数值越高则优先级越高。FreeRTOS 调度器确保就绪态任务中优先级最高的任务获得执行，一个优先级可以由任意数量的任务共享。如果宏 configUSE_ TIME_ SLICING 未定义或定义为 1，处于就绪态的多个同优先级任务将会以时间片切换的方式共享处理器。

时间片切换是将时间进行分时，分别分配给不同的任务去执行任务，这个分配给任务的执行时间就叫作时间片。系统将所有的就绪任务排成一个队列，每次调度时，把 CPU 分配给队首任务，并令其执行一个时间片。当执行中的任务的时间片用完时，计时器发出时钟中断请求，调度程序据此信号来停止该任务的执行，并将其送往就绪队列的末尾；然后再将 CPU 分配给就绪队列中的下一个任务，如此循环。

由于 FreeRTOS 的每个任务都是一个死循环，即每个任务函数中都包含一个"while(1)"，当两个任务处于同一优先级时，如果不采用时间片轮询，CPU 会在某一任务中永远执行，无法退出，那么另一个任务也就永远无法得到执行了。在设计中，SPI Task 与 TCP Task 的任务创建具体语句如下，两个任务被设为同一优先级，这也在一定程度上保证了两部分任务间的数据同步，如图 7.36 所示：

xTaskCreate((void *)spi_task, "spi_slave", 4096, NULL, 5, NULL);
xTaskCreate((void *)tcp _task, "tcp_server", 4096, (void *)AF_INET, 5, NULL);

图 7.36 消息队列示意图

Queue 是 FreeRTOS 系统的任务间通信的重要机制。根据 FreeRTOS 提供的内核，任务将一个消息发送到队列中，然后另外的一个或者多个任务就可以从队列中接收消息，实现数据在任务间的通信。队列通常采用先入先出机制，先发送的消息将先被接收，但是 FreeRTOS 系统也支持例外的方式，如调用

xQueueSendToFront()这一 API 函数，可将消息发送到队列的队首，实现后入先出。两个任务间实现数据同步主要包含以下几个步骤：

① 创建消息队列，其 API 函数为 QueueHandle_ t xQueueCreate（UBaseType_ t uxQueueLength, UBaseType_ t uxItemSize），参数 uxQueueLength 为创建的队列可容纳的最大消息数量，参数 uxItemSize 为队列中每个消息的大小，以字节为单位，每个消息大小是一致的。创建成功时，该函数将返回消息队列的句柄（简单地说即创建的队列变量名），失败则返回 NULL。在设计的应用程序中，具体队列创建语句如下，其中 queue1 为全局定义，队列的创建则在主函数 main 中：

```
QueueHandle_t queue1;
queue1 = xQueueCreate( 10, sizeof( struct AMessage) );
```

创建的队列容量为 10，每个消息的大小为 AMessage 类型结构体的大小。在设计中，全局定义了一个 AMessage 类型结构体 xMessage，且只有一个成员 xbuffer，该成员会在 spi task 和 tcp task 中分别定义。

② 消息发送，其 API 函数为 BaseType_ t xQueueSendToBack（QueueHandle_ t xQueue, const void * pvItemToQueue, TickType _ t xTicksToWait），参数 xQueue 为消息将要发送到的队列的句柄，参数 pvItemToQueue 为将要发送的消息的数据地址，参数 xTicksToWait 为当消息队列已满、本次消息发送可以等待队列变为非满状态的最大时间。设计中的具体消息发送语句如下，它被调用在 spi task 中、每次 spi 数据接收事务完成之后：

```
xQueueSendToBack( queue1, ( void * ) &pxMessage, portMAX_DELAY );
```

即在每次 SPI 任务完成一次数据接收之后，将接收到的数据发送到队列 queue1 中，而为了保证整个数据传输系统的数据完整性，将消息发送的最大等待时间设置为了 portMAX_ DELAY，即会一直阻塞直到队列有多余空间。pxMessage 可以看作是一个二级指针，该指针的调用含义将在后面详述。

③ 消息接收，其函数原型为 BaseType_ t xQueueReceive（QueueHandle_ t xQueue, void * pvBuffer, TickType_ t xTicksToWait），参数 * pvBuffer 为接收到的消息数据的存放地址，其余参数与消息发送函数中相同。设计中的具体消息接收语句如下，它被调用在 tcp task 中、每次向客户端（上位机）发送数据之前：

```
xQueueReceive( queue1, ( void * ) &pxrxMessage, portMAX_DELAY );
```

可见，该语句实现的是从队列 queue1 中接收消息，并将其存放到 pxrxMessage 所指向的地址中，消息接收的最大等待时间同样设置为 portMAX_DELAY，即一直阻塞直到队列中有新消息用以接收，而 PxrxMessage 同样可以看作一个二级指针。

值得注意的是，FreeRTOS 系统的队列机制，采用的不是引用而是复制，即经队列传递的消息本质上是要传递的数据的副本。当需要传递的数据较小时，直接对数据取地址自然没有影响，而当要传递的数据较大时，每次的传递都要进行大量数据的拷贝，降低了芯片的工作效率。此时我们就要使用到一个二级指针，即定义一个指针，并将其指向要传递的数据的地址，在调用队列消息发送函数时对这一指针进行取地址，这样一来，函数只对指针进行了拷贝，却仍然实现了数据的正确传递，避免了大数据的拷贝，提高了效率，这便是前面使用指针 pxMessage 及 pxrxMessage 的原因。

经过上述三个步骤，FPGA 中存放的传感器采集数据被送入 TCP 服务器的发送数据缓冲区，并最终通过 WiF 接口发送到上位机。

7.2.6　上位机设计

软件系统设计实现了以下功能：

（1）在实时波形面板中，可设置数据采集卡参数，启停采集工作，存储实时检测数据至指定路径下。（2）在实时波形面板中，可直观地观察多个传感器的数据波形，并可指定单条通道，观察对应的单条曲线。（3）在历史数据面板中，可指定原始数据路径、处理后数据路径、频谱数据路径，得到相应的曲线，并且可以指定某个传感器，单独观察对应的曲线。（4）在历史数据面板中，可指定缺陷分布热点图路径，直观地显示缺陷位置。并且输入传感器的位置坐标，可在热点图上显示对应图示，便于观察分析。（5）在历史数据面板中，可指定缺陷评估表格路径，直观地显示最后的缺陷分析评估结果。

（1）界面图文介绍。

进入主页面之后，点击"实时波形"，可进入实时波形的显示面板，如图 7.37 所示。

左侧选项用于设置数据采集卡相关参数，中间波形图用于实时显示采集到的数据波形，右侧图例用于标识波形图中的波形通道。

（2）设置数据采集卡参数。

对采集卡参数进行设置，在每个输入控件上都有相应的参数设置提示，使用时将鼠标移至控件上即可获得。下面对各参数进行逐一说明。

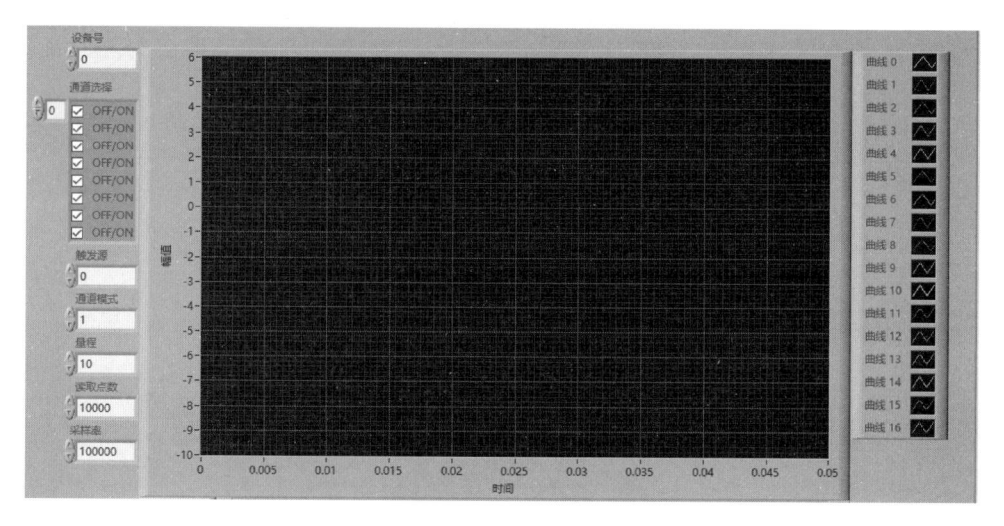

图7.37 采集系统界面

设备号：指所选的采集卡设备。由0开始为第一块采集卡设备，默认0。

通道选择：指所选可用的数据采集卡通道。共8个，默认全部勾选。

触发源：指采集触发方式。0为软件触发；1~8为指定数字通道触发，默认软件触发。

量程：指输入通道的电压范围。可选5V和10V，默认10V。

读取点数：指读取模拟采样点数。默认为10000。

采样率：指采集卡每条模拟输入通道的采样率，采样周期需设置为20ns的整数倍。默认为100kS/(s·ch)。

数据卡系列：根据使用的数据采集卡，有USB-2000/1000和USB-4000两个选项可用。默认为空。

数据存储路径：选择用于存储数据的Excel表格文件路径。默认为空，如图7.38所示。

（3）启停数据采集任务。

设置好各参数后，通过以下的开始和停止按键，启停数据采集任务。截图中除采样率选择的500000，数据采集卡和路径如图7.39所示，其他参数均为默认。

当采集任务发生错误时，会弹出提示框提示，此时请用户检查采集卡的连接和参数设置是否出错，如图7.40所示。

图7.38 存储系统

图 7.39 数据采集任务

图 7.40 数据出错显示

当采集任务无错误时,波形图将会显示所采集的数据,可通过右侧图例选择显示某几条波形曲线,单独观察。需注意,当模拟输入通道为 8 个时,最多显示 8 条曲线,分别对应从上至下的 8 个图例,如图 7.41 所示。

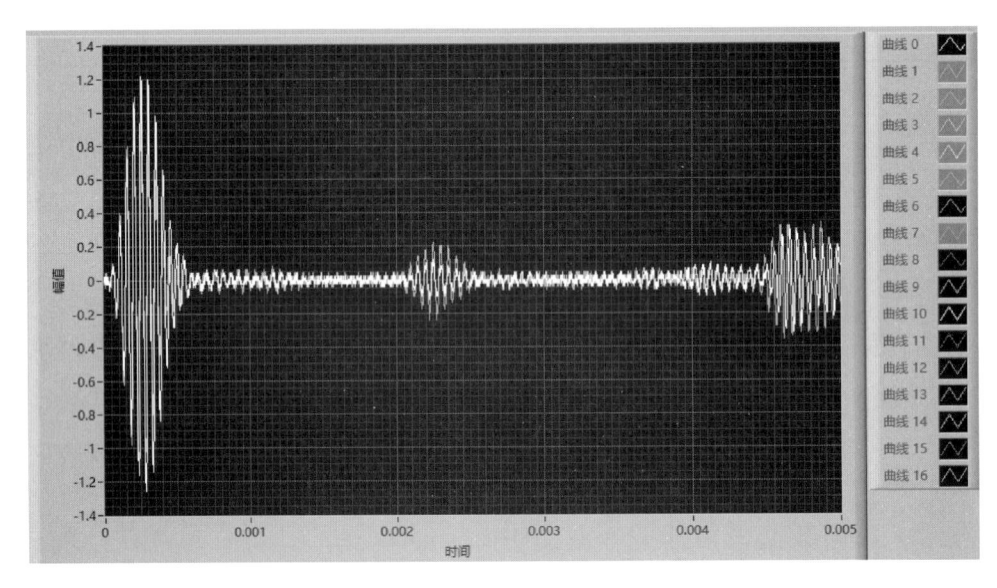

图 7.41 采集波形展示

(4) 存储数据至指定路径。

打开指定路径中的 Excel 表格文件,可得到采集的数据。共 8 个工作单,命名为 sensor$x$(x 为数字 1~8),分别代表每个传感器接收到的数据。第一列为时间,第二列为采集的电压幅值,如图 7.42 所示。

历史数据面板可对采集到的历史数据以及处理后数据进行展示,包括原始

第 7 章 导波检测系统

	A	B	C	D	E	F	G	H	I
1	0	-0.86							
2	2E-07	-0.94							
3	4E-07	-0.96							
4	6E-07	-0.96							
5	8E-07	-0.86							
6	0.000001	-0.74							
7	1.2E-06	-0.58							
8	1.4E-06	-0.32							
9	1.6E-06	-0.08							
10	1.8E-06	0.2							
11	0.000002	0.48							
12	2.2E-06	0.66							
13	2.4E-06	0.88							
14	2.6E-06	1							
15	2.8E-06	1.06							
16	0.000003	1.04							
17	3.2E-06	1.02							
18	3.4E-06	0.88							
19	3.6E-06	0.7							
20	3.8E-06	0.48							
21	0.000004	0.24							
22	4.2E-06	-0.02							
23	4.4E-06	-0.3							

sensor1　sensor2　sensor3　sensor4　sensor5　sensor6　sensor7　sensor8

图 7.42　采集波形的数据

信号数据、处理后信号、频谱数据、缺陷分布数据以及缺陷评估结果，以适合的方式直观反映结果。

点击主页面的"历史数据"按键即可进入历史数据面板。历史数据面板使用了选项卡将各个图表分隔开，点击进入的首页是选项卡第一个页面，以下对每个页面做简单介绍。

第一个页面用于输入历史数据路径以及显示缺陷评估结果；第二个页面用于显示原始信号波形；第三个页面用于显示处理后的信号波形；第四个页面可显示频谱波形；第五个页面可显示缺陷分布热点图，并支持在图上做传感器图示标记。

（1）界面图文介绍。

图 7.43 为主要界面的展示。

（2）指定历史数据路径。

在进入历史数据面板后，弹出一个提示框，建议将 Excel 先打开。用户此时需要打开任意一个 Excel 文件，并关闭文件弹出的任何提示窗口，以避免后续读取数据出错。

（3）查看原始信号曲线。

当提示读取成功之后，即可查看各个图表。其中原始信号曲线、处理后信

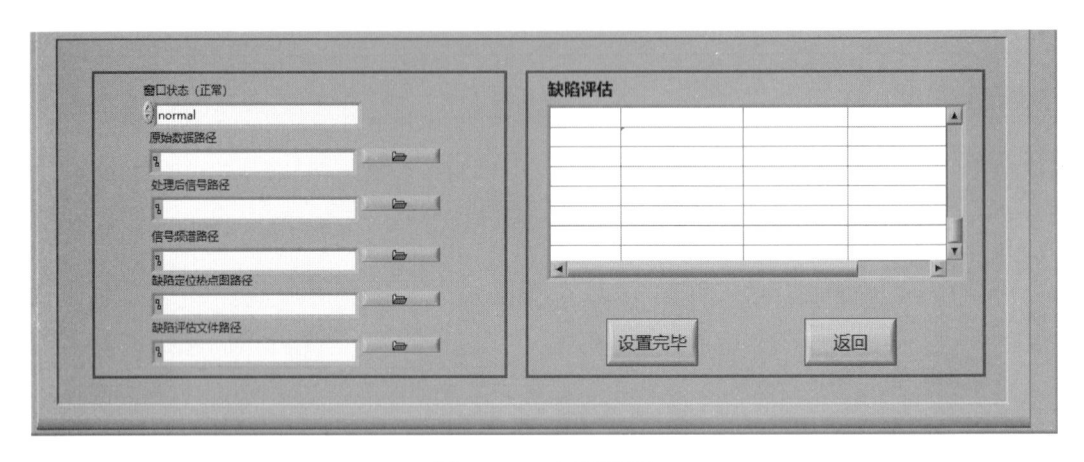

图 7.43 主要界面

号曲线、频谱曲线面板均可显示 8 条曲线，分别代表 8 个传感器的数据。用户可以勾选图表右侧的图例，查看指定的曲线，如图 7.44 所示。

图 7.44 数据功能

选择原始信号曲线选项，可查看原始信号曲线，并选择性查看每个传感器对应的曲线，方便分析对比。通过左下角的图形工具选板可以查看曲线的细节，如图 7.45 所示。

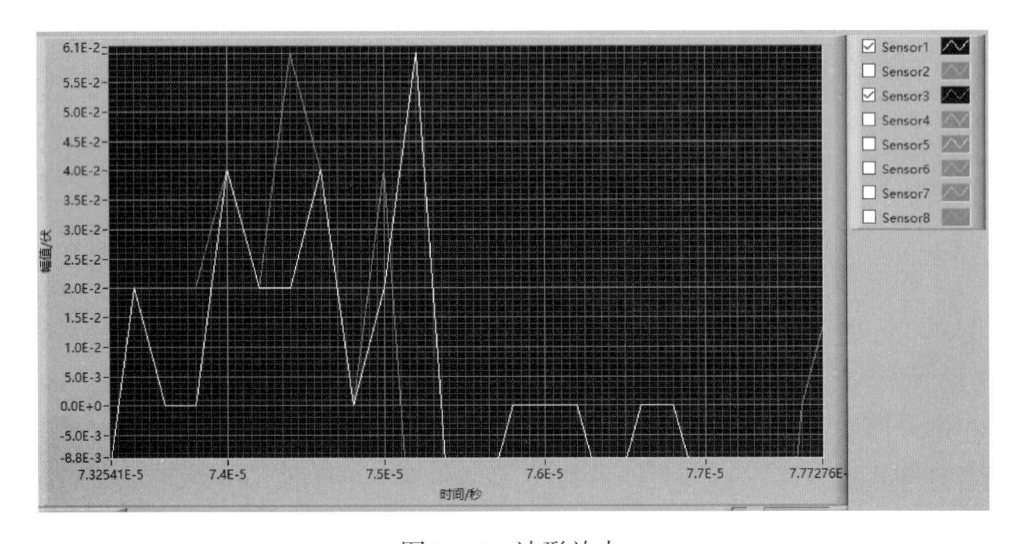

图 7.45 波形放大

(4) 查看处理后信号曲线。

处理后信号曲线面板如图 7.46 所示，观察方式与上述相同。

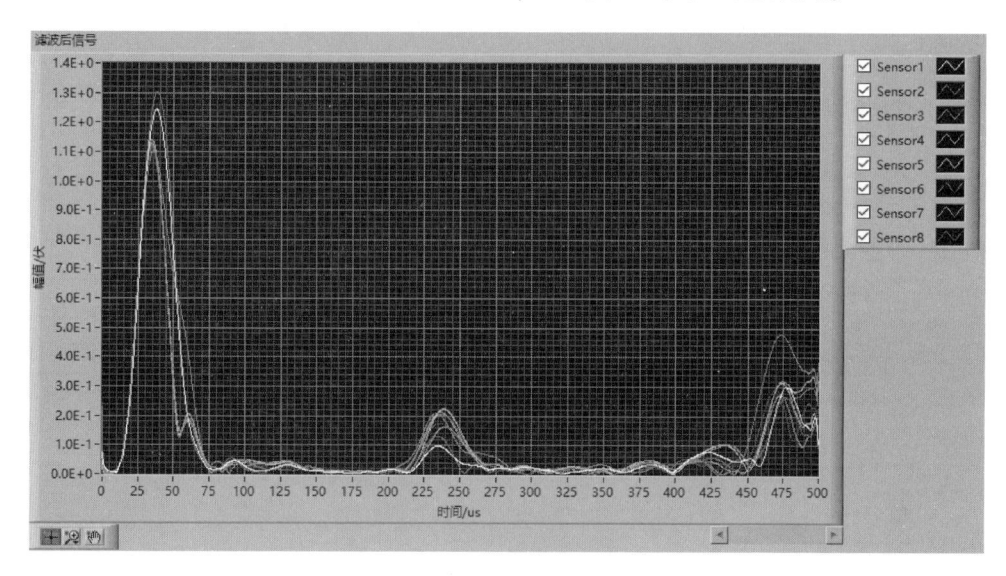

图 7.46　波包展示

(5) 查看频谱曲线。

频谱曲线面板如图 7.47 所示，观察方式与上述相同。

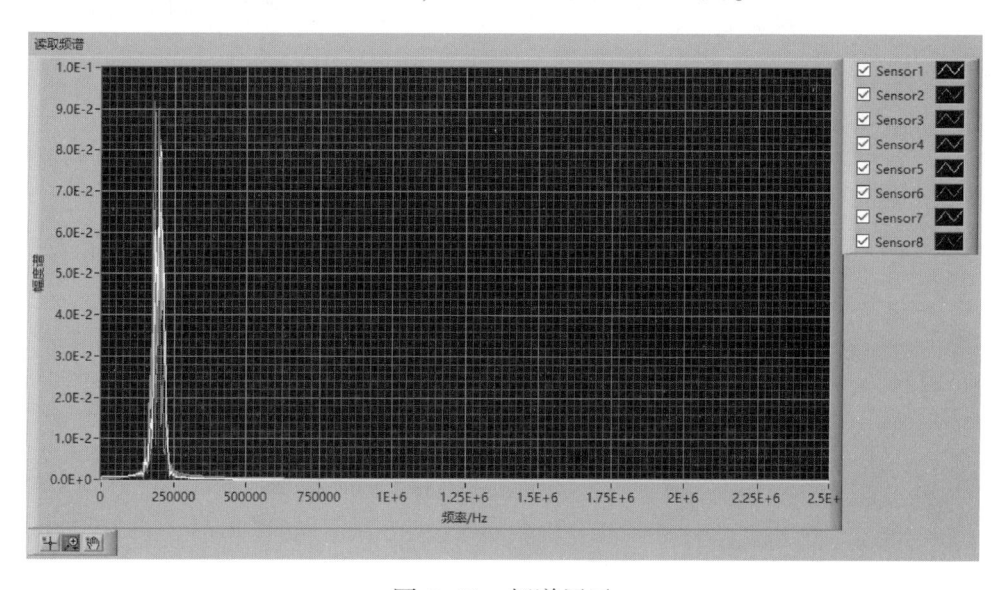

图 7.47　频谱展示

(6) 查看缺陷分布热点图。

缺陷分布热点图的作用是根据每个传感器的坐标和接收数据运算后，在二维坐标上得到一个直观反映缺陷位置、数目和程度的强度图。用户可以直接根据该图来定位缺陷，并可直接在图上做传感器位置图示，便于展示，如图7.48所示。

图 7.48　缺陷分布热点图

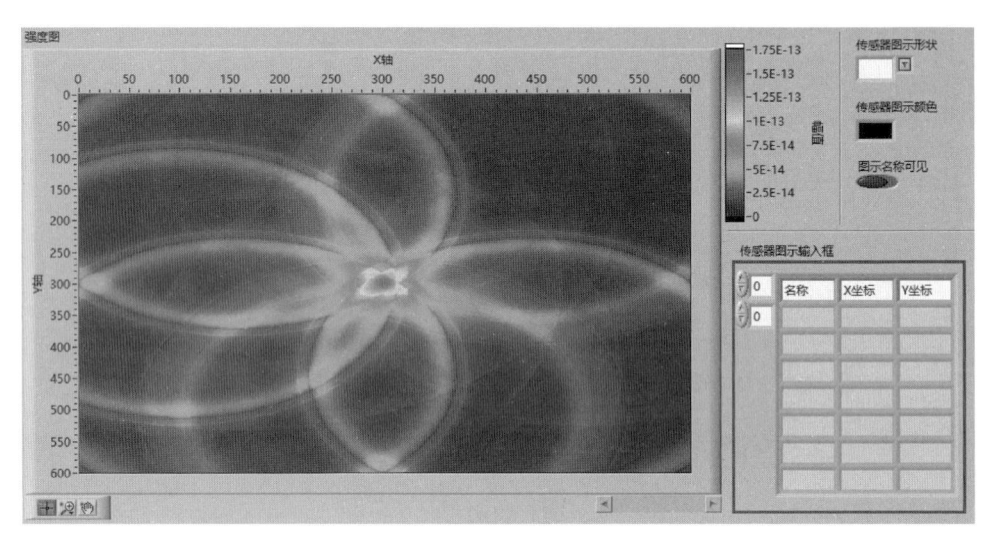

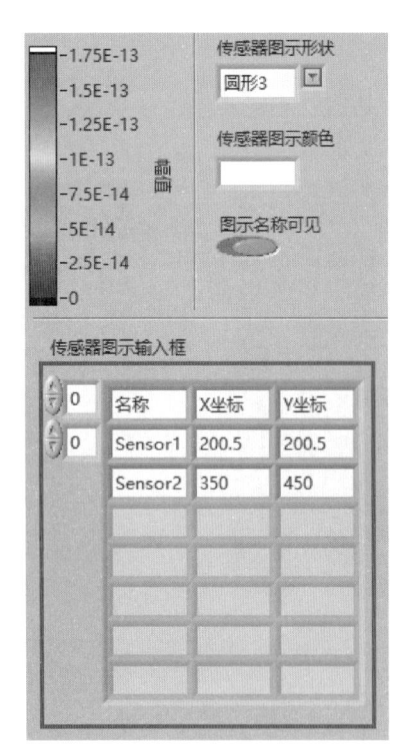

图 7.49　缺陷坐标展示

如需添加传感器图示，在右侧选择传感器图示形状、颜色，并且在下方的表格中添加名称和坐标。需注意，坐标以左侧强度图的 X 和 Y 轴刻度为准，左上角为(0，0)。

图示有多种形状供选择，并可根据强度图选择最明显清晰的颜色。以圆形3和白色为例。选定形状和颜色后，输入图示名称和坐标。

名称可输入任意字符，坐标仅可输入数字，支持双精度小数，如图7.49所示。

如仅需要图示或者名称，可以将图示名称设置为不可见，或者将传感器图示形状设置为无，如图7.50所示。

(7) 查看缺陷评估结果。

缺陷评估结果位于首个选项页面上，是对整个数据分析的一个总结，给出了评估结果。总结了缺陷数目、坐标、缺陷类型和缺陷评价，如图7.51所示。

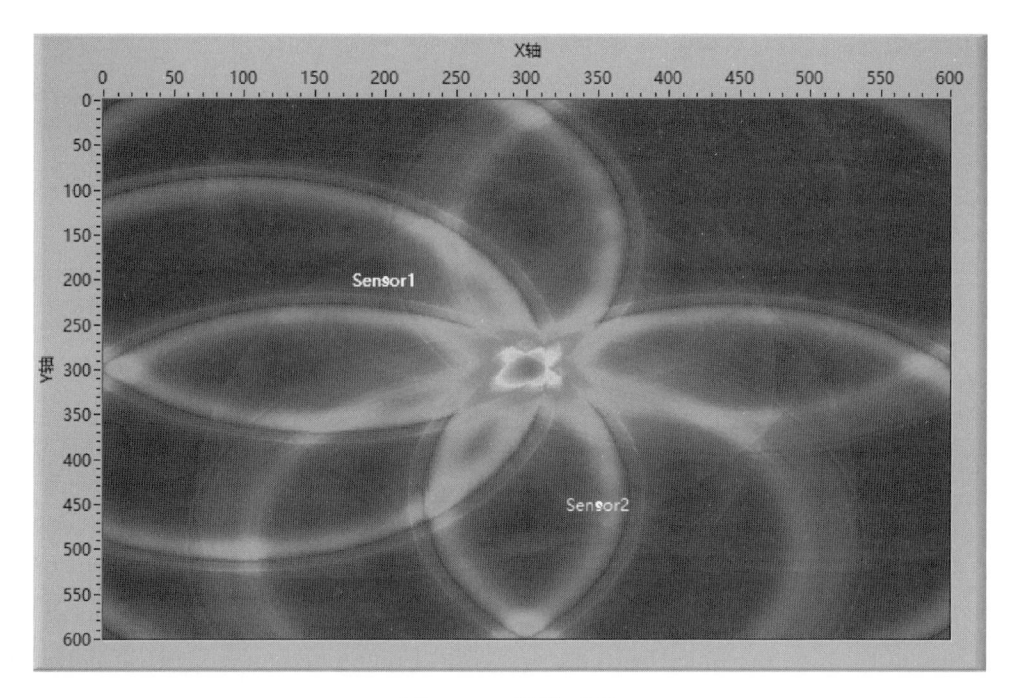

图 7.50　缺陷成像

图 7.51　缺陷评价结果

本章介绍了导波接收系统设计，包括电荷放大电路设计，无线数据采集系统设计，以及上位机设计。

参考文献

[1] 杨鹏,黄松岭,赵伟. 在役大型储罐壁板无损检测技术[J]. 无损检测, 2009, 31(5): 377-380, 401.

[2] 王维斌,杨津瑜,朱子东,等. 超声平板导波技术在立式储罐缺陷检测中的应用[C]//中国石油管道公司,中国石油学会石油储运专业委员会、美国机械工程师学会,美国国际腐蚀工程师学会. CIPC 2013 中国国际管道会议论文集. 河北:油气储运杂志社, 2013.

[3] Brons M, Dijkstra F. LNG 储罐焊接中的高速超声检测[J]. 石油化工建设, 2005(z1): 37-38.

[4] Taupin L, Jenson F, Murgier S, et al. Non-destructive method based on rayleigh-like waves to detect corrosion thinning on non-accessible areas[C]// German Society for Non-Destructive. World Conference on Non-Destructive Testing (WCNDT 2016), 2016.

[5] Liudas M, Rymantas K, Renaldas R. Ultrasonic guided wave tomography for the inspection of the fuel tanks floor[J]. International Journal of Materials & Product Technology, 2011, 41(1/4): 128-139.

第8章 实际储罐底板检测验证

本章首先介绍了金属板结构检测中的基本检测原理及缺陷定位方法，然后介绍了 Q235 钢板结构中常见的腐蚀缺陷类型，并根据常见的缺陷类型和钢板相关无损检测标准设计制作了对比试板，最后搭建了用于实验研究的超声 Lamb 波检测平台，完成了室内及室外腐蚀缺陷定位、定量检测，对基于超声导波无基准法的可靠性进行了论证。

8.1 室内实验：腐蚀缺陷定位检测实验

使用超声导波来评估石油储罐底板的健康状况是一个越来越受关注的领域，它是评估结构退化的非侵入性且经济上可行的手段。目前，基于导波(如 Lamb 波)的损伤检测技术之一是对接收传感器获得的导波信号进行各种信号分析处理，力求从中提取出缺陷散射信号的有关信息，进行识别和定位。但是，从第3和第4章的实验结果可以发现，由于实际环境中存在噪声，检测信号很有可能被淹没，导致损伤定位产生较大误差，甚至失败。

8.1.1 检测基本原理

（1）基于时间信息提取的损伤定位算法

损伤定位即为确定损伤发生的实际位置，基于导波的损伤识别方法通常是通过各种信号处理手段，从接收的信号中获得损伤反射、散射的波信号的相关特征信息，如飞行时间(ToF)、到达时间差(TDoA)等，从而达到识别损伤并进一步定位等目的。在基于导波的损伤定位中，采用经典椭圆定位或双曲线定位方法，利用先前理论公式或是实践中得到的被测结构中的导波传播速度，可以实现计算结构损伤点的位置。

在基于时间信息的损伤定位算法中，有两种场景设置：

① 基于信号飞行时间 ToF 的椭圆定位算法。

假设导波激励致动元器件位于 (x_i, y_i)，信号接收传感器位于 (x_j, y_j)。该种情况下，导波从激励点被激发，如图 8.1 所示。通过先验知识获得导波的

群速度为 c_g，则飞行时间 τ 可通过下式计算：

$$\tau = \frac{\sqrt{(x-x_i)^2 + (y-y_i)^2} + \sqrt{(x-x_j)^2 + (y-y_j)^2}}{c_g} \quad (8.1)$$

(x,y) 代表我们想要获取的缺陷中心坐标，它的全部可能位置构成一个椭圆。

显然，单个接收传感器无法为损坏位置提供准确的解决方案。通过构建传感器网络，多个接收点可以同时收集波导波形以获得多个椭圆轨迹，并且交叉点成为算法存在的估计损坏位置，如图8.1所示。

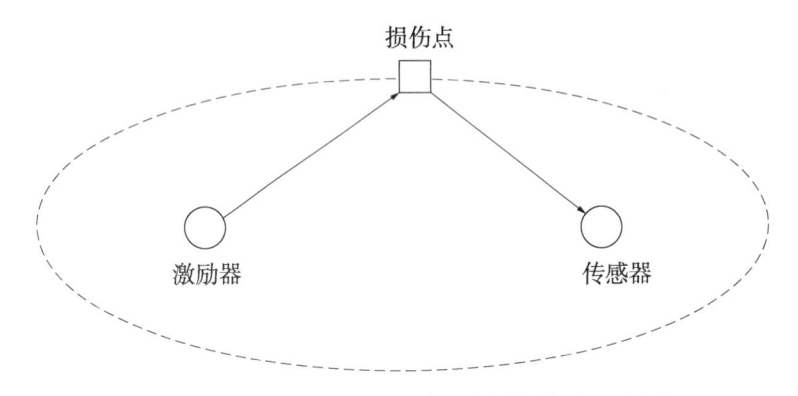

图 8.1 基于飞行时间的椭圆定位算法示意图

② 基于信号到达时间差 TDoA 的双曲线定位算法。

通过先验知识获得导波的群速度为 c_g，到达时间差 $\Delta\tau$ 可表示为：

$$\Delta\tau = \frac{\sqrt{(x-x_i)^2 + (y-y_i)^2} - \sqrt{(x-x_j)^2 + (y-y_j)^2}}{c_g} \quad (8.2)$$

其中，(x,y) 为求解的损伤实际位置。根据已知信号的到达时间(ToA)相减得 TDoA，并与接收点位置和 c_g 一起代入式(5.3)，则汇总多接收传感计算所得的曲线交点则为本算法所估计的损伤存在位置，如图8.2所示。

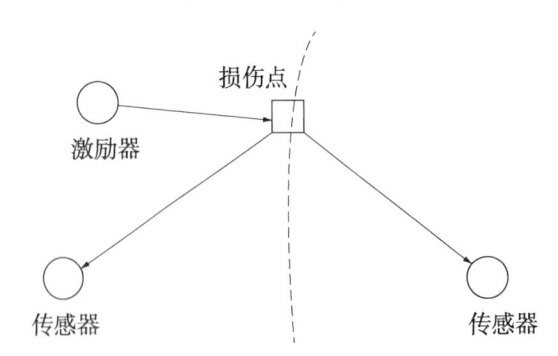

图 8.2 基于到达时间差的双曲线定位算法示意图

上述两种损伤定位算法的主要误差有两方面：第一，尽管可以借鉴导波频散曲线和有限元仿真结果,但并不一定能保证对导波群速度 c_g 进行准确取值;第二,由于实际应用中导波能量衰减、焊缝及边界处的波的反射和模态转换,对波形中时间信息的求取容易出现偏差。所以,在具体环境下,如何选取较为准确的导波传播群速度和有效的信号特征提取技术,成为定位工作的重点。

(2) Hilbert 变换。

对于一个实函数 $x(t)$, $-\infty < t < +\infty$ 则存在又一个实函数:

$$\hat{x}(t) = H[x(t)] = \int_{-\infty}^{+\infty} \frac{x(u)}{\pi(x-u)} du \tag{8.3}$$

被定义为实函数 $x(t)$ 的 Hilbert 变换[1-3],用卷积表示为:

$$\hat{x}(t) = x(t) * \frac{1}{\pi t} \tag{8.4}$$

且 Hilbert 变换的频响是:

$$H(j\Omega) = -j\mathrm{sgn}(\Omega) = \begin{cases} -j, & \Omega > 0 \\ j, & \Omega < 0 \end{cases} \tag{8.5}$$

如果记下

$$H(j\Omega) = |H(j\Omega)| e^{j\varphi(t)}$$

那么 $|H(j\Omega)| = 1$,且

$$\varphi(\Omega) = \begin{cases} -\pi/2, & \Omega > 0 \\ \pi/2, & \Omega < 0 \end{cases} \tag{8.6}$$

定义

$$z(t) = x(t) + j\hat{x}(t) \tag{8.7}$$

为信号 $x(t)$ 的解析信号。对式(8.8)两边作 Fourier 变换,并把式(8.6)代入,有:

$$Z(j\Omega) = X(j\Omega) + j\hat{X}(j\Omega) = X(j\Omega) + jH(j\Omega)X(j\Omega) = \begin{cases} 2X(j\Omega), & \Omega > 0 \\ 0, & \Omega < 0 \end{cases} \tag{8.8}$$

离散时间信号 $x(n)$ 的 Hilbert 变换是 $\hat{x}(n)$,Hilbert 变换器脉冲响应为 $h(n)$,由连续信号 Hilbert 变换的性质及 $H(j\Omega)$ 和 $H(e^{j\omega})$ 的关系,有:

$$H(e^{j\omega}) = \begin{cases} -j, & 0 < \omega < \pi \\ j, & -\pi < \omega < 0 \end{cases} \tag{8.9}$$

因此,

$$h(n) = \frac{1}{2\pi}\int_{-\pi}^{\pi} H(e^{j\omega}) e^{j\omega n} d\omega = \frac{1}{2\pi}\int_{-\pi}^{0} j e^{j\omega n} d\omega - \frac{1}{2\pi}\int_{0}^{\pi} j e^{j\omega n} d\omega \tag{8.10}$$

解得：

$$h(n) = \frac{1-(-1)^n}{n\pi} = \begin{cases} 0, & n \text{ 为偶数} \\ \dfrac{2}{n\pi}, & n \text{ 为奇数} \end{cases} \quad (8.11)$$

$$\hat{x}(n) = x(n) * h(n) = \frac{2}{\pi} \sum_{m=-\infty}^{\infty} \frac{x(n-2m-1)}{(2m+1)} \quad (8.12)$$

即可构成 $x(n)$ 的解析信号：

$$z(n) = x(n) + j\hat{x}(n) \quad (8.13)$$

MATLAB 中自带的 Hilbert 变换的函数介绍如下[4]：

① 名称：Hilbert；

② 功能：把序列 $x(n)$ 作 Hilbert 变换为 $\hat{x}(n)$，又把 $x(n)$ 和 $\hat{x}(n)$ 构成解析信号的序列；

③ 调用格式：

z = hilbert(x)

说明：函数 hilbert 不是单纯地把 $x(n)$ 作 Hilbert 变换得到 $\hat{x}(n)$，而是得到 $\hat{x}(n)$ 后与 $x(n)$ 共同构成解析信号序列 $z(n)$，并可以对 $z(n)$ 直接求模值和相角。

利用 Hilbert 变换求取的图 2.10 中信号的包络线如图 8.3 所示。

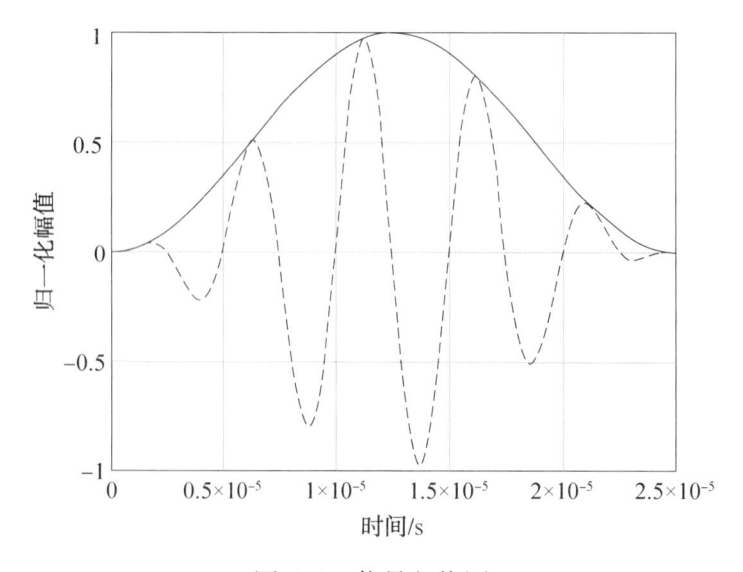

图 8.3 信号包络图

8.1.2 实验结果评估

(1) 实验装置。

为模拟大型石油储罐的 SHM 中,激励压电片和接收传感器均无法放入储罐内部的实际情况,在两块焊接成 L 形的钢板上进行损伤检测实验时,将激励用压电片和接收传感器均放置在底板边缘,并从左边缘开始沿底板边缘伸展方向不断移动激励点和接收点位置,以形成对整个底板的扫描。在激励点—接收点连线与焊缝所成角度 $\theta = 45° \sim 135°$ 这一区域,使用组合激励方法更为有效,因此,移动激励点和接收点每次距离不宜过长,选择 100mm。其中,底板边缘上部激励点距焊缝 45mm,壁板处激励点距焊缝 51mm,接收点距焊缝 20mm 且两两间隔 50mm,如图 8.4 所示,并以图中被测钢板的左下角为原点建立坐标系(单位为 mm)。

与第 3 章和第 4 章一致,一个幅值 20V、以 140kHz 为中心频率、Hanning 窗调幅的 5 周期正弦调幅脉冲被用作组合激励信号,并以 2.5GSa/s 的采样率采集 Lamb 波信号。开始实验时,先对无缺陷结构进行波形采集,并将该信号作为基准信号,完成后用一个 30mm×10mm 的磁铁加重吸附于坐标(450,100)且长度方向与 x 轴平行处模拟缺陷,再次进行信号采集,作为检测信号。

(2) 实验结果与分析。

从左边缘开始沿底板边缘伸展方向不断移动激励点和接收点,将检测状态下的信号与基准状态下的进行代数减法,从而获得缺陷散射的 Lamb 波信号。对于采集到所有 6 次移动中的 24 组波形,经初步辨别发现,当激励点横坐标位于 400 时,获得的缺陷散射波形可用于损伤检测,如图 5.5 所示。此时,4 个接收点由左向右的坐标依次为:$A(450,30)$,$B(500,30)$,$C(550,30)$,$D(600,30)$。

可以发现,图 8.5 中获得的缺陷散射信号由于幅值低,被淹没在噪声流中,很难通过 Hilbert 变换获得有效包络进行时间信息提取。对信号频谱的特征进行分析后,决定使用带通滤波器以剔除噪声信号,上下截止频率分别选为 120kHz 和 180kHz,得到缺陷散射信号如图 8.6 所示。

利用 Hilbert 变换获得图 8.6 中信号的能量分布,如图 8.7 所示。

根据"双曲线定位法"所识别的缺陷的中心位置如图 8.8 所示,其中,导波群速度取 2724.8m/s。

可见,6 条双曲线集中在两处相交,对于靠下的相交点(结合图 8.7 中第一个波包的 ToA,此时预测的缺陷中心位置应当是这一靠近右下角的多条曲线相

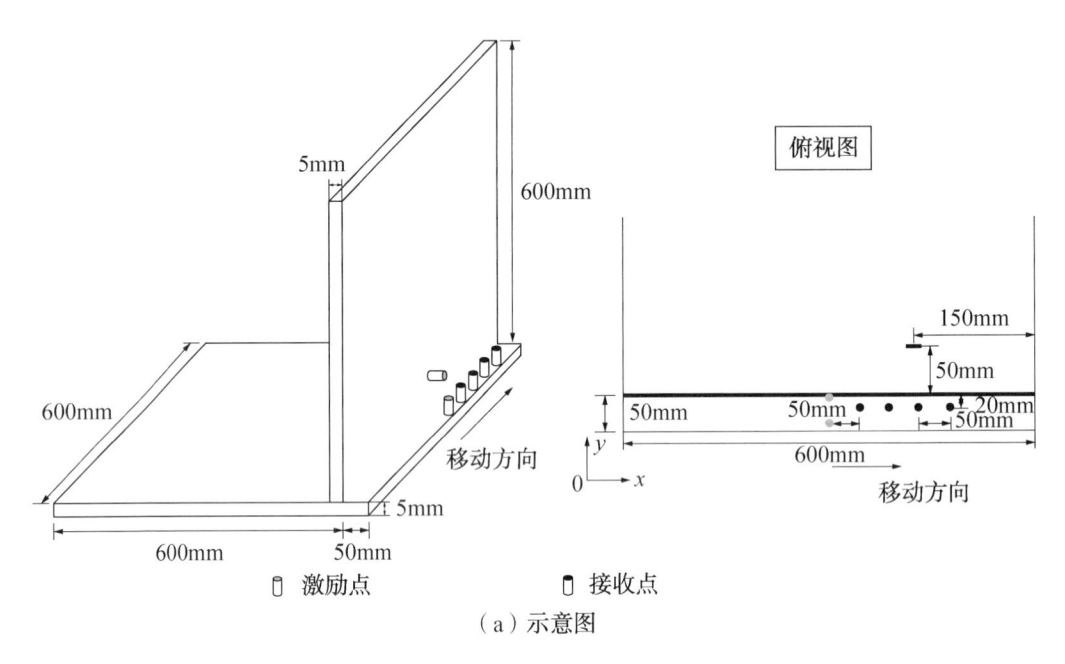

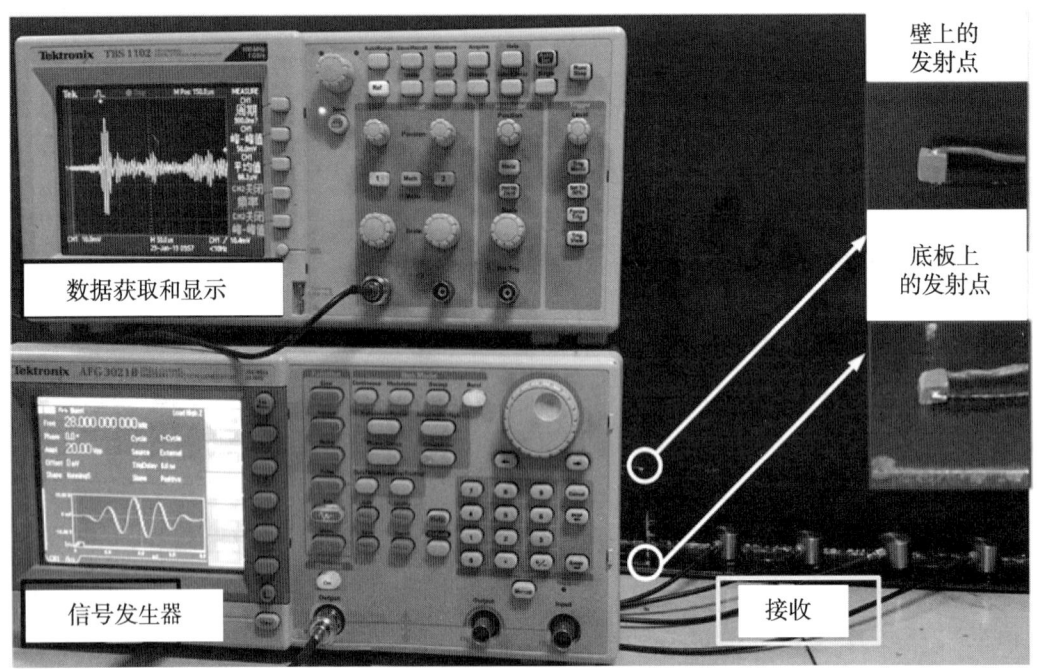

基于超声导波的大型储罐腐蚀检测技术

(a) 示意图

(b) 实物图

图 8.4 用于损伤检测的实验装置

交点，而不是靠近中间的那一处），利用 MATLAB 坐标识别功能绘出其位置为 (446.4, 67.6)，与实际缺陷中心位置坐标 (450, 100) 是比较接近的，x 轴方向上几乎没有偏差，y 轴方向上的准确性稍差一些。细究原因，主要是在定位曲

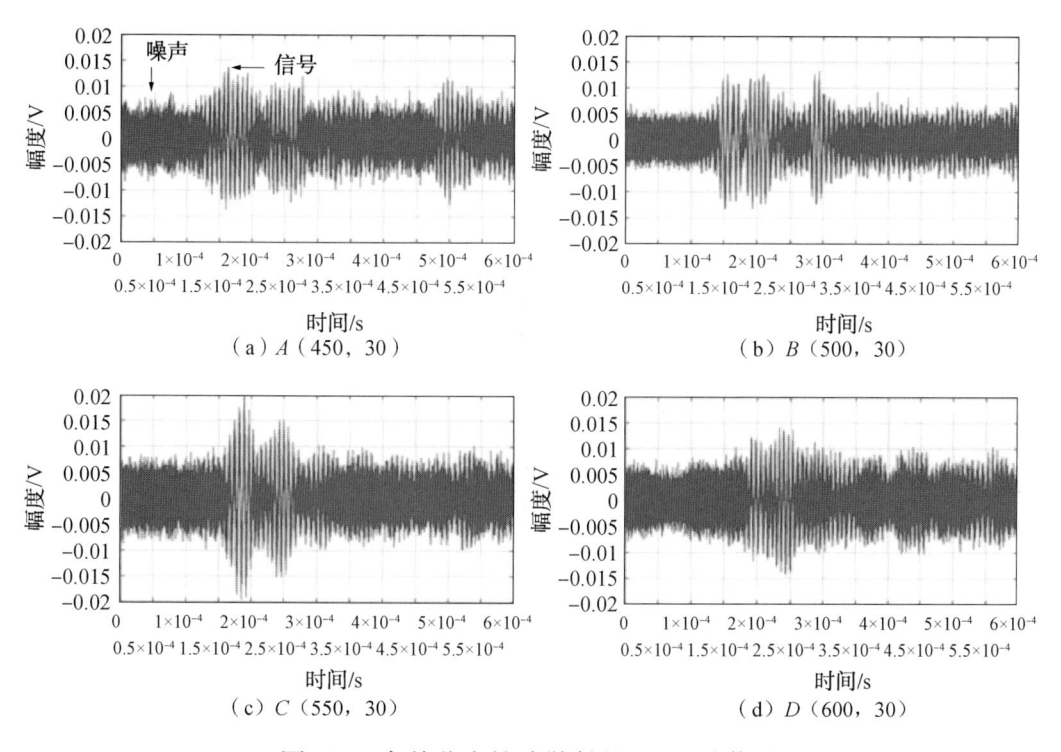

图 8.5 各接收点缺陷散射的 Lamb 波信号

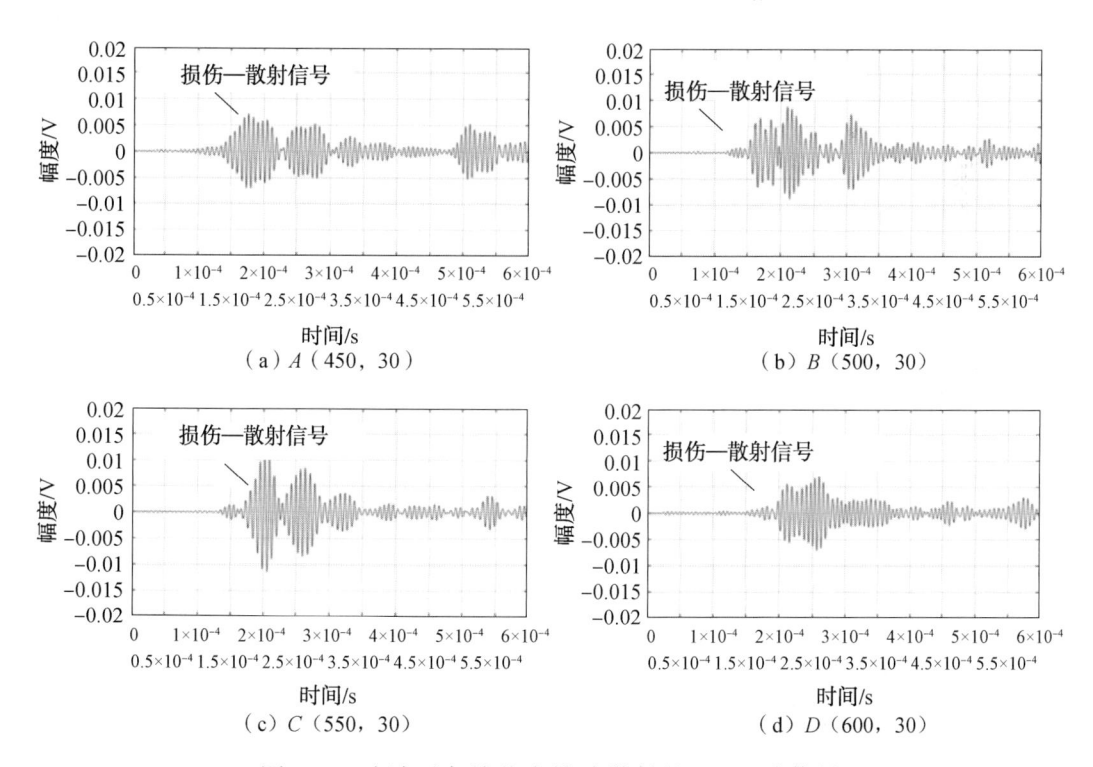

图 8.6 滤波后各接收点缺陷散射的 Lamb 波信号

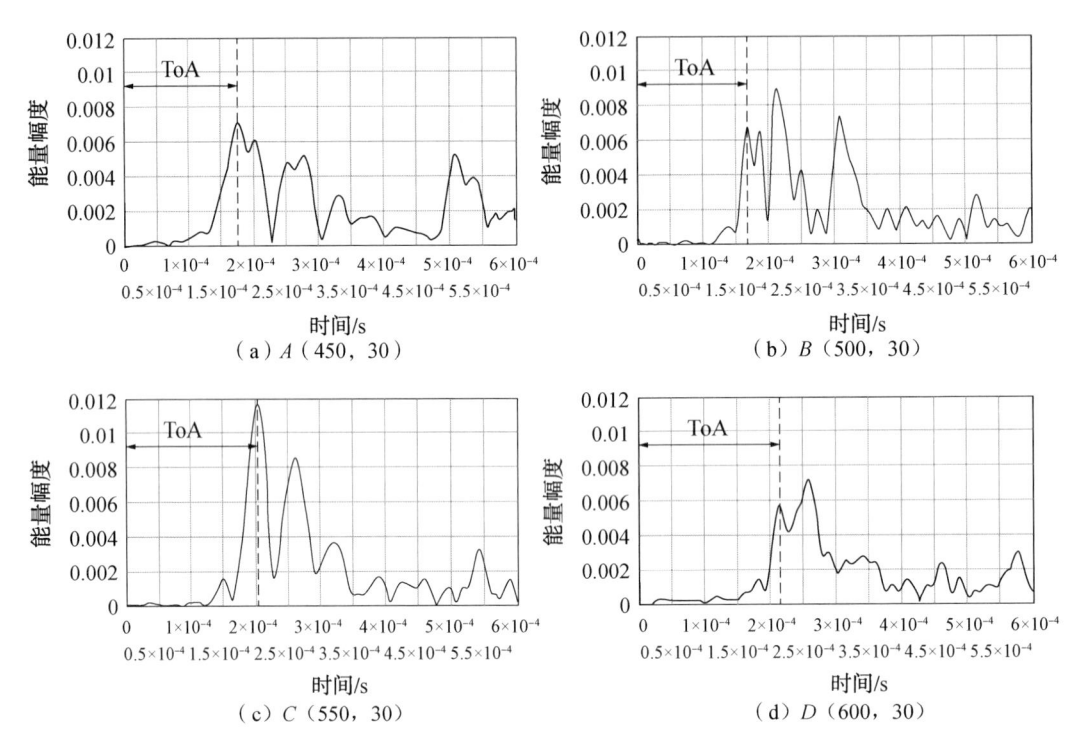

图 8.7 利用 Hilbert 变换获得缺陷散射信号的能量分布

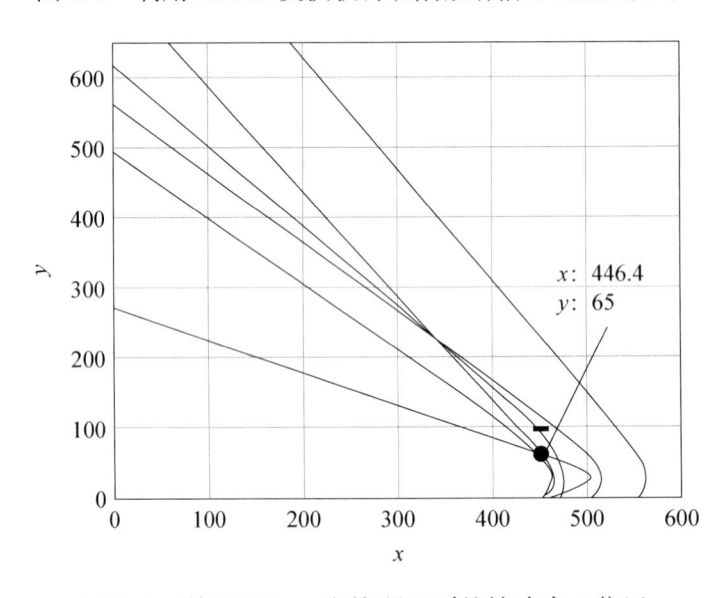

图 8.8 利用 Hilbert 变换所识别的缺陷中心位置

线公式中的导波群速度 c_g 取值上与真实情况不符。考虑到经过缺陷散射、焊缝反射等因素，将其适当减小，如 2500m/s 时获得"双曲线定位法"所识别的缺陷位置如图 8.9 所示。

此次缺陷定位的预估点坐标(439.2，88.4)在 y 轴方向上的准确度有了大幅

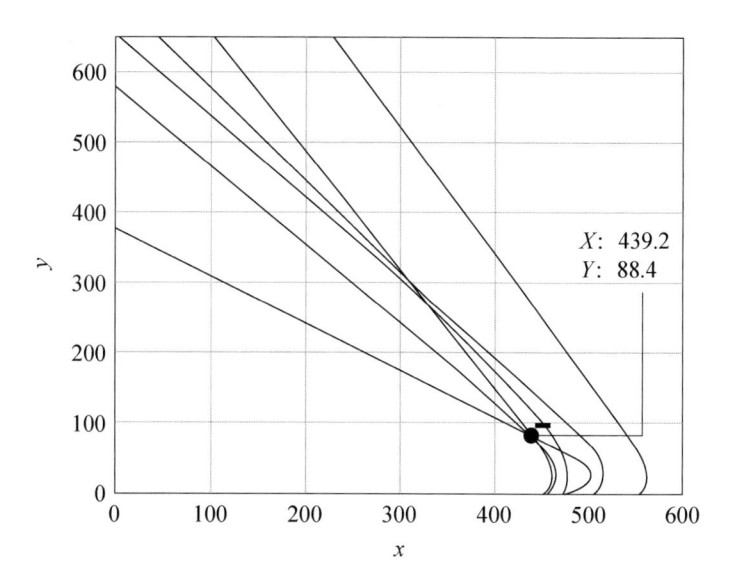

图 8.9　修正群速度c_g后利用 Hilbert 变换所识别的缺陷中心位置

提升，但 x 轴方向上的精度有所下降。综合这两次结果可知，减小导波群速度的方法利弊同在。

本部分主要研究导波传播区域因素的影响，通过接收点—激励点连线与焊缝所成夹角 θ 这一参数，对石油储罐底板进行区域划分。有限元仿真中每隔 15°设置一接收点，分析分别在底板边缘上部单点激励、壁板单点激励和组合激励下接收波形形态以及能量特性，同时对 θ = 30°、45°、60°、90° 4 个重要接收点处波形进行实验验证。已经证明，对于接收点—激励点连线与焊缝所成夹角 θ = 45°及其以上的区域，选择在底板边缘上部和壁板的激励点同时施加激励信号这种组合激励方式，与在其中一点单独激励相比，各接收点所得波形的幅值提高了 64%~100%。如果希望使用组合激励的方式得到底板所有区域的导波检测结果，则需要沿边缘伸展方向移动激励点进行整板扫描。

8.2　室内实验：腐蚀缺陷深度定量检测实验

实验测量系统如图 8.10 所示，由超声导波信号激励系统、超声传感器、信号采集系统和计算机组成。其中实验所用的超声波传感器为日本富士 FUJI 系列的 AE144S 传感器。试样采用 600mm × 600mm × 2.7mm 的 Q235 钢板，激励和接收传感器按图 8.10 布置，其中激励传感器位于紧靠钢板一侧的中垂线上，接收传感器布置成以钢板中心为原点、半径为 200mm 且间隔角度为 45°的圆周阵列，同时在缺陷的中轴线上布置多个接收传感器，使得导波传播衰减因子 β 为

$\sqrt{0.5}$、1 和 $\sqrt{2}$。激励信号采用 Hanning 窗调制的 10 个周期的正弦信号,中心频率确定为 240kHz。腐蚀过程采用电化学法,用胶黏住边长或直径为 20mm 的腐蚀器皿与钢板,形成电解质池,然后倒入 NaCl 溶液,形成腐蚀电池。施加 15V 的恒压源,每腐蚀 10min 后停止腐蚀,采集并记录该腐蚀深度下的导波数据,直至腐蚀通孔后停止腐蚀。

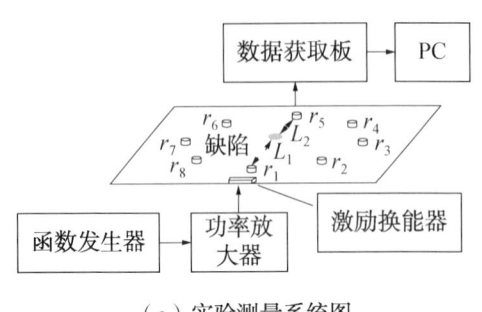

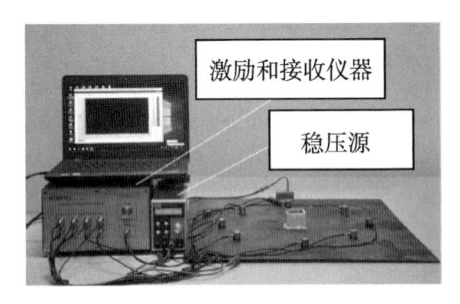

(a) 实验测量系统图　　　　　　(b) 实验布置图

图 8.10　实验测试平台

储罐底板中可能出现的腐蚀类型有两种:一种是局部腐蚀,即由于金属本身的组织、结构等和腐蚀介质不均匀,导致不同部位具有不同的电极电位,从而形成电位差;另一种是环境腐蚀,包括应力腐蚀开裂、氢致开裂、腐蚀疲劳。钢板腐蚀有两种腐蚀:一是化学腐蚀,二是电化学腐蚀。钢板在一般使用条件下是电化学腐蚀,即金属与电解质发生作用产生的腐蚀,且伴随电流的产生。相应的腐蚀原理为:钢板是 Fe 和 C 的合金,在水和空气存在的条件下,Fe 和 C 形成原电池,Fe 为负极,C 为正极,吸收 O_2,Fe 被氧化。

负极:$2Fe - 4e^- = 2Fe^{2+}$

正极:$O_2 + 2H_2O + 4e^- = 4OH^-$

总反应:$2Fe + O_2 + 2H_2O = 2Fe(OH)_2$

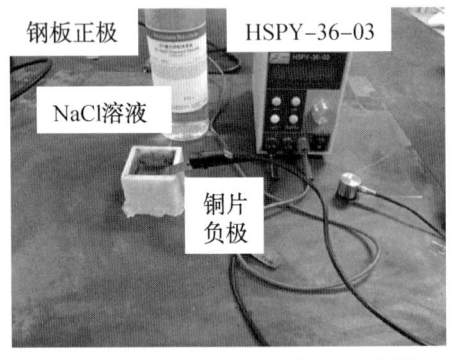

图 8.11　电化学腐蚀装置示意图

在实验过程中为了研究腐蚀缺陷的影响,通过电化学腐蚀的方法来得到典型腐蚀缺陷,其中电化学腐蚀装置和所需物品如图 8.11 所示,通过控制腐蚀器皿的形状和腐蚀时间即可以改变腐蚀缺陷的类型和腐蚀深度。

为了得到电化学腐蚀实验在恒压源的作用下的腐蚀速率,设计了如下实验:3mm 厚的钢板,HSPY-36-03 型恒压源调至 15V 电压,腐蚀器皿的下端面为 20mm×20mm 的通孔，腐蚀溶液为5%的 NaCl 溶液。腐蚀时间间隔为 10min，直至腐蚀穿孔停止电化学腐蚀实验，电化学腐蚀最终形成的腐蚀缺陷如图 8.12 所示。

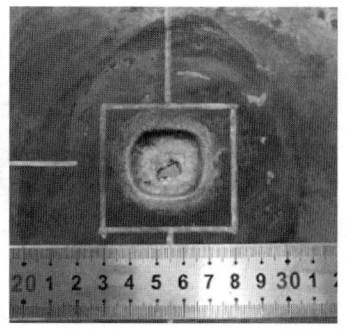

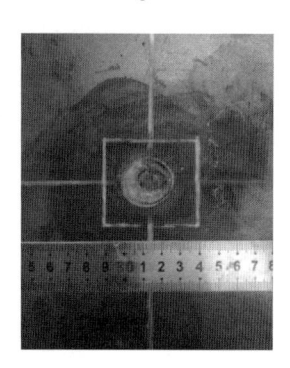

图 8.12 腐蚀最终形成实物图

8.2.1 矩形腐蚀实验结果分析

由于底板结构的复杂性和导波模态的多样性，因此，采用直达波的幅值最大值进行结果分析。实验所得信号会存在噪声，首先需要进行小波降噪得到降噪后的信号波形图，再对降噪后的波形进行 Hilbert 变换求其包络线，最终根据直达波的包络极大值点进行记录和绘制最终实验结果图。信号处理过程如图 8.13 所示。

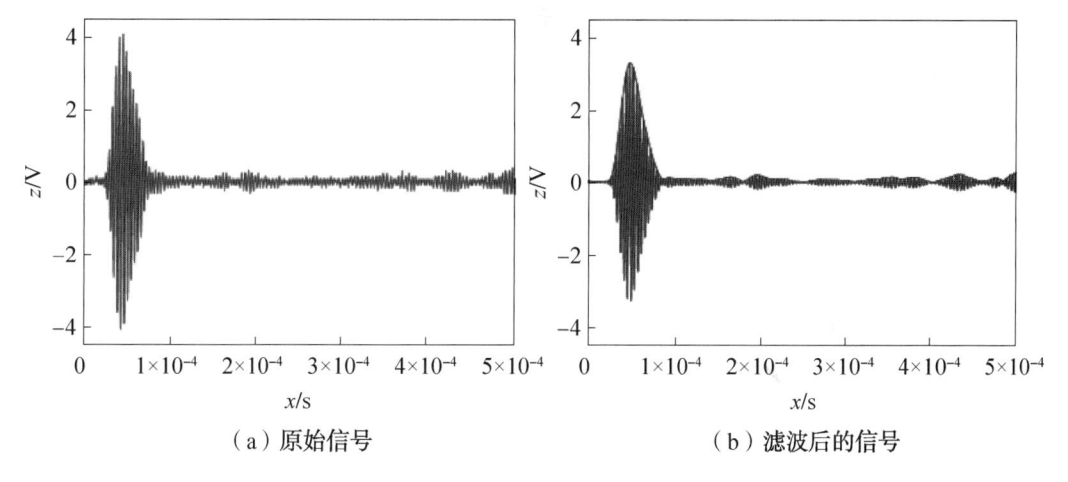

（a）原始信号　　　　（b）滤波后的信号

图 8.13 信号处理过程

如图 8.14 所示，绘制了 $\beta = 1$ 时矩形缺陷不同深度下（矩形 $h = 0.32$mm、0.92mm、1.51mm、2.11mm、2.7mm）传感器 r_1 接收到的反射波时域信号和 r_5 接收到的透射波时域信号。

将不同缺陷深度下 r_1 接收点的反射波幅值绘制成图 8.15 所示的深度—反射

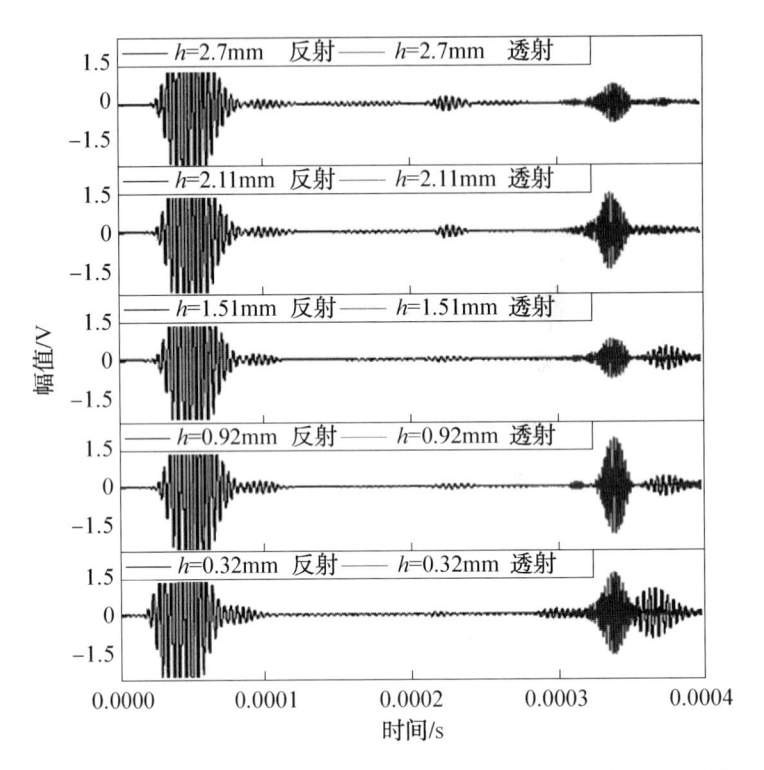

图8.14 矩形腐蚀缺陷在不同深度下的反射波和透射波时域信号

波幅值曲线,反射波幅值整体随缺陷深度的增加而增大,当缺陷深度在2.12mm左右时,反射波幅值以0.097的增长率增大,而当缺陷深度在2.12~2.8mm时,腐蚀缺陷即将穿孔,此时反射波幅值在0.025V上下波动。

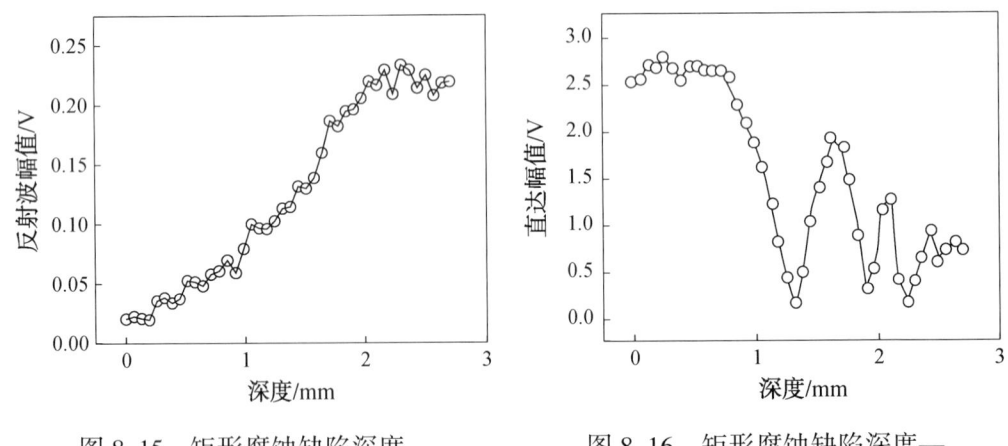

图8.15 矩形腐蚀缺陷深度— 反射波幅值曲线

图8.16 矩形腐蚀缺陷深度— 直达波幅值曲线

根据不同深度下r_5接收点透射波幅值数据绘制的深度—透射波幅值曲线如图8.16所示,透射波幅值与缺陷深度不呈单一比例关系。当缺陷深度小于

0.85mm 时，直达波幅值无明显变化；当缺陷深度在 0.85~1.24mm 时，反射波幅值随缺陷深度增加而减少，且减少率为 6.15；当缺陷深度大于 1.24mm 时，反射波幅值随缺陷深度增加呈周期性变化，且深度在 1.82mm、2.11mm 和 2.44mm 处出现极大值。

图 8.17 是 $\beta = 1$ 时的矩形腐蚀缺陷和圆形腐蚀缺陷的深度与反射波和透射波幅值之间的关系曲线。由图 8.17 可知，当 $h < 1$mm 时，由于腐蚀缺陷深度较浅，缺陷的反射回波能量较小，能量衰减影响较大，此时反射幅值随深度增加缓慢上升，随着 h 的增加（1~2.23mm），缺陷的反射幅值相对于 h 的变化近乎线性，且在 $h = 2.23$mm 处增至最大值，当 h 在 2.23~2.7mm 时，反射幅值又基本保持稳定；对于透射波幅度而言，当深度小于 0.8mm 时，透射幅值随深度增加而增加，当 h 在 0.8~1.62mm 时，透射波幅值随深度增加而减小，且在 1/2 板厚处降至极小值，当深度 h 大于 1/2 板厚时，出现周期性波动现象。

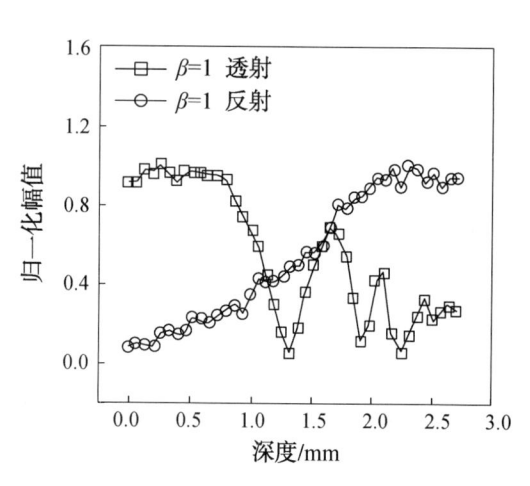

图 8.17 $\beta = 1$ 时矩形缺陷深度与反射、透射归一化幅值的实验曲线图

8.2.2 圆形腐蚀实验结果分析

图 8.18 为 $\beta = 1$ 时圆形缺陷不同深度下（圆形 $h = 0.27$mm、0.9mm、1.53mm、2.07mm、2.7mm）传感器 r_1 接收到的反射波时域信号和 r_5 接收到的透射波时域信号。

为了更准确表征腐蚀缺陷深度引起的回波信号的变化，统计缺陷反射回波的峰—峰值绘制如图 8.19 所示的深度反射波幅值曲线。由图 8.19 中可知，当缺陷深度小于 1mm 时，缺陷引起的反射回波较小，此时反射波幅值基本不变；当缺陷深度在 1~1.26mm 时，反射波幅值以 0.24 的增长率增大；当腐蚀深度在 1.44~2.34 时，反射波幅值以 0.32 的增长率快速增大，且深度在 2.34mm 达到极大值点。

根据不同深度下接收点直达波幅值数据绘制的深度—透射波幅值曲线如图 8.20 所示，由图 8.20 可知，直达波幅值整体随腐蚀深度增加而减小，但不成比例减小。当缺陷深度小于 0.72mm 时，直达波幅值以 1.13 的增长率随缺陷深度增加而增大；当缺陷深度在 0.72~1.62mm 时，直达波幅值随缺陷深度增加而减

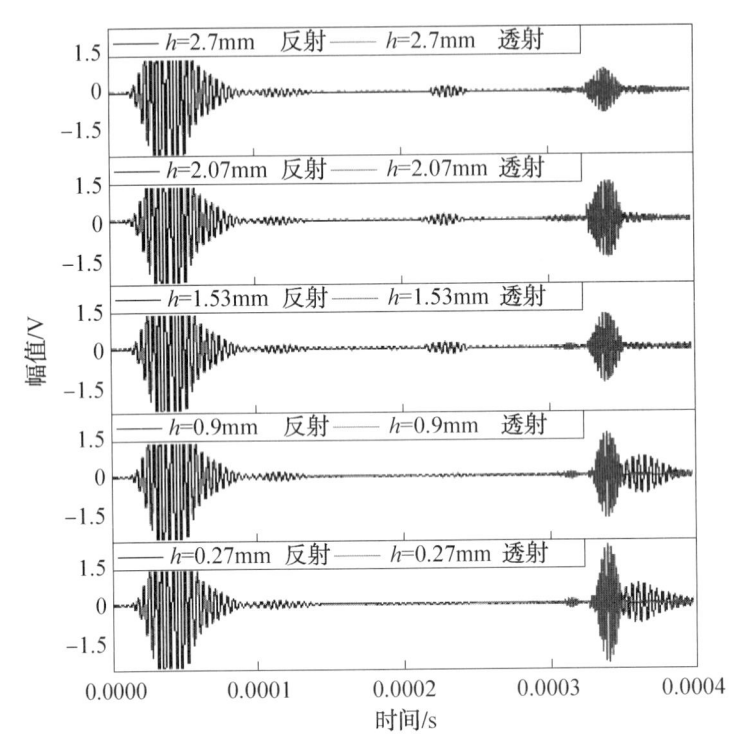

图 8.18 圆形缺陷在不同腐蚀深度下的反射波和透射波时域信号

少，且衰减率为 1.94；当缺陷深度大于 1.62mm 时，幅值波形呈周期性变化，且深度在 1.8mm、2.25mm、2.43mm、2.61mm 时，透射波幅值出现极大值。

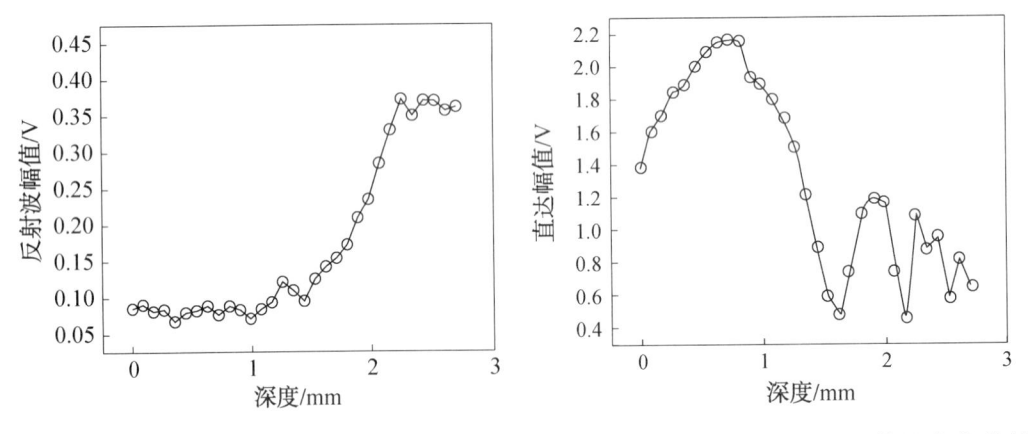

图 8.19 腐蚀深度—反射波幅值曲线图　图 8.20 腐蚀深度随透射波幅值的变化曲线

图 8.21 是 $\beta = 1$ 时圆形腐蚀缺陷的深度与反射波和透射波幅值之间的关系曲线。由图 8.21 可知，当深度 $h < 0.27$mm 时，圆形缺陷的反射幅值基本不变，当深度 $h = 0.27 \sim 2.25$mm 时，反射幅值与缺陷深度呈正相关，随着深度的增大，板的对称性增加，反射幅值基本保持不变；当缺陷深度小于 0.8mm 时，透

射幅值对缺陷深度不敏感，随着深度的增加，当深度在 0.8~1.32mm 时，透射幅值随深度增加线性减小，且在 1.32mm 处降至最小值。与仿真结果相比，当缺陷深度大于 1/2 板厚时，透射波幅值也出现高低起伏的波动现象。

8.2.3 腐蚀深度分级评估

对于观测的腐蚀深度与时域损伤因子数据 $(h_i, D_i)(i = 1, 2, \cdots, n)$，希望用一条曲线来近似表示时域损伤因子 D 与缺陷深度 h 的关系，让数据尽可能接近曲线，则可以通过曲线拟合的方式来得到 $D = f(A, h)$ 的拟合曲线，其中 $A = (A_1, A_2, \cdots, A_n)$ 为常数向量，也叫回归系数。在确定拟合曲线的函数形式后，对于回归系数的求解一般采用最小二乘法，计算数据点到拟合函数的距离之和 δ 并使其求导等于 0 来得到拟合函数的系数，其中 δ 表达式为：

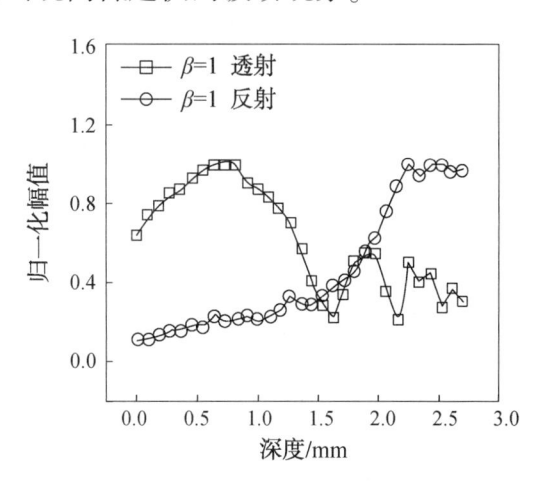

图 8.21 $\beta = 1$ 时圆形缺陷深度与反射、透射归一化幅值的关系曲线

$$\delta = \sqrt{\sum_{i=1}^{n} [f(A, h_i) - D_i]^2} \qquad (8.14)$$

在对实际观测值建立拟合曲线进行模拟后，需要根据评价参数来判断模型的拟合效果，其中 R^2 的数值大小可以反映时域损伤因子与腐蚀深度的拟合曲线中估计值和实际值之间的拟合程度，当 R^2 的值等于 1 或者接近于 1 时，表明腐蚀深度—特征量曲线的拟合程度越高，相应的拟合曲线的可靠性就越高。在对比同一组样本建立的不同模型的效果时，残差平方和也是很好的比较量，其作为样本的预测值与真实值之间的差值总和，可以反映模型的预测精度，当残差平方和越接近于 0，则曲线的拟合程度越高，拟合效果越好。

根据公式(6.7)求出不同缺陷深度下的幅值比系数，绘制如图 8.22 所示不同衰减因子 β 下矩形和圆形缺陷深度与幅值比系数 δ 的关系曲线，求解过程中透射波幅值为多项式拟合后的值。由图 8.22 可知，当腐蚀深度 h 较大时，矩形腐蚀缺陷的幅值比系数 δ 更大，此时导波信号对矩形缺陷更为敏感；且不同的衰减因子 β，幅值比系数 δ 皆随缺陷深度的增加而增加。当矩形缺陷深度 h 在 1~2.1mm 时，幅值比系数 δ 与缺陷深度同向增长，且增长率最大；当圆形缺陷深度 h 大于 2.1mm 时，幅值比系数 δ 随圆形缺陷深度的增加而快速增加，且此区间内的增长率最大，这一趋势与仿真结果一致。

(a) 矩形缺陷　　　　　　　　　　　(b) 圆形缺陷

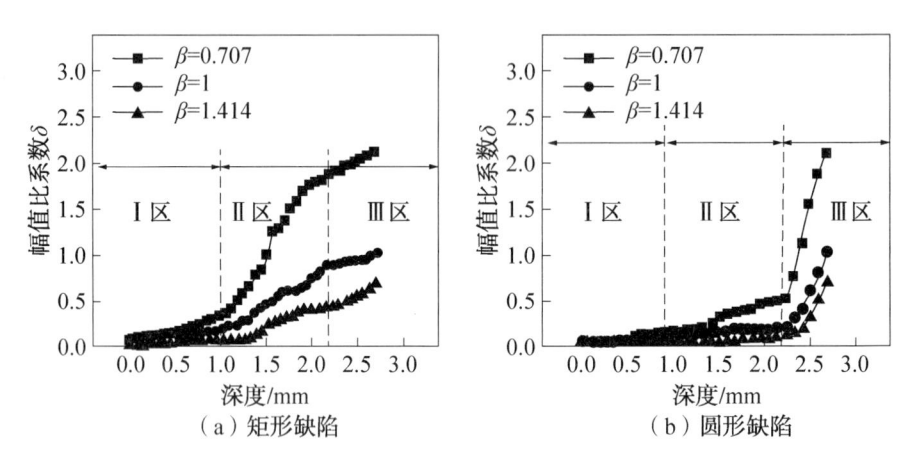

图 8.22　不同衰减因子下缺陷深度与幅值比系数的仿真曲线图

表 8.1 为不同距离比下矩形缺陷和圆形缺陷的三个腐蚀区间的幅值比系数，总体来看，幅值比系数与缺陷深度是正相关的。参考 SY/T 6620—2005《油罐检验、修理、改建和翻建》可知，检修储罐板的临界厚度为不超过原始罐厚的 20%，因此，根据幅值比系数的变化率将腐蚀缺陷深度分为三个区间：轻微腐蚀区（Ⅰ区），中等腐蚀区（Ⅱ区）和严重腐蚀区（Ⅲ区），当 $0<h<1\text{mm}$ 时，为轻微腐蚀缺陷；当 $1\text{mm}<h<2.16\text{mm}$ 时，为中等腐蚀缺陷；当 $h>2.16\text{mm}$ 时，为严重腐蚀缺陷。因此，无论是何种腐蚀缺陷类型，均能根据表 8.1 中不同距离下的幅值比系数来反映缺陷腐蚀程度。

表 8.1　矩形和圆形缺陷不同腐蚀区间的幅值比系数

腐蚀区间	矩形幅值比系数 δ			圆形幅值比系数 δ		
	$\beta=0.707$	$\beta=1$	$\beta=1.414$	$\beta=0.707$	$\beta=1$	$\beta=1.414$
轻微腐蚀区（Ⅰ区）	0~0.36	0~0.18	0~0.08	0~0.15	0~0.09	0~0.03
中等腐蚀区（Ⅱ区）	0.36~1.87	0.18~0.88	0.08~0.42	0.15~0.5	0.09~0.18	0.03~0.09
严重腐蚀区（Ⅲ区）	1.87~2.12	0.88~1.02	0.42~0.69	0.5~2.11	0.18~1.01	0.09~0.68

8.3　室外试验：现场储罐腐蚀缺陷检测

为检验储罐底板腐蚀缺陷检测系统的现场应用情况，重庆大学光电学院杨进研究团队于2019年7月，在中国石油安全环保技术研究院的帮助下，在青岛某石化基地对2台大型储罐进行了现场检测，并对基于超声导波无基准法的可靠性进行了论证，同时对实际检测影响因素进行了分析。此次检测前对检测过程做了详细规划，顺利地对储罐底板进行了导波检测和现场数据采集，并对采集数据进行了详细分析和腐蚀评价。

8.3.1 储罐的基本情况

钢制双盘浮顶罐的基本参数及性能见表8.2，其中储罐的照片如图8.23所示。该罐于1994年建造并投入使用，中间出现多次停罐补修的状况。黄岛油库的6007号储罐与6号储罐的生产工况类似，介质为原油，储罐容量达50000m³，生产波动频繁，选为储罐底板腐蚀缺陷检测应用示范的测试储罐。采用超声导波技术对其进行非侵入、在线、实时的健康监测，缺陷定位和损伤评级及预警。

表8.2 浮顶罐基本参数

项目	内容	项目	内容
储罐编号	6007号	存储介质	原油
油罐内径/mm	60000	容量/m³	50000
最高极限液位/m	17.3	最高安全液位/m	16.3
最低安全液位/m	2.50	最低极限液位/m	2.00
材质	Q235-A	建造时间	1994年11月

图8.23 被检浮顶罐的现场照片

拱顶罐的基本参数和性能见表8.3，其中待检拱顶罐的现场照片如图8.24所示。该拱顶罐是某实验基地的实验储罐，配有管道泵、相应的阀门、管线、检测仪表等附属设施。储罐底板采用搭接的形式，由多块不规则平均厚度为7mm的钢板焊接而成。储罐边缘有10cm的边缘可以用于放置传感器。由于长期放置，储罐内部有锈迹，储罐外部边缘有明显的锈蚀。

表8.3 拱顶罐基本参数

项目	内容	项目	内容
储罐编号	01号	存储介质	无
油罐内径/mm	6000	容量/m³	300
是否有绝热层	否	是否有加热盘管	是
材质	Q235-A	罐底沉积物高度	不详

图8.24 被检拱顶罐的现场照片

8.3.2 储罐底板腐蚀缺陷检测

（1）检测储罐底板的流程。

检测开始前，先确认储罐的所有已知资料，包括待检测储罐的尺寸、现场状况、施工点位置和传感器布置位置等。由于此次检测是在石油储罐环境下，检测所需的所有设备都符合油气区域防爆要求。检测储罐底板腐蚀缺陷的流程如下：

① 检测设备的准备。

此次检测过程中所需要的检测设备包括：隔爆型超声导波检测系统、隔爆型导波传感器以及1台防爆笔记本。

② 现场检测环境的准备。

在检测过程中，激励传感器和接收传感器将安装在储罐台基上边缘板与罐壁相交的边沿区域。为了保证导波信号能够很好地耦合到底板中，确保检测质量，需要对储罐边缘，尤其是传感器安装位置进行打磨等处理，即对储罐底板与罐壁相交的外边缘部分清除防腐漆，防腐漆脱落锈蚀的部分需要除锈处理。

③ 传感器布置与仪器调试的准备。

在储罐台基上边缘板与罐壁相交的边沿区域，等间隔选取36个位置，作为传感器布置和测试点，如图8.25所示。基准点间隔为5.25m，大小为20cm×30cm。仪器调整主要针对传感器耦合面信号接收的测试，检测系统的激励频率的测试以及检测距离的测试。

④ 数据采集的过程。

将所有传感器进行1~36编号，选择其中一个传感器作为激励信号，其余作为接收传感器，激励信号设置如上所述。例如，1号为激励传感器，2~35号即为接收传感器。缺陷识别—记录不同频率情况下底板缺陷的多参数数据，分析判断检测的区域是否存在缺陷。根据传感器安装情况对底板缺陷进行准确测量和位置标定，记录各缺陷位置坐标，上传至平台进行图形显示。

（2）检测结果评价与分析。

分别对浮顶罐和拱顶罐采集的数据进行椭圆成像显示，得到如图8.26所示的储罐底板超声导波检测定位显示图。由图8.26中可知，浮顶罐罐底板中出现了4处较为明显的腐蚀缺陷，拱顶罐罐底板处出现了3处较为明显的腐蚀缺陷，两个罐体检测出的腐蚀缺陷数量不多。为了更准确地得到检出腐蚀缺陷的损失程度，对缺陷路径上的差值信号进行特征量的提取和计算，然后根据拟合曲线进行腐蚀深度的估算。

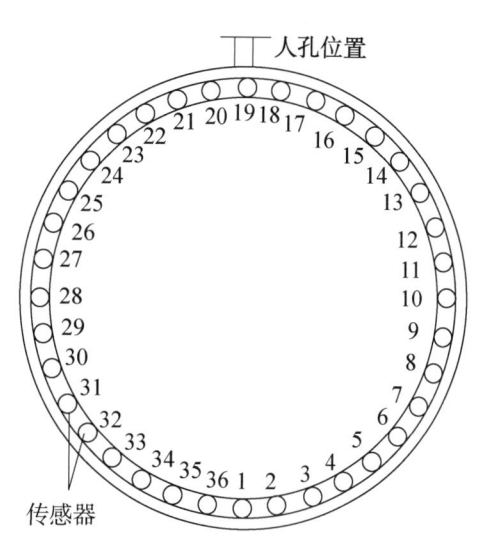

图8.25 传感器的布置位置

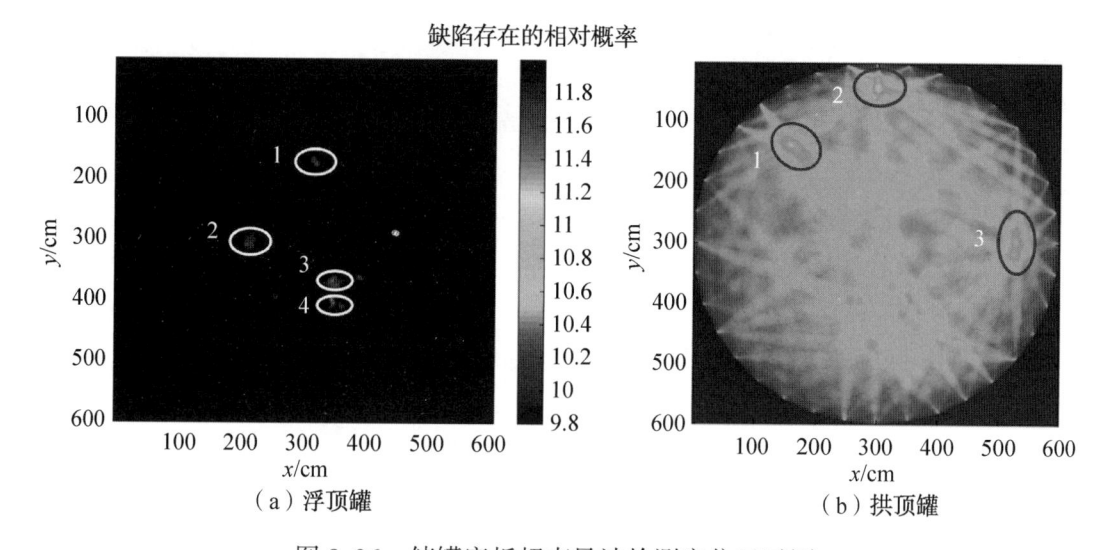

图8.26 储罐底板超声导波检测定位显示图

在浮顶罐中，腐蚀缺陷1的深度小于板厚的20%，此缺陷位置处的钢板不用做任何处理；腐蚀缺陷2的深度大于板厚的20%且小于板厚的40%，此位置处的钢板需要补修；腐蚀缺陷3和4位置相距较近，且腐蚀当量都超过了板厚的40%，因此该位置处的钢板除了补修外还需要复检。在拱顶罐中腐蚀缺陷的损伤程度更为严重，其中腐蚀缺陷1的壁厚损失在60%左右，该位置处的钢板需要进行补修和复检工作；腐蚀缺陷 2 和缺陷 3 的壁厚损失都超过了 80%，腐蚀极为严重，需进行换板和复检工作。

为了验证基于超声导波无基准法评估腐蚀缺陷损失状态的可靠性，对储罐底板进行开罐超声测厚检测。采用 WIN-80MAX 数字式超声波检测仪，通过人工进罐的方式对储罐底板的腐蚀深度进行了重复测量，如图 8.27 所示。经测量对比发现，拱顶罐的缺陷 2 已腐蚀穿孔，剩余腐蚀缺陷损失壁厚与导波无基准法检测结果一致。

图 8.27　储罐内部检测照片

8.3.3　现场检测结论

通过罐外超声导波无基准法检测和超声测厚检测储罐底板腐蚀缺陷的损失程度，得到了浮顶罐需要补修和复检的检测结果，而拱顶罐则需要换板和复检的检测结果。同时也印证了超声导波检测及无基准法检测技术在储罐底板检测中的适用性。

参考文献

[1] Michaels J E, Michaels T E, Guided wave signal processing and image fusion for in situ damage localization in plates [J]. Wave Motion, 2007, 44(6): 482-492.

[2] Michaels J E. Detection, localization and characterization of damage in plates with an in situ array of spatially distributed ultrasonic sensors [J]. Smart Materials and Structures, 2008, 17(3): 1-15.

[3] Coverley P T, Staszewski W J. Impact damage location in composite structures using optimized sensor triangulation procedure [J]. Smart Materials and Structures, 2003, 12(5): 795-803.

[4] 宋知用. MATLAB 数字信号处理[M]. 北京：北京航空航天大学出版社, 2016.

附录　基于信号幅值比系数的腐蚀定量评价软件使用说明书

1　概述

1.1　编写目的

由于储罐管理的落后和粗放性，致使许多储罐"带病"运行，管理人员不能很好地掌握储油罐的健康状况，储罐在运行过程中产生的腐蚀、穿孔等缺陷很难被及时发现，事故隐患不能被很好地评估、预报和处理，这给油田的安全生产带来严重的威胁。

目前对储罐的完整性检测评估主要是针对罐底、罐壁等部位，对储罐罐顶的检测还没有受到足够的重视。虽然对板状结构的腐蚀检测有漏磁检测、声发射检测、射线检测和超声测厚等技术，但罐顶高空作业和危险品区域检测的条件限制了这类离线、局部腐蚀缺陷检测技术的应用。如果能已知罐顶板腐蚀缺陷的深度，就能对储罐的健康状态做出更加精准的判断，继而对损伤严重的储罐采取进一步措施，从而能大大减少危险事故发生的可能性。因此，储罐罐顶腐蚀缺陷损伤程度的研究对于评估储油罐是否存在安全隐患具有重大意义。

编写这个软件就是为了更好地判断腐蚀缺陷深度，用于协助腐蚀缺陷检测。

1.2　项目背景

由于储罐中的大部分结构均为板结构，超声导波的应力分布在板结构的整个厚度上具有传播距离远、衰减较小、无辐射且受环境因素影响小等优点，考虑导波传播距离衰减因素，研究如何利用缺陷的反射波和透射波信号实现缺陷深度的评价，从而更好地对储罐的健康状态做出判断，减少危险事故的发生。

1.3 定义

采样率：采样时间间隔的倒数，即 $1/T_S$。

衰减因子：定义 $\beta = \dfrac{\sqrt{L_1}}{\sqrt{L_2}}$ 为导波传播衰减因子，由反射波和透射波传播距离决定。

反射波透射波幅值比：定义缺陷处的反射信号与透射信号幅值比系数 δ 为

$$\delta = \frac{A_R}{A_T} = \frac{U_R}{U_T} \times \frac{\sqrt{L_1}}{\sqrt{L_2}} = \frac{U_R}{U_T} \times \beta$$

2 软件概述

2.1 目标

本软件旨在帮助使用者能够更易获得腐蚀缺陷的深度信息，有利于事故隐患的评估、预报和处理。

2.2 功能

利用此软件，可以获取反射波和透射波的频域与时域图，同时可以观察到含有缺陷信息的缺陷波波形，还可以获得衰减因子和反射波透射波幅值比系数的值，最终获得缺陷的深度信息，帮助判断腐蚀缺陷的腐蚀程度。

3 运行环境

操作系统：WindowsXP、Windows Vista、Windows7、Windows8、Windows8.1、Windows10；

编程软件：MATLAB 2017b。

4 使用说明

4.1 安装和初始化

安装好 MATLAB 软件后，直接打开使用。

4.2 输入

输入数据只能是阿拉伯数字、英文字母和数据文档文件。
举例：
读入数据：可选择 EXCEL 数据表；
采样率：$5×10^6$S/s；
频率：$2.4×10^5$Hz；
接收点距离：200mm。

4.3 输出

透射波幅值：0.80334V；
反射波透射波幅值：0.77971V；
腐蚀缺陷深度：2.6156mm；
衰减因子：1。

4.4 出错和恢复

重启后重新输入数据计算。

5 操作命令

首先打开 MATLAB R2017b 的软件。

界面左上方选择打开软件存储文件位置。

选中 untitled M 文件后界面如下。

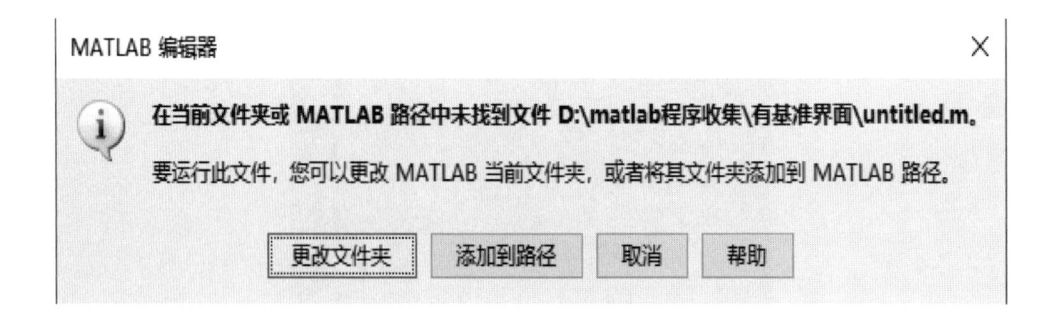

附录 基于信号幅值比系数的腐蚀定量评价软件使用说明书

更改文件夹至存储软件文件夹。

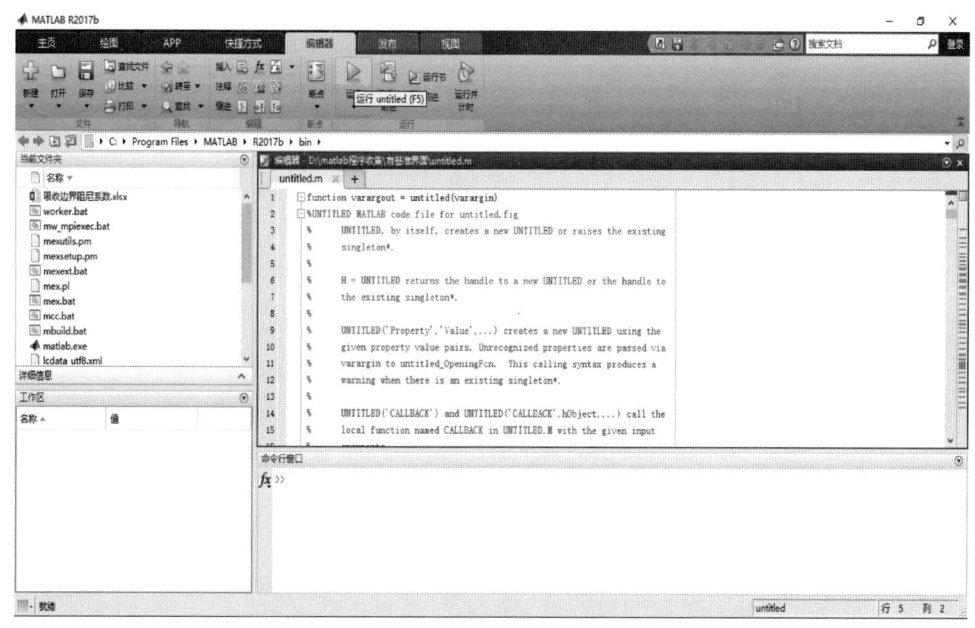

运行程序后获得"基于信号幅值比系数的腐蚀定量评价软件"界面。

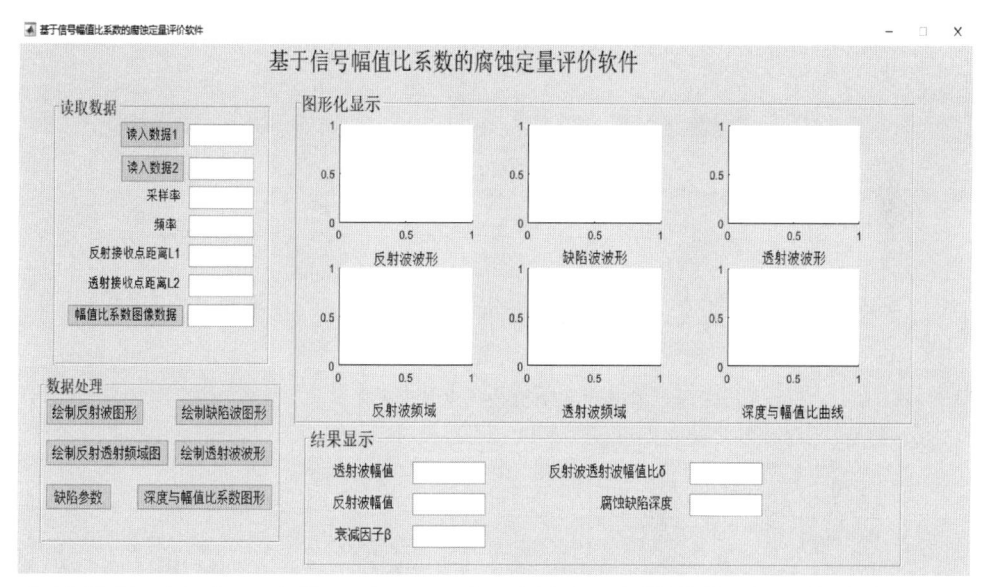

在软件界面上有 7 个输入窗口，读入数据 1 为接收缺陷反射波接收点数据，读入数据 2 为接收缺陷透射波接收点数据，采样率为数据采样点时间间隔倒数，频率为导波激励的频率，接收点距离为接收点分别距离缺陷的长度，幅值比系数图像数据为相同条件下实验研究得到的深度与幅值比系数的关系曲线。

点击读入数据按钮，选择检测过程中获取的反射波数据读入程序中，点击读入数据按钮，选择检测过程中获取的透射波数据读入程序中。

基于超声导波的大型储罐腐蚀检测技术

读入文档内检测数据结果如下图所示。

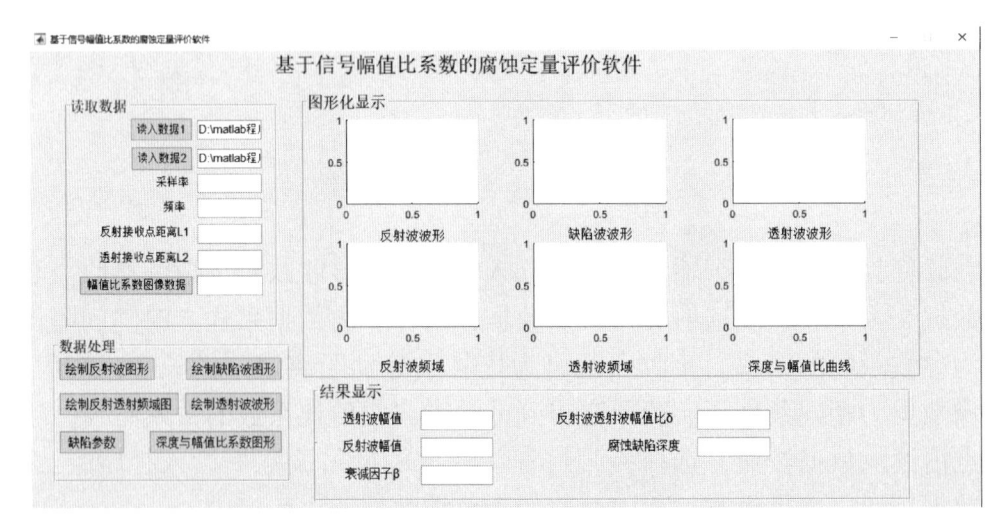

· 222 ·

附录 基于信号幅值比系数的腐蚀定量评价软件使用说明书

接下来根据检测过程中所设置的参数，依次输入采样率数值、频率大小、接收点距离等，输入后软件界面如下图所示。

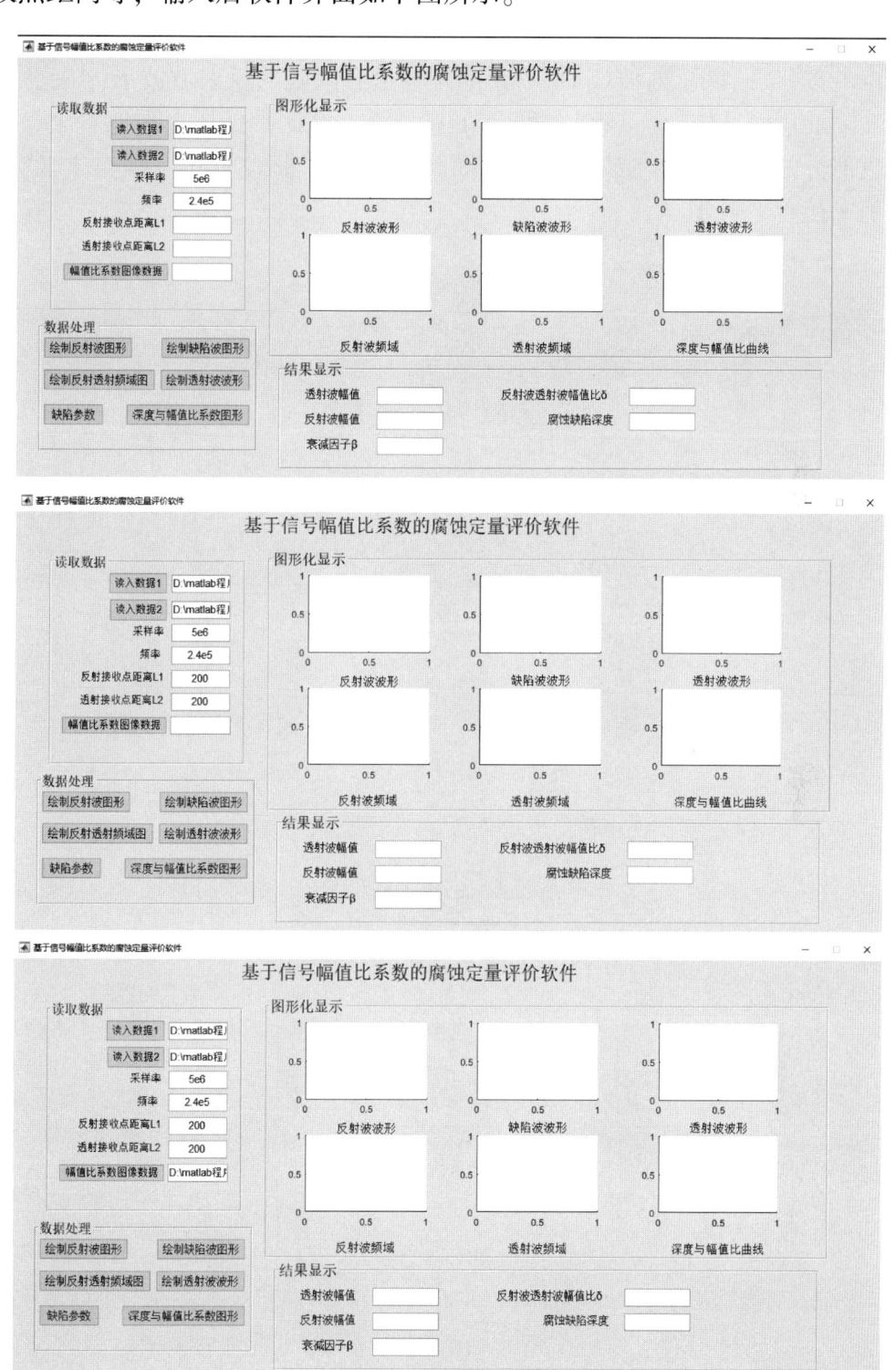

基于超声导波的大型储罐腐蚀检测技术

将检测过程中所有的数据输入软件后，即可开始获得各类检测数据，包括反射透射频域图、透射波波形、缺陷波波形、衰减因子、反射波透射波幅值比、腐蚀缺陷深度和深度与幅值比系数图形。

点击按钮"绘制反射波波形"获得的是经过有缺陷的反射波波形(红色)和经过无缺陷的反射波波形(蓝色)，两者在一张图上对比，更加直观地看出含有缺陷信息部分的反射波，在波形显示的同时出现对话框表明此步操作成功完成，点击确定接着下一步。

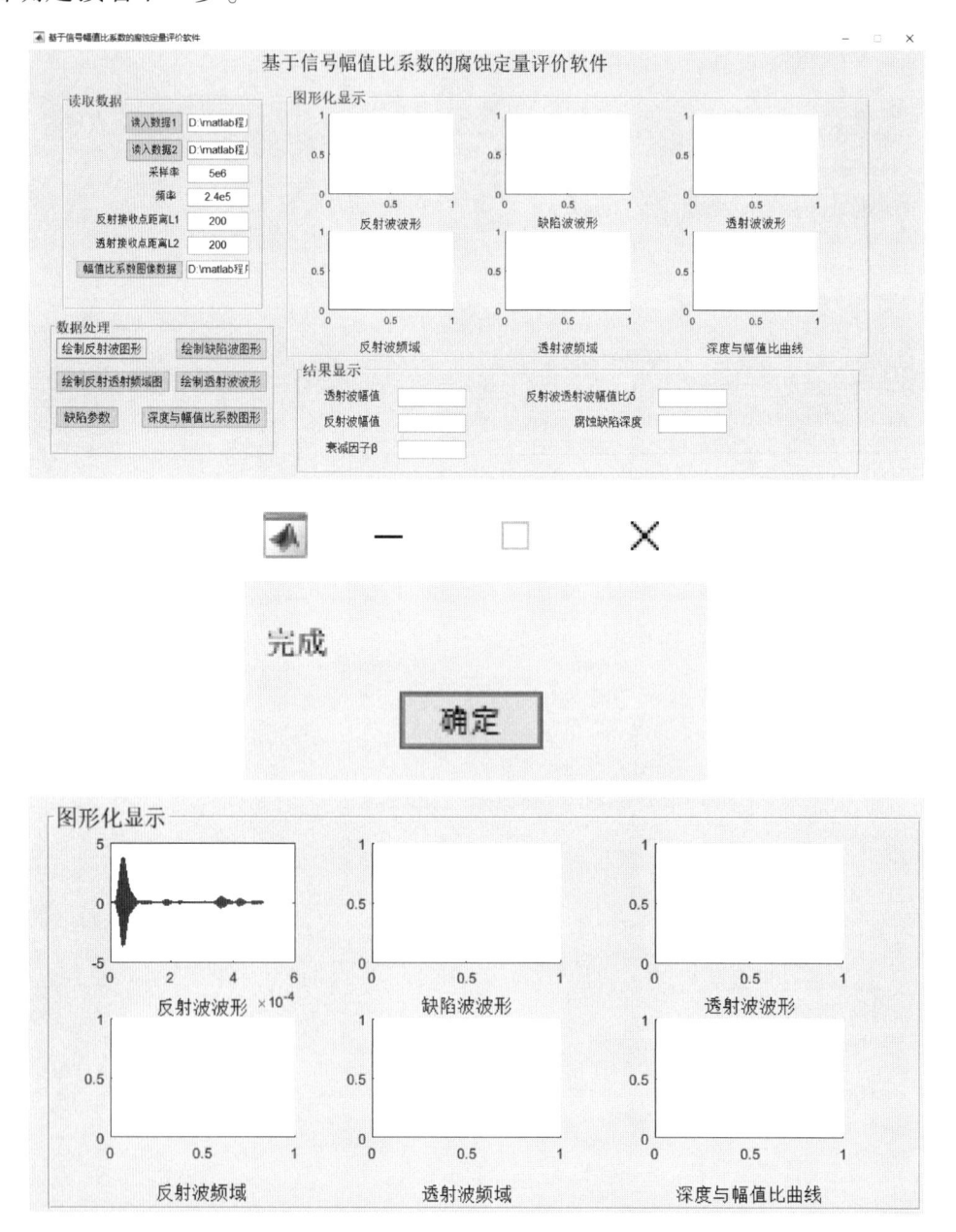

点击按钮"绘制缺陷波图形"得到的是选定的含有缺陷信息的缺陷波波形图,其中红色为经过缺陷的波形,蓝色为未经过缺陷的波形,两者直观对比,同时在下方结果显示框中获得经过缺陷的波幅值与未经过缺陷的波幅值差值读数,作为反射波幅值。

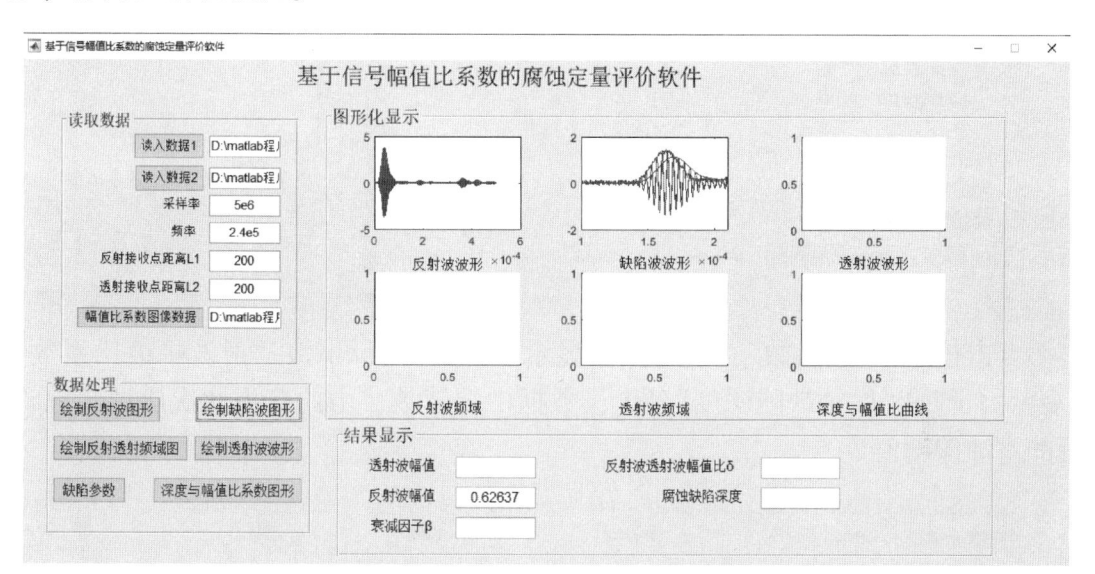

点击按钮"绘制反射透射频域图",获得透射接收传感器和反射接收传感器的频域图。

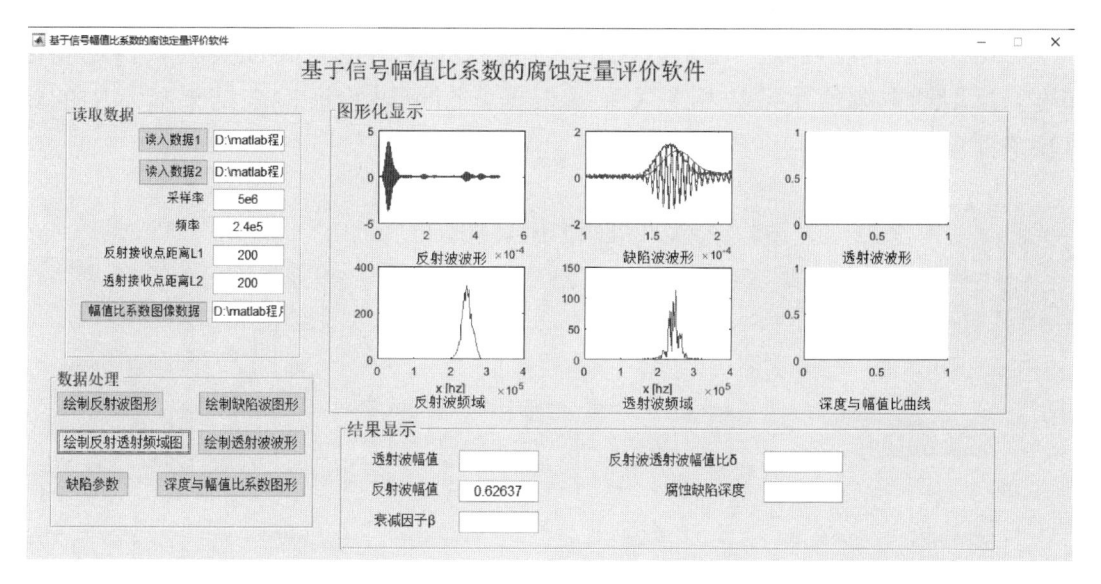

点击按钮"绘制透射波波形",将在第三张图显示经过缺陷的透射波直达波波形以及操作成功完成的确认框,同时在结果显示框中获得直接接收的透射波幅值读数。

· 225 ·

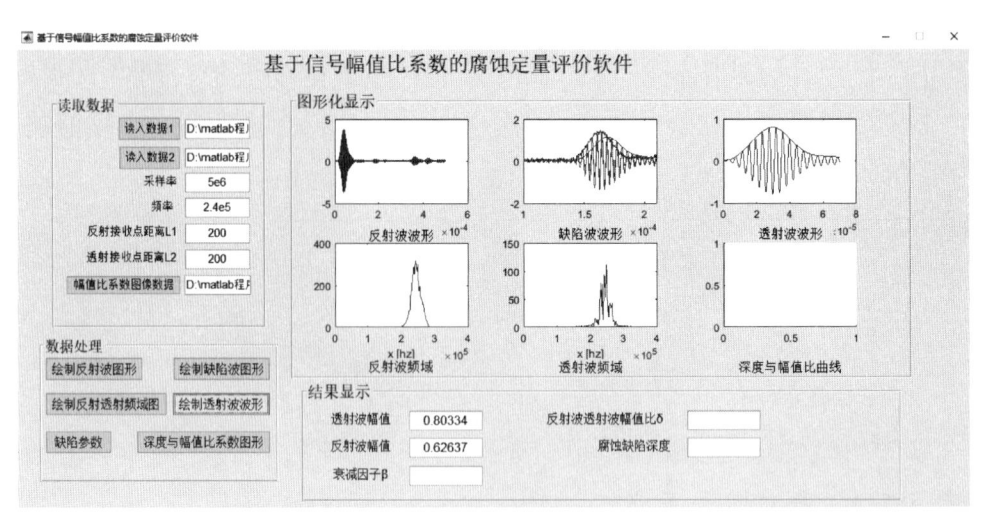

点击按钮"缺陷参数"可以在结果显示框中获得"反射波透射波幅值比系数""衰减因子"和"腐蚀缺陷深度"各个读数框中的读数，由此获得此次腐蚀缺陷检测的腐蚀深度值。

点击按钮"深度与幅值比系数图形"，可以获得由定量腐蚀实验获得的腐蚀深度与反射透射幅值比系数相关关系，根据此图可以验证检查结果显示中的幅值缺陷深度是否正确。

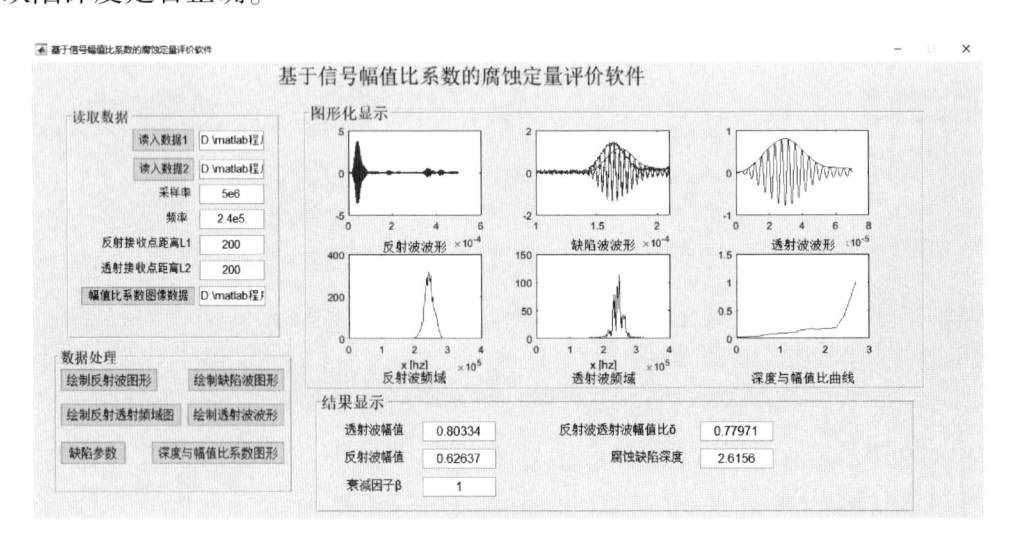